中国生态文明发展报告

北京国际城市发展研究院
贵州大学贵阳创新驱动发展战略研究院
连玉明◎主编

REPORT ON ECOLOGICAL CIVILIZATION DEVELOPMENT IN CHINA

图书在版编目（CIP）数据

中国生态文明发展报告 / 连玉明主编. —北京：当代中国出版社, 2014.7

ISBN 978-7-5154-0480-6

Ⅰ. ①中… Ⅱ. ①连… Ⅲ. ①生态文明—研究报告—中国 Ⅳ. ①X321.2

中国版本图书馆CIP数据核字(2014)第131921号

出 版 人　周五一
责任编辑　李一梅
责任校对　康　莹
装帧设计　胡　凯
出版发行　当代中国出版社
地　　址　北京市地安门西大街旌勇里8号
网　　址　http://www.ddzg.net　邮箱:ddzgcbs@sina.com
邮政编码　100009
编 辑 部　（010）66572264 66572132 66572154 66572434
市 场 部　（010）66572281或66572155/56/57/58/59转
印　　刷　北京宝昌彩色印刷有限公司
开　　本　787×1092　1/16
印　　张　24 印张　422千字
版　　次　2014年7月第1版
印　　次　2014年7月第1次印刷
定　　价　98.00 元

致予授权获得并阅读本报告的人士

1. 阅读者理解。中国生态文明发展报告是北京国际城市发展研究院—贵州大学贵阳创新驱动发展战略研究院合作研究的核心项目。本研究报告所涉及的文献、资料、数据、调查和结论，源自北京国际城市发展研究院—贵州大学贵阳创新驱动发展战略研究院课题组，不代表国家、政府及其附属组织的观点，也不代表本研究机构及其学术委员会成员或者他们所代表的专家组、顾问团以及关联机构的观点。本研究尚未形成最终结论。本研究机构对其他任何机构和个人引用其中资料和信息引起的后果不承担任何责任。本研究所附属资料和信息，并不代表本研究机构的任何部门对任何地区的法律地位的看法。

2. 阅读者知悉。本研究报告是关于中国生态文明发展研究的阶段性非保密成果摘要。本研究报告课题组将定期围绕中国生态文明发展的基本状况进行定性、定量、定位和定策研究，并陆续公开研究成果。关注中国生态文明发展研究的相关最新信息，请登录网站或向课题组咨询，中政网 www.ccgov.net.cn。

I n s t i t u t e 研究机构

贵州大学贵阳创新驱动发展战略研究院（Guizhou University - Guiyang Institute for Innovation-driven Development Strategy）成立于2014年1月。由中共贵阳市委、贵阳市人民政府批准，贵阳市、贵州大学、北京国际城市发展研究院、中国银行贵州省分行共同组建的跨学科、专业化、开放型非营利性智库机构，是市委、市政府的重要思想库和智囊团。按照“高站位、抓重点、接地气、谋长远”的办院方针，强化京筑互动工作机制，成为开放式协作创新平台、专业化决策咨询平台、信息化成果转化平台和国际化合作交流平台。

IUD

北京国际城市发展研究院（IUD-International Institute for Urban Development，Beijing）成立于2001年，是中国政府批准设立的中国首家从事城市发展研究的跨学科国际化非营利组织。IUD以城市价值链理论为指导，以发现城市价值，提升城市品质为宗旨，围绕城市发展全过程，开展城市决策与预测研究，建立全球化学习网络，实施城市战略设计和行动计划。并以此为基础，构建对21世纪中国城市发展产生积极影响和推动作用的决策信息和智力支持系统。

中政网（www.ccgov.net.cn）是专为国内中高级领导提供决策信息服务的专业网站，是《领导决策信息》周刊指定的官方网站，是北京国际城市发展研究院、首都科学决策研究会和领导决策信息杂志社的网络门户，是中国政务信息内容提供商，是政府信息化的战略合作伙伴。

首都科学决策研究会（Capital Association for Scientific Decision-Making）是由首都科研机构及专家学者联合发起设立的从事科学决策研究的非营利社会团体。研究会本着“服务决策，服务发展，服务民生”的宗旨，建立决策信息和智力支持系统，以推动决策科学化和民主化进程。其核心战略重点是聚集相关专业研究者，发挥新政策、新科技、新舆论的首创精神和积极作用，通过广泛传播研究成果为领导者提出可供选择的科学决策方案。

IDM

《领导决策信息》周刊（IDM）是一份为中高级领导决策提供信息的专业化期刊。它以“为中高级领导决策提供最新、最重要、最有用的信息”为宗旨，以“权威性、超前性、指导性，独家独特独到；准确性、科学性、实用性，可信可用可存”的特色和风格深受党政界、知识界、企业界决策者的支持和认可，被誉为“中国决策白皮书”。

国际城市论坛（ICF）是国际城市论坛基金会发起并组织的中国城市面向世界最具前瞻性、权威性、开放性的非官方非营利性组织。它集高层对话、学术研究、成果发布为一体，是促进中国与世界各国城市形成长期稳定的新型伙伴关系而建立的公共平台。国际城市论坛定期举办年会、城市峰会和大讲堂公益活动，评选“中国城市管理进步奖”，推广“国际访问学者计划”和“中国城市科考计划”，出版“中国城市价值研究系列报告”，并通过网络化方式，推进地方政府官员、专家学者、企业家与论坛彼此的联系，高度重视论坛的后续行动和长期服务，积极稳妥地向机制化方向发展，独立或合作开展有助于实现论坛宗旨的各种活动。

《贵阳智库报告》编辑委员会

《中国生态文明发展报告》课题组

主　　编　连玉明

副 主 编　李嘉宁　朱颖慧　张　涛

核心研究员　连玉明　李嘉宁　朱颖慧　张　涛　秦坚松　刘新鑫　宋　青　冯真书　胡海荣　郭姗姗　周　艳　赵宝芹

助理研究员　吕小林　孙文超　陈　帅　兰青松　李　雪　文　颖　张　清　何　丹　叶梁婕　文　慧　刘　涛　卢应春　虎　静　江　岸　梁　钰　李　灵

图片编辑　楼乐天　周　锐　储　越

数据分析　张　涛

资料统筹　陈惠阳　王叶琦　陈　帅　卯　丹

设计总监　胡　凯

技术编辑　闫会军　张照荷

学术秘书　李瑞香　王叶琦

User Guide 使用说明

本报告对于各级党委、政府部门、公检法机关，大专院校、科研院所、关注及研究生态文明建设的广大社会人士具有咨询、研究和文献价值。在报告的撰写过程中，我们始终秉持客观的态度、专业的精神和科学的方法，并力求把一些专业术语解释得更通俗易懂。以下是本报告的使用说明。

图表

本报告采用了大量的图表，对各项数据进行系统梳理，以方便读者能够从不同角度进行横向和纵向的比较。

统计数据

本报告所有数据都来自世界银行数据库，国家统计局以及31个省区市、35个大中城市统计年鉴，或据统计公报数、公报数及相关年度政府工作报告推算而得。统计数据反映的是2007—2012年可获得的全国层面、31个省区市层面和35个大中城市层面的相关情况。无法获得或者不完全符合统计标准的数据，本报告就没有收集。

指标设置

尽管我们尽最大的努力以使数据标准化，但仍然有许多因素影响着数据的可获得性、可比性和可靠性：中国各级政府的统计系统还比较薄弱，互联互通问题还没有得到很好解决，统计方法、口径、实际操作还存在一定的差异等。因而在选择和设置中国生态文明发展指数的统计指标时我们十分谨慎。基于此，在研究过程中，我们选择了一些基础性简要指标，并根据系统学、数理统计学和经济计量学原理，通过建立数学模型，运用综合目标分层加权等方法，从客观方面对地区生态文明的发展状况和管理体系的完备程度作了规模不等的数量分析和有益探索。

样本说明

本报告从中国与世界主要国家、中国 31 个省区市、中国 35 个大中城市三个层次进行了生态文明发展水平的综合评价，描述了目前中国地区生态文明发展水平排名的基本状况。其中 31 个省区市为不包括港澳台地区的全国 31 个省级行政区，35 个大中城市包括 4 个直辖市、27 个省会城市和 5 个计划单列市（由于数据完整性原因不包括拉萨）。

研究方法

本书采用纵向考察和横向比较、定性与定量分析相结合的方式，引入权威数据，分别从中国与世界主要国家、中国 31 个省区市、中国 35 个大中城市三个层次进行了生态文明发展水平的综合评价。基于 31 个省区市和 35 个大中城市的生态文明发展指数和进步指数的组合分析结果显示，我国地区生态文明发展水平呈现逐渐收敛的态势。

内容摘要

面对日益严峻的资源环境挑战，党的十八大和十八届三中全会把生态文明建设放到了前所未有的高度。切实推进生态文明建设，需要相应的评价体系，以了解现状、明确目标、引导政策。本书在生态文明评估领域进行了理论探索，构建了包括生态经济、生态环境、生态文化、生态社会、生态制度 5 个二级指标、22 个三级指标的中国生态文明发展评价指标体系，对于客观展现中国地区和城市生态文明发展水平，提升地区生态文明建设能力具有重要意义。

基于对地区生态文明建设态势系统科学评价，本书提出了生态战略、生态规划、生态产业、生态文化和生态管理“五位一体”的中国特色生态文明城市发展模式，进而提出完善资源管理、环境保护、生态财税、生态金融、生态产业、生态科技、生态优先、生态文化、生态社会和生态评估十大政策体系的建议，为地区生态文明建设提供可行性方案。

P r o l o g u e 序

《贵阳智库报告》总序

贵阳，一颗镶嵌在中国西南云贵高原上的璀璨明珠。近年来，贵阳全市上下大力弘扬“知行合一、协力争先”的城市精神，坚定不移走科学发展路、建生态文明市，大力实施创新驱动发展战略，开创了贵阳发展的新局面，贵阳的发展已经站在了新的历史起点上。

贵阳具有“空气清新、气候凉爽、纬度合适、海拔适中”的生态优势，2007年贵阳市提出了建设生态文明城市的奋斗目标。生态文明城市建设的成果丰硕，2013年贵阳市的森林覆盖率提升到44.2%，饮用水达标率为100%，空气质量优良天数达76.2%。贵阳市2007年被中国气象学会授予“中国避暑之都”称号；2008年被国家建设部授予“国家园林城市”称号；2009年被国家环保部列为全国生态文明建设试点城市；2009年被国家发改委列为全国首批低碳试点城市，并被评为十大低碳城市之一，成为唯一入选“中国循环经济典型模式案例”的省会城市；2012年1月国务院2号文件提出把贵阳建设成为全国生态文明城市，同年12月国家发改委批复《贵阳建设全国生态文明示范城市规划》；2013年1月，党中央、国务院同意举办生态文明贵阳国际论坛。如今的贵阳，正朝着建成“生态环境良好、生态产业发达、文化特色鲜明、生态观念浓厚、市民和谐幸福、政府廉洁高效”的生态文明城市目标阔步迈进。

但必须承认，贵阳还处于欠发达、欠开发的阶段。与发达地区相比，贵阳的经济社会发展还有一定的差距。由于特定的地理位置和复杂的地形地貌，贵阳宝贵的生态环境十分脆弱，容易受损并且难以修复。要加快发展就有可能破坏赖以生存的生态环境，要摆脱贫困落后又必须加快发展。如何解决好这个矛盾，是摆在贵阳的决策者面前的重大课题。我们认识到，坚持守住加快发展与保护生态两条底线，是市委、市政府不可推卸的责任，也是全市450万人民的共同期盼和愿望。基于此，贵阳最终选择了科技引领发展、创新驱动发展的战略路径，以期走出一条欠发达城市经济发展与生态改善双赢的路子。

面对世界科技革命和产业变革历史性交汇、抢占未来制高点的竞争日趋激烈的形势，面对国内资源环境约束加剧、要素成本上升、结构性矛盾日益突出的挑战，科学技术越来越成为推动经济社会发展的主要力量，创新驱动是大势所趋。创新驱动的推进和实现，有赖于资源输入、内生动力、政府平台和市场机制的共同发力。实施创新驱动发展战略是一项系统工程，涉及方方面面的工作，需要做的事情很多，但首先取决于决策的科学化。

当今世界，发挥智库在推进经济社会发展中的作用，为科学决策提供战略咨询、为创新驱动提供内生动力，已成为一个国家和地区软实力的重要标志。在这样的形势下应运而生的贵州大学贵阳创新驱动发展战略研究院，是一个跨学科、专业化、开放型的非营利性智库机构，是市委、市政府的重要思想库和智囊团。它的重要责任之一，就是关注贵阳创新驱动发展的路径和战略选择，对贵阳经济社会发展中出现的全局性、综合性、战略性、长期性问题进行研究，并为市委、市政府决策和贵阳中长期发展规划的制定提出建议和意见。贵阳研究院的成立，搭建了一个既为党委、政府宏观决策和城市发展服务，又为企业发展提供解决方案的战略协同创新平台，将有力推进科学决策、民主决策的机制创新，进一步把科研机构与经济社会发展更加紧密地结合起来，实现合作共赢。

贵阳研究院立足贵阳实际，围绕如何当好“火车头”“发动机”，如何统筹“疏老城、建新城”，如何推进“强科技、重创新”，如何强化“创平安、促和谐”，如何实现“百姓富、生态美”等重大问题，组织多方力量研究编写的《贵阳智库报告》，是对贵阳市发展现状的一次全面“把脉会诊”。《贵阳智库报告》紧密结合贵阳市经济转型与社会治理的实际需要，按照“奋力打造贵阳发展升级版”的总要求，围绕贵阳建设全国生态文明示范城市、在全省率先实现全面小康的总目标，针对贵阳市经济社会发展中的重大问题提供理论支撑、路径支撑、政策支撑和经验支撑，对贵阳经济社会发展的科学决策、科学规划、科学管理必将起到重要的助推作用。

陈刚

2014年6月25日

（作者系贵州省委常委、贵阳市委书记）

Prologue 序

生态文明：大国崛起的软实力

经济学上有一条著名的库兹涅茨“U”形曲线，这条曲线反映在环境问题上，就是在现代化进程中当发达国家处于“U”形曲线的左侧时，都会遭遇一个发展的普遍困境：经济越发展，污染越严重。在这一发展阶段，伴随着GDP、人均GDP的不断增加，环境污染的程度也呈现不断上升的趋势。人类引以为自豪的工业革命、城市化进程使得环境污染演变成一场全球性危机。反思“高生产、高消费、高污染”的传统发展模式，推动“环境与经济”协调发展，尽快超越“U”形拐点，降低环境污染程度，保护生态环境，已成为包括西方国家在内的整个国际社会的共识，并且在行动上已经迈出了重要的步伐。

研究中国经济的发展趋势，可以发现，我们也没有摆脱“U”形曲线的定律，正处于环境污染“U”形曲线的左侧。30多年增速始终接近或超过两位数的飞速发展，使得中国作为一个经济大国迅速崛起。但与此同时，30多年快速发展积累下来的生态环境问题也呈现出集中爆发、复合叠加的发展态势。雾霾天气、饮水安全、水土流失、资源瓶颈、消耗排放……不但中国社会高度关注，群众反映强烈，整个国际社会也对中国的环境问题给予了前所未有的关注。

时代发展到今天，生态环境问题已经扩展到人类发展与社会进步的更为广阔的范畴，生态环境问题不再仅仅是一个经济问题，更是一个社会问题，还是一个政治问题。正是在这一背景下，党的十八大强调，要把生态文明建设放在突出地位，建设美丽中国。推进生态文明建设正式上升为国家战略。十八届三中全会对全面深化改革进行了部署，在改革的过程中，经济发展坚持“一快一慢”，一方面是经济增长速度放缓，另一方面是经济转型速度加快。宁愿让发展速度降下来，也要调结构、转方式。一些产能过剩的企业将被淘汰，一些严重污染环境的企业将被关闭，这都是为中国未来的发展争取更大的空间。政府主动调控，壮士断腕，表现的是发展战略的成熟，彰显的是改善民生的决心，体现的是大国责任的担当。

生态是可持续的生产力，解决生态环境问题的核心是要转变发展方式。习近平总书记提出“保护生态环境就是保护生产力，改善生态环境就是发展生产力”。没有好的生态环境，可持续的经济发展就是一句空话。目前，中国经济增速虽然放缓，却并未失速，经济增长放缓是相对的。现在“降虚火”是为了将来的增长更健康。解决发展中的问题，需要保持合理的速度，但更要看重转变发展方式，提高增长质量、实现可持续发展。就是要改变过去以牺牲生态环境为代价发展经济、对资源进行掠夺式开发的粗放式发展方式，逐渐淘汰高投入、高消耗、高污染的产能，推动技术创新，打造“资源节约、环境友好”中国经济升级版。

生态也是民生，解决生态环境问题的根本是满足群众对优良生态环境和优质生态产品日益增长的迫切需求。“要把生态文明建设放到更加突出的位置，这也是民意所在”，习近平总书记反复强调这一问题的极端重要性。生态环境这个“民意”，一头是百姓的生活质量，一头是社会的和谐稳定，这就是最大的政治。从求温饱、求生存到重环保、重生态，保护环境，就是保护人民群众的生命健康，就是要让群众能够公平获得清新空气、清洁水源、宜人气候、舒适环境、放心食品这些最基本的公共产品。实际上，提供优良生态环境和优质生态产品，要投入大量的人力、物力和财力，会产生巨大的商机，随之而来的就是发展机遇，这也是破解发展瓶颈的出路所在。

生态是人与社会进步的重要标志，解决生态环境问题的关键是要调整利益结构，实现社会公正。像中国所有的社会问题一样，生态环境问题实际上也是利益问题。一方面是利益诉求与利益结构多样化、复杂化，另一方面是规则体系不健全，难以有效整合各方的行为模式，这两个方面的不适应直接导致了生态环境成为当下中国的一种“集体焦虑”。生态文明倡导尊重自然、顺应自然、保护自然，保证人与自然、人与人、人与社会之间的和谐。解决生态问题，必须依靠制度变革和机制创新，构建以公共利益为导向，多元参与、良性互动的生态治理体系，通过生态文明制度建设，构造全社会的“自律体系”，调节政府、市场、社会、公众各方面的意识和行为，综合施治，生态问题才能得到切实的解决。

不必讳言，中国作为发展中大国，可持续发展的压力比世界上任何一个国家都要大得多、严峻得多，我们离“U”形拐点还有很长的一段距离。当前形势的发展，又不允许我们像发达国家那样按部就班地走“先污染后治理”的路子。摆在中国面前的只有一个选择，统筹推进、标本兼治，探索一条从传统工业文明向现代生态文明的转型发展之路。

当前，经济增长、环境保护和社会公正正在成为世界可持续发展的核心。实现经济繁荣、推动生态文明、促进社会和谐，是中国在全球治理体系中的责任担当，也是提升中国软实力的根基。在继续加强中国经济发展硬实力的同时，推动生态文明建设，是中国对内提高凝聚力、对外提高影响力的关键支撑。生态文明，中国应该创造一套全新的标准，探索一种全新的环境保护模式。

美丽中国，需志存高远，更应当脚踏实地。

2014年6月20日

（龙永图：贵州大学贵阳创新驱动发展战略研究院名誉院长、贵阳市决策咨询专家委员会主任）

C o n t e n t s 目录

3 *Evaluation of Ecological Civilization Development in 31 Provinces of China*
31个省区市生态文明建设评估 >

5 *Development patterns for cities of ecological civilization with Chinese characteristics and relevant policy recommendations*

中国特色生态文明城市发展模式及其政策建议 >

Introduction 导论

贵阳指数：中国生态文明发展的风向标

20 世纪中期以来，环境问题逐渐超越国界，从地方性问题演变为区域性和全球性问题，人类的现代生态意识和可持续发展意识开始觉醒。1972 年 6 月，联合国在斯德哥尔摩召开人类环境大会，会议发表的《人类环境宣言》强调，“为了在自然界获得自由，人类必须运用知识，同自然取得协调，以便建设更良好的环境。为当代和子孙后代保护好环境已成为人类的迫切目标。这同和平、经济和社会的发展目标完全一致。”1992 年，世界环境和发展大会在巴西的里约热内卢召开，提出“可持续发展”问题，人类社会开始认识到环境与发展是密不可分的，环境问题必须在发展中加以解决。2002 年 9 月，约翰内斯堡可持续发展世界首脑会议再次深化了人类对可持续发展的认识，确认经济发展、社会进步和环境保护相互联系、相互促进，共同构成可持续发展的三大支柱。此后，2012 年国际可持续发展领域又举行了一次大规模、高级别会议联合国可持续发展大会，又称“里约 +20”峰会，会议就重拾各国对可持续发展的承诺、找出目前我们在实现可持续发展过程中取得的成就与面临的不足、继续面对不断出现的各类挑战等方面达成了一致目标。

在中国，进入 21 世纪，在学界理论研究和实践探索的基础上，环境问题和可持续发展开始成为党的文献和党代会的主题之一。2002 年党的十六大把推动整个社会走上生产发展、生活富裕、生态良好的文明发展道路确定为全面建设小康社会的四大目标之一。2003 年党的十六届三中全会提出了全面、协调、可持续的科学发展观。2006 年党的十六届六中全会提出了构建和谐社会、建设资源节约型社会和环境友好型社会的战略主张。2007 年，建设生态文明首次进入党的十七大报告，标志着生态文明由理论争鸣的象牙塔开始迈向治国理念和付诸行动的轨道。2012 年，党的十八大更是将生态文明建设提升到与经济建设、政治建设、文化建设、社会建设并列的战略高度。近年来我国各地区也积极开展了生态文明建设的实践，发展生态经济、循环经济成为不少地区和城市的战略发展目标。

在此背景下，“中国生态文明发展指数”也即“贵阳指数”应运而生。“贵阳指数”是我国第一个以地方命名的生态文明评价指数。之所以用贵阳来命名，是因为贵阳在地区生态文明建设大潮中一直是一个标志，也一直保持着诸多“第一”的记录：2007，贵阳市公布《关于建设生态文明城市的决定》，在国内众多城市中率先提出以生态文明理念引领经济社会发展的战略方向。同年，贵阳市成立国内首家环保法庭、环保审判庭，坚决查处破坏生态环境的案件。2010 年，贵阳市出台了《贵阳促进生态文明城市建设条例》，是国内首部促进生态文明建设的地方性法规。2012 年 12 月，国家发改委批复了全国第一个生态文明示范城市规划《贵阳建设全国生态文明示范城市规划 (2012—2020 年)》。2013 年 1 月，经党中央、国务院同意，外交部批准，生态文明贵阳会议升格为生态文明贵阳国际论坛，这是中国目前唯一以生态文明为主题的国家级国际性论坛。一个标志性的指数和一个标志性的城市实现理性对接，就成为必然。

“贵阳指数”旨在通过数据模型，客观全面地反映各地区和城市生态文明建设的发展现状、特点、趋势，展示地区生态文明建设取得的成就和亮点，为社会全面、系统、深入了解生态文明提供了一扇窗口，从而成为中国生态文明建设的“风向标”。

“贵阳指数”是一个创新性指数。“贵阳指数”借鉴国内外研究成果，结合地区发展实际，在生态文明评估领域进行了理论创新，设计了一套全面反映生态文明发展情况的指标体系，指标体系包括生态经济、生态环境、生态文化、生态社会、生态制度 5 个二级指标、22 个三级指标。采用纵向考察和横向比对、定性与定量分析相结合的方式，引入权威数据，分别对中国31个省区市和35个大中城市进行了生态文明发展水平的综合评价。对于客观展现中国地区和城市生态文明发展水平，提升地区生态文明建设能力具有重要意义。此外，“贵阳指数”在编制过程中，大量借鉴大数据分析、信息可视化等相关技术，数据翔实、形象直观、可视化强，进一步增强了指数的可读性与实用性。

“贵阳指数”是一个独立性指数。“贵阳指数”是由独立的第三方民间机构研究编制的。编制工作由北京国际城市发展研究院、贵州大学贵阳创新驱动发展战略研究院共同完成。目前编制和开发各类测度生态文明发展水平的指标体系，多由政府主导推进，但由民间机构独立研制测度发展的指标体系，意义非同寻常。独立第三方的身份，使得在度量和评价各地区状况的过程中，不受任何地区或者集团利益的左右，能够更加公正、客观。因为编制者的独立性，也使这件工作更加需要坚持下去。只有通过持续性积累与修正，“贵阳指数”的使用价值才会越来越高，影响才会越来越大。同样，因为编制者民间机构的性质，“贵阳指数”也将更加开放，更加欢迎不同意见与争论。

应该清醒地认识到，当前对于生态文明建设的理解还存在不少争议。由于顶层设计不够完善，中国面临的问题又是前所未有，所以不存在毕其功于一役的“灵丹妙药”，生态文明建设需要在理论和实践的探索创新中不断总结经验、开拓创新。“贵阳指数”的发布，提供了一个观察和分析地区生态文明建设进程的角度和方法，也是这种探索创新的体现。期望通过“贵阳指数”，可以引发社会各界对于提高生态文明发展水平的持续关注和讨论，进而推进生态文明建设的进程。

Part

1

Theoretical basis for Ecological Civilization Development in China

中国生态文明建设的理论基础 >

Background and significance of ecological civilization development in China

中国生态文明建设的背景与意义

□ 生态文明提出的现实背景

1962 年，美国海洋学家蕾切尔 · 卡逊（Rachel Carson）揭露滥用杀虫剂对生物及人体造成的严重危害，这是近代生态文明发展的重要里程碑。1972 年，瑞典斯德哥尔摩召开的联合国人类环境会议提出：人类只有一个地球，人类要善待地球、善待环境，保护环境应该是首要的。1972 年，罗马俱乐部首次明确提出了人口增长、粮食生产、工业发展、资源消耗和环境污染之间的关系，但同时却对限制人口和工业增长以避免粮食短缺、资源枯竭和环境污染提出了悲观的预测。联合国世界环境与发展委员会 1987 年提出的可持续发展理念和 1992 年联合国在巴西里约热内卢召开的国际环境与发展大会，是开启生态文明发展道路的两个突出标志。人类逐步将生态文明的理念深入到社会生活和思想价值观中。经过近 200 年工业化的正反教训，生态文明已经在许多发达国家特别是人口密集、资源压力大的欧洲和日韩等各国政府、企业和民众中蔚然成风。

进入 20 世纪 90 年代，全球化显现并突然加速，现代工业的负面影响全方位地展现出来：空气、大气层、水的污染，森林、植被的大规模破坏，土地沙漠化和工农业导致的土壤污染日趋严重。随着科学与技术的进步，人类文明和自然的冲突却以最强烈的形式爆发出来。增长濒临极限——罗马俱乐部的知识预警再次引起了人们的深思和关注，成为研究生态文明的知识出发点和增长点。

2013 年 2 月，在联合国环境规划署第 27 次理事会上，通过了宣传中国生态文明理念的决定草案，被正式写入决定案文，这标志着中国生态文明的理论与实践在国际社会得到了进一步的认同与支持。

生态文明建设的战略意义

关于生态文明建设的重大意义，十八大报告在第八部分的第一句话，就开宗明义地指出："建设生态文明，是关系人民福祉、关乎民族未来的长远大计。"围绕生态文明建设的行动，尤其是对应对当前和今后面临的资源、能源和环境等问题的严峻挑战，具有非常重要的战略意义。

有利于缓解资源环境压力

在改革开放初期，我国作为一个人口众多、资源短缺、人民生活水平相对低下、与发达国家差距显著的发展中国家，以经济建设为中心，摆脱贫困一直是我们党和国家的主要目标和百姓的迫切愿望。但是，随着中国经济的持续增长、规模不断扩大，对资源的利用、能源的消耗和废弃物的排放都在同步增长，资源、环境问题已经相当严峻，开展生态文明建设的需求十分迫切。

数据显示，中国的人口密度是世界平均值的 3 倍，人均自然资源是世界平均值的 1/2，单位产值排污是世界平均值的十几倍，劳动效率仅为发达国家的几十分之一，经济不稳定系数是世界平均值的 4 倍以上。与此同时，我国的能源浪费消耗极大，每万美元消耗的矿产资源是日本的 7.1 倍，美国的 5.7 倍，甚至是印度的 2.8 倍。

与此同时，对生态环境的破坏使我们付出了严重的代价并造成了巨大经济损失：据统计，我国 1/3 的国土被酸雨侵蚀，七大江河水系中劣五类水质约占 40%，沿海赤潮的年发生次数比 20 年前增加了 3 倍，1/4 人口饮用不合格的水，1/3 的城市人口呼吸着严重污染的空气，全球污染最严重的 10 个城市中，中国占 5 个。据世界银行测算，1995 年中国空气和水污染造成的损失要占到当年 GDP 的 8%，中科院测算，2003 年环境污染使我国发展成本比世界平均水平高 7%，环境污染和生态破坏造成的损失占到 GDP 的 15%；2001 年环保总局的生态状况调查表明，仅西部 9 省区生态破坏造成的直接经济损失占到当地 GDP 的 13%。与此同时，环境污染也对人民的身体健康造成了明显的危害。2005 年，我国患病的人数已增至 50 亿人次，因健康不安全所造成的经济损失高达 8000 亿元，相当于当年 GDP 的 7%。

有利于促进国内发展方式转型

产业转型升级问题一直是中国经济发展的一大难题。从产业发展模式看，中国目前仍然未能摆脱以要素投入和规模扩张为主要特征的粗放式发展模式，多个产业面临产能过剩的威胁。从产业竞争力看，产业基本特征是大而不强，即产业规模虽大，但产品结构和技术水平偏低，总体处于全球产业链的低端。生态文明建设为推动中国产业转型升级提供了重要契机。大力发展节能环保、新能源等战略性新兴产业，不仅可以促进节能减排，而且还能提高竞争力、提供新的就业机会，使其成为新的经济增长点，进而促进产业结构转型。

有利于提升国家形象和国际影响力

据联合国环境规划署于 2013 年发布的报告《中国资源效率：经济学与展望》，中国物质利用的快速增长轨迹已经融入全球进程中。中国生活水平的不断提高已使其成为世界上最大的原材料（包括建筑用矿物，金属矿石，化石燃料和生物质）消费国。30 年来，中国已经从对矿物、化石燃料和其他原材料消耗不太多的国家发展成为全球第一大资源消耗国。中国 2008 年消耗的这些原材料多达 226 亿吨，几乎占全球消耗总量的 1/3，远远高于 1970 年 17 亿吨的消耗量。与全球第二大资源消耗国美国相比，中国的资源消耗量是美国的 4 倍。1970—2008 年期间，中国的人均物质

1900—2007 年主要国家二氧化碳排放量

年份	1990	2000	2004	2005	2007	2007 年占全球比例（%）	2007 年人均（吨）
全球	22695.9	24688	28974.3	—	30649.4	1	4.6
中国	2398.2	3402.3	5005.7	5547.8	6533	21.32	5.0
美国	4816.9	5737.2	6044	5776.4	5832.2	19.03	19.3
印度	681.5	1185.7	1341.8	1402.4	1611	5.26	1.4
日本	1070.4	1228.8	1256.8	1230	1253.5	4.09	9.8
德国	980.3	831.4	808	784	787.3	2.57	9.6
英国	579.2	544	586.7	546.4	539.2	1.76	8.8
法国	363.7	365.3	373.4	377.7	371.5	1.21	6.0

资料来源：连玉明：《低碳城市：我们未来的生活方式》，当代中国出版社，2014 年

消费量已经从世界平均水平的三分之一增长到世界平均水平的 1.5 倍。

联合国副秘书长兼联合国环境署执行主任阿奇姆 · 施泰纳在为该报告撰写的前言中写到，“考虑到中国对全球市场及可持续性的影响，在某种程度上可以说，中国的发展路径也是世界的发展路径”。这意味着中国的命运已经与世界可持续发展的命运紧密联系在了一起，甚至未来将决定和主导世界的可持续发展进程和方向，这也正是中国生态文明建设的世界意义。

□ 生态文明建设的中国道路

国家政策文件回顾

20 世纪 90 年代中国政府开始关注经济、社会与环境协调发展问题，1994 年率先制定并出台《中国 21 世纪议程——中国人口、资源、环境发展白皮书》，1996 年在“九五计划”中，提出了转变经济增长方式、实施可持续发展战略的主张。2000 年，国务院颁发了《全国生态环境保护纲要》，明确提出要大力推进生态省、生态市、生态县和环境优美乡镇的建设。2003 年 5 月，国家环保总局发布《生态县、市、省

建设指标（试行）》，对生态城市建设的评价标准做出了比较明确的规定；2004 年 12 月，国家环保总局印发《生态县、生态市建设规划编制大纲（试行）》及实施意见；2006 年，国家环保总局先后制定了《全国生态县、生态市创建工作考核方案（试行）》和《国家生态县、生态市考核验收程序》，对生态城市建设、验收、评价、考核等工作提供了具体的考察标准和有力的政策指导。

进入 21 世纪，在实践探索和学界理论研究的基础上，中国的环境问题和可持续发展开始成为党的文献和党代会的主题之一：2002 年党的十六大把推动整个社会走上生产发展、生活富裕、生态良好的文明发展道路确定为全面建设小康社会的四大目标之一；2003 年党的十六届三中全会提出了全面、协调、可持续的科学发展观；2006 年党的十六届六中全会提出了构建和谐社会、建设资源节约型社会和环境友好型社会的战略主张。

2007 年，建设生态文明首次进入党的十七大报告，标志着生态文明由理论争鸣的象牙塔开始迈向治国理念和付诸行动的轨道。党的十七大报告中把建设生态文明作为实现全面建设小康社会奋斗目标的新要求，并且提出其基本目标："基本形成节约能源资源和保护生态环境的产业结构、增长方式、消费模式。循环经济形成较大规模，可再生能源比重显著上升。主要污染物排放得到有效控制，生态环境质量明显改善。生态文明观念在全社会牢固树立。"随后，国家"十二五"规划也把提高生态文明水平作为努力的方向之一。

2012 年，党的十八大更是将生态文明建设提升到与经济建设、政治建设、文化建设、社会建设并列的战略高度，要求把生态文明建设放在突出地位，融入经济建设、政治建设、文化建设、社会建设各方面和全过程，努力建设美丽中国，实现中华民族可持续发展，并且进一步明确了生态文明建设的相关目标，即到 2020 年"资源节约型、环境友好型社会建设取得重大进展。主体功能区布局基本形成，资源循环利用体系初步建立。单位国内生产总值能源消耗和二氧化碳排放大幅下降，主要污染物排放总量显著减少。森林覆盖率提高，生态系统稳定性增强，人居环境明显改善"。同时还提出了生态文明建设的四大任务，包括基本优化国土空间开发格局、全面促进资源节约、加大自然生态系统和环境保护力度、加强生态文明制度建设。这无疑为今后建设生态文明和美丽中国指明了方向。

2013 年，党的十八届三中全会则进一步明确，建设生态文明，必须建立系统完整的生态文明制度体系，实行最严格的源头保护制度、损害赔偿制度、责任追究制度，

完善环境治理和生态修复制度，用制度保护生态环境。

2013 年 6 月，环境保护部印发了《关于大力推进生态文明建设示范区工作的意见》，发布了《生态文明建设试点示范区指标》。2013 年 12 月，中央首次召开城镇化工作会议，对生态文明建设做出新部署；与此同时，中组部印发《关于改进地方党政领导班子和领导干部政绩考核工作的通知》，将生态文明建设纳入地方党政领导班子和领导干部政绩考核工作；2013 年 12 月 18 日，国务院常务会议，部署推进青海三江源生态保护、建设甘肃省国家生态屏障综合试验区、京津风沙源治理、全国五大湖区湖泊水环境治理等一批重大生态工程。

中央领导重要指示

党的十八大以来，习近平总书记对生态文明建设和环境保护的重要论述，主要集中在以下方面：

一是深刻认识生态文明建设和环境保护重大意义，建设生态文明是关系人民福祉、关系民族未来的大计；保护生态环境就是保护生产力，改善生态环境就是发展生产力。

二是做出生态文明建设总体部署，必须树立尊重自然、顺应自然、保护自然的生态文明理念，着力树立生态观念、完善生态制度、维护生态安全、优化生态环境，形成节约资源和保护环境的空间格局、产业结构、生产方式、生活方式。

三是积极探索环境保护新路，既要借鉴西方发达国家治理污染的经验教训，又要结合我国国情和发展阶段，从宏观战略层面切入，搞好顶层设计，从生产、流通、分配、消费的再生产全过程入手，用新理念、新思路、新方法来进行综合治理，探索走出一条环境保护新路。

四是让生态系统休养生息，生态红线观念一定要牢固树立起来，决不能逾越，扩大森林、湖泊、湿地等绿色生态空间，增强水源涵养能力和环境容量。

五是认真解决关系民生的大气污染等突出环境问题，坚持预防为主、综合治理，强化水、大气、土壤等污染防治，着力推进重点流域和区域水污染防治，着力推进重点行业和重点区域大气污染治理。

六是完善生态文明建设制度体系，要着力推进制度创新，把体现生态文明建设状况的指标纳入经济社会发展评价体系；建立体现生态文明要求的奖惩机制；建立责任追究制度。

李克强总理对生态文明建设的重要论述主要体现在以下几方面：

一是吸收国外先进的环保理念和管理经验，更好地推进生态文明建设。

二是全面建成小康社会，既要继续发展工业文明，又要大力弘扬生态文明，打破资源环境的瓶颈制约，探索转型发展的新途径，建设生态文明的现代化中国。

三是进一步树立尊重自然、顺应自然、保护自然的生态文明理念，把生态文明建设融入整个现代化建设之中，实现发展经济、改善民生、保护生态共赢。

四是推动生态文明建设，需要改革和制度创新，要加快价格、财税、金融、行政管理、企业等改革，完善资源有偿使用、环境损害赔偿、生态补偿等制度，健全评价考核、行为奖惩、责任追究等机制，切实加强法制建设，以体制激励和约束企业，用法律调节和规范行为，使改革这个最大的“红利”更多地体现在生态文明建设和科学发展上。

地方经验与举措

1995 年，环保部门启动实施生态建设示范工作；自 1999 年以来，环保部门大力推进生态省、生态市、生态县和环境优美乡镇的建设。2010年，环境保护部党组明确要求，将“生态省（市、县）建设”调整为“生态建设示范区”。2013年6月，中央批准将“生态建设示范区”正式更名为“生态文明建设示范区”，并制定了《国家生态文明先行示范区建设方案（试行）》。

生态省（市、县）建设经验与举措

1999年，海南省率先提出建设生态省的跨世纪发展战略。2000年国务院颁发《全国生态环境保护纲要》，明确提出要大力推进生态省、生态市、生态县和环境优美乡镇的建设，截至2006年年底，已有15个省区开展生态省建设，150多个市（县、区）开展了生态市（县、区）创建工作。

海南省于1999年在全国率先提出建设生态省之后，通过了《海南生态省建设规划纲要》，确定了生态省建设的步伐和发展目标；2005年进一步完善了生态省建设规划，2007年提出生态省的战略和部署，重点推进绿色经济、生态环境、污染防治、人居环境四大生态工程，实施建设“绿色之岛”战略。海南省生态文明建设最大的成果是自上而下开展了一场以“建设生态环境、发展生态经济、培育生态文化”为主要内容的文明生态村创建活动，截至2010年年底，全省累计创建文明生态村11597个，占全省自然村总数的49.7%。

浙江省于2003年提出“生态省建设”目标，同年制定了浙江省生态文明综合评价指标体系；2004年提出“811”（8大水系、11个省级环保重点监管区）污染整治行动纲领；2005年制定发展循环经济的“911”（9大重点领域、9个一批抓手和100个重点项目）行动计划；2006年做出了资源节约型和环境友好型社会的工作部署，将节能、减污列入官员考核指标；2012年9月，浙江省委办公厅、省政府办公厅制定下发了《浙江生态文明建设评价体系（试行）》。

贵阳市于2001年提出“环境立市”战略；2002年在全国率先提出“以循环经济模式构建生态城市”的理念，并付诸实践，成为国家环保总局批准的全国首个循环经济型生态城市建设的试点城市；2004年贵阳市委、市人民政府出台了《关于加快生态经济市建设的决定》。

生态建设示范区经验与举措

2010年，环境保护部党组明确要求，将“生态省（市、县）建设”调整为“生态建设示范区”，生态建设示范区是生态省、生态市、生态县、生态工业园区、生态乡镇、生态村的统称，是最终建立生态文明建设示范区的过渡阶段。自2000年原

专栏

深圳生态控制线试点全省推广

为遏制因城镇化快速发展而导致的城市空间呈外拓式无序扩张和蔓延的态势，2005年，深圳市在全国率先划定了基本生态控制线，将全市总用地的50%划入了生态控制线内。经过9年探索，从2014年开始，广东将在全省范围内推广生态线管理的深圳经验，计划2014年底前完成生态控制线划定。

严规重典：全市一半面积纳入生态控制线

2005年11月1日，《深圳市基本生态控制线管理规定》实施，将974平方千米（约占全市总面积的一半）的土地，划入生态控制线。除重大道路交通设施、市政公用设施、旅游设施和公园以外，禁止在基本生态控制线范围内进行其他建设。

为破解生态控制线实施过程中存在的“一刀切管理”、多部门职能交叉等难题，深圳市通过控制线内的分级管理、生态补偿以及引入市场机制“三板斧”来破解困局。按照生态保护与城市发展相协调的原则，对不同类型的生态单元进行不同的功能定位和差异化管理，制定分区管制措施和保护要求，减少道路交通设施和市政设施对生态控制线的破坏和碎片化。

全省铺开：2014年全省完成生态控制线划定

2013年10月，广东省政府印发《关于在全省范围内开展生态控制线划定工作的通知》，明确全省生态控制线的划定工作原则上要在2014年年底前完成，《广东省生态控制线管理条例》力争于2014年6月前颁布实施。为加快推进生态控制线的划定，各级政府建立健全了生态控制线综合监管制度，将生态控制线管理作为重点工作纳入绩效考核。

让生态控制线真正成为带电的“高压线”

伴随《国家新型城镇化规划（2014—2020年）》的出台，城镇化将迎来新一轮发展热潮。其他地方要借鉴深圳生态控制线的经验破解城镇化过程中出现的“城乡建设用地无序扩张”“土地利用粗放低效”等难题，构建与新型城镇化相适应的生态安全格局，有效落实十八届三中全会提出的“划定生态保护红线，改革生态环境保护管理体制”的要求。

资料来源：《领导决策信息》2014年3月31日，第12期

国家环保总局在全国组织开展这项工作以来，已有 16 个省（区、市）开展了省域范围的建设，500 多个市县开展了市县范围的建设。其中，江苏省张家港市、浙江省安吉县等 11 个县（市、区）达到国家生态县建设标准，1027 个乡镇达到全国环境优美乡镇标准。

浙江安吉县于 2001 年起开始探索“生态立县”之路，并将每年的 3 月 25 日定为生态日；2006 年安吉县被授予首个国家生态县；2007 年成为国家环境保护部唯一的“全国新农村与生态县互促共建示范区”；2008 年被国家环保部确定为全国首批生态文明建设试点地区之一。安吉县坚持按照生态文明的要求建设社会主义新农村，高起点确定工作目标，提出建设“村村优美、家家创业、处处和谐、人人幸福”的“中国美丽乡村”，确定的新农村建设的 36 项评价标准均高于全省乃至全国水平；注重规划引领，编制《安吉县“中国美丽乡村”建设总体规划》《安吉县生态文明建设纲要》和《生态县建设总体规划》；坚持统筹推进，全面实施环境、产业、服务和素质四项提升工程。

张家港市于 1999 年第一个提出创建“国家生态市”目标，率先提出“既要金山银山，更要绿水青山”的发展理念，创造了环境保护一把手亲自抓、建设项目环保第一审批权、评先创优环保“一票否决制”“三个一”制度。2006 年建成首批“国家生态市”，在全省各县市中率先实现了“国家卫生镇”“全国环境优美镇”和“省级卫生村”创建“满堂红”，建成省级“生态村”69 个、各级“绿色学校”112 所、“绿色社区”83 个、“绿色企业”132 家。把工作重点由原来的“污染防治”向“污染防治和生态建设”同步提升，创建范围由“城区”向“整个城乡”拓展，把生态建设全面融入产业大调整、城镇大建设、环境大整治、文明大传播、社会大发展中。从着力构建资源节约型、环境友好型城市，全面推进“协调张家港”建设，在全国县级市率先完成循环经济建设总体规划，加快引进推广资源节约替代、能量梯级利用、“零排放”、绿色再制造等技术，推进企业由资源消耗型向生态集约型转变，打造“物质—资源—能源”循环圈。

生态文明建设示范区经验与举措

生态文明建设示范区是现阶段大力推进生态文明建设的重要载体和有效途径。2013 年 6 月，经中央批准，将环境保护部原归口管理的“生态建设示范区”项目更名为“生态文明建设示范区”。中央批准更名后，环境保护部印发了《关于大力推进生态文明建设示范区工作的意见》，发布了《生态文明建设试点示范区指标》，新增第五批、第六批共 72 个生态文明建设试点。

贵阳市 2007 年市委八届四次全会通过《关于建设生态文明城市的决定》，明确了以生态文明理念引领经济社会发展的战略方向，对建设生态文明城市进行全面部署，勾画了贵阳宏伟的发展蓝图。同年，贵阳市成立国内首家环保法庭、环保审判庭，坚决查处破坏生态环境的案件。2008 年 10 月，发布了《贵阳市建设生态文明城市指标体系及监测方法》，标志着贵阳市生态文明城市建设不断在实践中进行理性提炼后，进入了在成熟理念指导下的具体实践阶段；同年，贵阳市委八届六次全会通过《关于抢抓机遇进一步加快生态文明城市建设的若干意见》，提出“应挑战、保增长、重民生、推改革、促开放、善领导”的要求。2009 年，被国家环保部列为全国生态文明建设试点城市。2010 年，贵阳市把生态环境保护纳入法制化轨道，出台了《贵阳促进生态文明城市建设条例》，是国内首部促进生态文明建设的地方性法规，同年，贵阳被国家发改委列为全国低碳试点城市。2012 年 12 月，国家发改委批复了全国第一个生态文明示范城市规划《贵阳建设全国生态文明示范城市规划（2012—2020 年）》。2013 年 1 月，经党中央、国务院同意，外交部批准，生态文明贵阳会议升格为生态文明贵阳国际论坛，这是我国目前唯一以生态文明为主题的国家级国际性论坛。2013 年 7 月 20 日，生态文明贵阳国际论坛 2013 年年会在贵阳开幕，中共中央政治局常委、国务院副总理张高丽出席开幕式、宣读习近平的贺信并发表讲话。

张家港市 2008 年被环保部列为“全国生态文明建设试点地区”之后，在全国率先编制《生态文明建设规划》并通过国家环保部组织的专家论证，在此基础上，分阶段分步骤连续六年出台两轮《生态文明建设三年工作意见》。2009 年 8 月，根据《张家港市关于实施全市生活垃圾集中处理的意见》，全面推行生活垃圾减量化、无害化、资源化利用模式。2013 年制订了《生态文明建设（2013—2015）三年行动计划》，重点推进 6 大行动 20 项工程，有效提升全市生态文明建设水平。2013 年，张家港制订出台《生态文明建设绩效考核实施办法》，在江苏省乃至全国首开先河，该办法将生态环保作为最重要的考核指标，生态环境指标权重达 32%，对下辖各区镇严格实行经济和环境指标“双重考核”，做到“既考 GDP，又考 COD”。

生态文明先行示范区建设经验与举措

2013 年 8 月，《国务院关于加快发展节能环保产业的意见》中指出，在全国范围内选择有代表性的 100 个地区开展国家生态文明先行示范区建设，探索符合我国国情的生态文明建设模式的要求。2013 年 12 月，国家发展改革委联合财政部、国土

专栏

贵阳蓝天守护计划机制新、办法新、指标新

作为贵阳市生态环境系统性、规范性和常态化治理长效机制的“蓝天守护”“碧水治理”和“绿地保卫”三大计划中的首个计划——《贵阳市蓝天守护计划（初稿）》2013 年 12 月 30 日率先亮相，确定到 2017 年 PM10 年均浓度下降 12.3% 以上，PM2.5 浓度逐年下降的目标。

治污新机制：政府统领、企业配合、市场驱动、公众参与

该计划提出，建立“政府统领、企业配合、市场驱动、公众参与”的大气污染防治新机制，形成“预防为主，联防联控”的大气污染防治新格局。

治污新办法：建设城市“通风走廊”，让大气循环良性运转

为减少空气中污染物的聚集，贵阳市规划局接下来应控制高层建筑的高度和数量，在高楼林立的地方留出“大缺口”，对楼盘、道路建设进行合理规划，留出通风走廊。

考核新指标：以“空气质量优良率 + 空气质量综合指数排名”为依据

在空气质量考核方面，对各区（市、县）环境空气质量实行公布考核制，对各区（市、县）每月改善空气质量攻坚工作进行打分，考核结果将纳入年终环保目标考核和首末位排名中。各区（市、县）政府对辖区内环境空气质量负责，考核结果列入政绩考核。同时，通过空气质量自动监测站点能力建设的强化，积极探索以每月空气质量优良率和每月空气质量综合指数排名为依据的考核机制，逐步实现考核机制的科学与公平。

资料来源：《领导决策信息》2014 年 1 月 20 日，第 3 期

资源部、水利部、农业部、国家林业局制定了《国家生态文明先行示范区建设方案（试行）》，以推动绿色、循环、低碳发展为基本途径，促进生态文明建设水平明显提升。2014 年 3 月，国务院印发了《关于支持福建省深入实施生态省战略加快生态文明先行示范区建设的若干意见》，确定福建省成为党的十八大以来全国第一个生态文明先行示范区。2014 年 6 月，将北京市密云县、上海闵行区、贵州省、江西省、湖北

十堰市等 55 个地区作为第一批生态文明先行示范区建设地区。

福建省于 2014 年 3 月被确定为全国第一个生态文明先行示范区，国家在福建省开展生态文明建设评价考核试点，探索建立生态文明建设指标体系；率先开展森林、山岭、水流、滩涂等自然生态空间确权登记，编制自然资源资产负债表，开展领导干部自然资源离任审计试点；开展生态公益林管护体制改革、国有林场改革、集体商品林规模经营试点等。2014 年 3 月 19 日，对外发布反映福建生态旅游景区 PM2.5 和负氧离子数据实时值的“清新指数”，该指数让福建良好的生态优势“用数字说话”，在大陆尚属首创，是福建生态文明先行示范区建设的一项创新举措。2014 年 5 月 22 日，福建省十二届人大常委会第九次会议通过《福建省水土保持条例》，该《条例》是福建通过的首部生态地方性法规，以“建设生态文明”为立法目的，从规划、预防、治理、监测和监督、法律责任等方面对福建水土保持做出明确规定。2014 年 5 月 23 日，福建省高级人民法院生态环境审判庭成立，这是全国继海南、贵州之后第三家设立生态环境审判庭的省级法院，为了适应当前生态司法保护工作的需要，更好地服务保障生态文明先行示范区建设，全面推广生态环境专业化审判。

Theoretical formulation for studies of evaluation of ecological civilization development in China

中国生态文明评价研究的理论构建

□ 生态文明建设的基本内涵

广义生态文明与狭义生态文明

自生态文明建设的理念提出后，学术界和政府部门均从不同角度对其进行诠释和解读，从而产生了五花八门的定义，也导致认识上存在一定程度的模糊和混乱。总体而言，目前对生态文明的定义大同小异，可以从广义和狭义两方面来理解。

广义的生态文明是指人类社会继原始文明、农业文明、工业文明后的新型文明形态，以人与自然协调发展为基本准则，建立新型的生态、技术、经济、社会、法制和文化制度机制，实现经济、社会、自然环境的可持续发展，强调从技术、经济、社会、法制和文化各个方面对传统工业文明和整个社会进行调整和变革（曲格平，

2010）。它是人类社会发展演变的一个新阶段，囊括整个社会的各个方面，不仅要求实现人与自然的和谐，而且要求实现人与人的和谐，是全方位的和谐。它是相对于传统的工业文明在给人类带来巨大物质财富的同时，也造成了自然资源的耗竭、生态环境的日趋恶化，导致人与自然关系严重失衡的弊端而言的。正如马克思曾指出的，“文明如果是自发地发展，而不是自觉地发展，则留给自己的是荒漠”。从这个角度来讲，生态文明是人类按照自然、经济和社会系统运转的客观规律，建立起来的人—自然—社会良性运行、和谐发展的高级文明形式，更是人类历史发展的必然产物。

狭义的生态文明是指与物质文明、政治文明（制度文明）和精神文明相并列的现实文明形态之一，是人类文明的一个方面，着重强调人类在处理与自然关系时所达到的文明程度。在这个层面上，物质（经济）、精神、文化、社会、政治、生态环境等是社会经济发展的关键维度。但生态文明不等同于物质文明、制度文明和精神文明，而是渗透于物质文明、制度文明和精神文明之中或以物质文明、制度文明和精神文明为载体的，因为生态文明需要扎实的物质积淀、坚定的精神动力和有力的政治决策支撑。如果没有和谐的生态环境，人类不可能达到高度的物质文明、精神文明和政治文明，甚至连现有成果也可能全部失去。生态文明给其在物质、精神和政治领域的成果都贴上了“生态”的标签，如生态产业、生态伦理、生态经济、绿色政治等。有鉴于此，有学者指出生态文明可以具体表现为生态物质文明、生态制度文明和生态精神文明。

也有人认为，生态文明可以理解为生态理念在人类行动中的具体体现，是人类社会开展各种决策或行动的生态规则。随着社会发展，人类通过法律、经济、行政、技术等手段及自然本位的风俗习惯，以生态理论和方法指导人类各项活动，实现人（社会）与自然和谐、可持续发展。

生态文明与物质文明、精神文明、政治文明之间相互联系、相互促进、不可分割。其中物质文明为生态文明提供物质支持和资金保障，而生态文明要求物质文明的发展以资源环境的约束或承载力为前提和基础；政治文明为生态文明提供政治导向、决策支持和制度保障，可以引领、凝聚和动员各种社会资源和力量参与到生态文明建设中，而生态文明也要求政治文明具有生态化取向，使政府能够矫正市场在供给环境公共物品方面的失灵，并制定更为积极的环境保护政策；精神文明为生态文明提供智力支持、思想保证、精神动力和行为准则，而生态文明则要求精神文明的“绿

化”，积极树立人与自然和谐相处的价值观、道德观和伦理观，以及正确的生态意识和行为，为生态文明建设创造和谐的社会氛围，体现环境的公平公正。

有部分定义介于广义与狭义之间，抑或是两者的结合。例如，有观点认为，生态文明是人类在利用自然界的同时又主动保护自然界、积极改善和优化人与自然关系而取得的物质成果、精神成果和制度成果的总和。另一类则认为，生态文明是人类在改造环境、适应环境的实践中所创造的人与自然持续共生的物质生产和消费方式、社会组织和管理体制、伦理道德和社会风尚，以及资源开发和环境影响方式的总和。

还有人认为，生态文明是指人类在生产生活实践中，协调人与自然生态环境和社会生态环境的关系，正确处理整个生态关系问题方面的积极成果，包括精神成果和物化成果，实现生态系统的良性运行，人类自身得到进步和改善，人类社会得到全面、协调、可持续发展。潘岳认为，生态文明是指人类遵循人、自然、社会和谐发展这一客观规律而取得的物质与精神成果的总和。俞可平认为，生态文明就是人类在改造自然以造福自身的过程中为实现人与自然之间的和谐所做的全部努力和所取得的全部成果，它表征着人与自然相互关系的进步状态。生态文明既包括人类保护自然环境和生态安全的意识、法律、制度、政策，也包括维护生态平衡和可持续发展的科学技术、组织机构和实际行动。

从人类历史的角度来看，一种文明在人类社会发展进程中的确立和主导需要相当长的时间。而从人类环境意识真正觉醒到现在也不过半个世纪的时间，即使在发达国家，人们的环境意识虽然已经达到较高的水平，但生态文明观念仍未占据绝对主导地位，不可持续的消费模式依然存在，每个公民消耗的资源和形成的生态足迹往往是发展中国家的数倍甚至数十倍。正如世界自然基金会发布的《2000 年地球生命力报告》指出的，如果全球都像英国和其他欧洲国家一样消费的话，那么地球人需要立即找到另外两个像地球一样的星球，才能满足其自然资源需求。因此，单纯就发达国家而言，转变不可持续的消费模式还有很长的路要走。

因此，基于上述分析，十七大和十八大报告所提出的生态文明建设理念显然针对的是狭义的生态文明，即将生态文明作为一种治国理念和手段来看待，即在一个相对较短的时期内，提出比较清晰的目标和任务，并且通过努力和可操作的手段来实现。

无论是广义还是狭义的定义，生态文明都以人与自然的相互作用关系为主线，承认资源环境对人类活动承载力的有限性，并且涉及自然、社会、经济等多个维度，侧重于规范人类对自然的行为。总之，生态文明是以尊重、顺应和保护自然为前提，以人与人、人与自然、人与社会和谐共生为宗旨，以资源环境承载力为基础，以建立可持续的生产方式、消费模式及增强可持续发展能力为着眼点，强调人的自觉与自律，强调人与自然的相互依存、相互促进、共处共融。

工业文明与生态文明

生态文明是工业文明的救赎之道。与工业文明相比，生态文明的核心价值在理念层面是“人与自然和谐共生”，在制度层面是生态优先的制度体系，在物质层面是可持续的经济发展。

当文明挣脱了环境可持续性的缰绳之后就会面临崩溃的威胁。工业文明的本质是资源型经济，其生产和增长依赖于大量的资源投入。而自然资源并不是无限的，生态环境的承载能力也是有限的，持续地破坏生态系统，最终会导致总崩溃。正如《增长的极限》所说的那样，“如果让世界人口、工业化、污染、粮食生产和资源消耗像现在的趋势继续下去，这个行星上的增长极限将在今后100年中发生”。而地球的增长极限意味着整个人类生存环境的毁灭。事实上，这种灾难正在不断逼近，核辐射和核污染、臭氧层破坏、土地荒漠化、淡水危机、能源危机、气候变暖、物种灭绝等，每一种都关系到人类未来的生存。仅仅其中之一的全球气候变化便足以让人们惴惴不安。人类只有以平等的心态调整同自然的关系，才能摆脱巨大生态风险，远离灭顶之灾。生态文明是人类实现可持续发展的必然需求，是人类未来发展之本。

生态文明与生态文明城市

作为人类政治、经济、文化和社会生活的主要载体，城市是一个国家或地区发展不可缺少的主要动力源。面对工业文明建设后期城市发展中的一系列灾难性问题，从19世纪末英国社会活动家霍华德提出“田园城市”的城市规划设想开始，如何建设人与自然、发展与环境、经济与社会、人与人之间关系协调、发展平衡、良性循环的理想城市，一直是城市发展理论和实践探索的重要课题，基本上可以分为两大类：一是在工业文明建设框架下的探索，以人为中心，以解决环境恶化、交通拥堵、社会失序等“城市病”为指向，从发展理念、城市规划、经济模式、社会政策、技术手段等各个层面，提出了一系列新的理念和发展模式；二是在生态文明建设框架下的探索，将自然生态系统与人类活动放在平等的地位上，以“生态”为桥梁在人与自然之间搭建了一个可度量的平台，提出具有生态文明时代特征的城市发展模式——生态城市，生态城市建设实质上是城市尺度的生态文明建设。

20世纪初期，英国生物学家盖迪斯在《进化中的城市》（1915）中，把生态学的原理与方法应用于城市规划与建设，为研究生态城市奠定了理论基础。作为一种理想的城市形态，“生态城市”的概念是在20世纪70年代联合国教科文组织发起的“人与生物圈”（MAB）计划研究过程中提出的，一经提出就受到国际社会的广泛关注并逐渐成为各国城市发展的战略方向。王如松认为，城市是一个社会、经济、自然复合生态系统；生态城市是人们对按生态学规律规划、建设和管理的城市的简称（王如松，2007）。关于生态城市，联合国还曾提出若干标准：以战略规划和生态学理论做指导；工业产品是绿色产品，提倡封闭式循环工艺系统；走有机农业的道路；居住区标准以提高人的寿命为原则；文化历史古迹要保护好；自然资源不能破坏，

工业文明与生态文明

层面	工业文明	生态文明
理念层面	工业文明崇尚“人统治自然”的价值观，认为只有人是主体，其他生命和自然界是人的对象；只有人有价值，其他生命和自然界没有价值；因此只能对人讲道德，无须对其他生命和自然界讲道德。它强调人对自然的征服，以“利润最大化”为发展动力，推崇物质享乐主义，最终导致对自然资源的肆意开发。	生态文明的核心理念基于一个科学常识之上，即人类生存于自然生态系统之内，人类社会经济系统是自然生态的子系统。生态系统的破坏将会导致人类的毁灭。它认为不仅人有价值，自然也有价值。因此，人类要尊重生命和自然界,同其他生命共享一个地球,在发展的过程中注重人性与生态性的全面统一，强调人与自然协调发展，强调“天人合一”，强调人类发展要服从生态规律，最终实现人与自然的和谐共生。
制度层面	工业文明未将生态理念纳入制度考虑，漠视生态环境与自然资源的承载能力，将经济的快速增长、物质财富的积累作为衡量社会进步以及个人发展的准则；把无限扩张的市场和计划建立在自然资源是取之不尽、用之不竭的虚幻泡沫基础之上。	生态文明充分考虑生态系统的要求，发展中始终贯彻“生态优先”的原则，通过完善制度和政策体系，规范人类的社会活动，实现传统市场体制和政府管理体制的转型，核心是通过强化生态文化教育制度、落实生态环境保护法治，建立生态经济激励制度等，为人与自然的和谐共生提供制度和政策保障。
物质层面	工业文明以不计环境代价的方法掠夺式地发展经济，高投入、高能耗、高消费、高污染，将生态环境变成了“资源库”和“垃圾场”，导致自然生态的急剧恶化。其生产方式，从原料到产品到废弃物，是一个不可持续的线型过程。生活方式以物质主义为原则，以高消费为特征，认为更多地消费资源就是对经济发展做贡献。	生态文明倡导有节制地积累物质财富，选择一种既满足人类自身需要，又不损毁自然环境的健全发展，使经济保持可持续增长。在生产方式上，转变传统工业化生产方式，提倡清洁生产；在生活方式上，主张适度消费，追求基本生活需要的满足，崇尚精神和文化的享受。

把自然引入城市等标准（刘琰，2010）。

生态文明城市是一个经济高度发达、社会繁荣昌盛、人民安居乐业、生态良性循环四者保持高度和谐，城市环境及人居环境清洁、优美、舒适、安全，失业率低、社会保障体系完善，高新技术占主导地位，技术与自然达到充分融合，最大限度地发挥人的创造力和生产力，有利于提高城市文明程度的稳定、协调、持续发展的人工复合生态系统。生态化城市理想与生态文明城市建设的现实结合点是低碳城市建设，生态城市不仅考虑碳的减排，还考虑废气、废水、废物对城市环境甚至景观的影响，是低碳城市发展后期的城市发展目标。

□ 生态文明评价研究的理论借鉴

可持续发展理论

《我们共同的未来》中布伦特兰夫人对可持续发展的定义是："可持续发展是既满足当代人的需要，又不对后代人满足其需要的能力构成危害的发展。"这是被广泛引用的定义，简称为"布伦特兰定义"。可持续发展有两个方面：经济可持续与生态可持续。建设生态文明实际上就是把生态可持续提到日程上来。

生态文明是可持续发展的重要内涵，在生态文明建设中，就要做到使生态压力不超过生态承载力，即资源的再生速度大于资源的耗竭速度；环境容量大于污染物排放量；生态抵御能力大于生态破坏能力；环境综合整治能力大于环境污染恶化趋势，促进社会向经济繁荣、社会文明、环境优化、资源持续利用和生态良性循环的方向发展。

生态文明建设要求人们树立经济、社会与生态环境协调的发展观。它以尊重和维护生态环境价值和秩序为主旨、以可持续发展为依据、以人类的可持续发展为着眼点。强调在开放利用自然的过程中，人类必须树立人和自然的平等观，从维护社会、经济、自然系统的整体利益出发，在发展经济的同时，重视资源和生态环境支撑能力的有限性，实现人类与自然的协调发展。

生态资源价值理论

生态环境是由各种自然要素构成的自然系统，具有资源与环境的双重属性。根据环境经济学理论，生态环境资源是有价值的，其价值随着社会条件的变化而变化。生态资源价值理论包括哲学价值论、生态价值论、工程价值论、效用价值论、劳动价值论、资源环境价值论等。其中经典的是西方的效用价值论和马克思的劳动价值论。

传统的生态资源价值观念产生出资源无价的理论，不仅制约了基础原材料的发展，更导致了人类无节制地、过度地开发使用资源，使许多野生矿产资源和珍稀生物物种在砍伐中灭绝，造成巨大的浪费。为此，应对生态资源价值进行正确估算，以合理的经济手段对生态资源进行开发利用、保护和改善，改变传统生态资源价值的理念。

因此，确立生态资源价值理论的评估体系，以实现生态资源的最优配置，在生态文明的评估指标设计中就要综合考虑生态资源价值、生态成本、环境损失和生态补偿等方面的因素。

生态承载力理论

“承载力”概念源于生态学，在《远东英汉大词典》中它被定义为“某一自然环境所能容纳的生物数目之最高限度”。随着世界范围内人口、资源与环境问题的日益严重，“承载力”概念的内涵被进一步拓展，派生出土地承载力与环境承载力等概念。环境承载力是指在一定时期与一定范围内，以及一定自然环境条件下，维持环境系统结构不发生质的改变，环境功能不遭受破坏前提下，环境系统所能承受人类活动的阈值。目前虽然不同学者对于生态承载力有着各种描述，但其基本的内涵是相同的，都将生态承载力确定为特定地理区域与生活其中的有机体数量间的函数，指的是生态系统通过自我维持、自我调节，所能支撑的最大社会经济活动强度和具有一定生活水平的人口数量。

生态承载力由生态弹性力和生态恢复力两大部分组成，生态弹性力的大小取决于资源承载力和环境承载力，生态恢复力包括生态抵御力和环境治理力。环境承载力是环境系统功能的外在表现，即环境系统具有依靠能流、物流和负熵流来维持自身的稳态，有限地抵抗人类系统的干扰并重新调整自身组织形式的能力。环境承载力是描述环境状态的重要参量之一，即某一时刻环境状态不仅与自身的运动状态有关，还与人类对其作用有关。实际上，人类改造环境的目的，在很大程度上是提高环境承载力；但是，不容忽视的是，人类对环境的某些改造活动，在提高了环境承载力的同时，又在其他方面降低了环境承载力。

由于“生态承载力”与每个人占用的资源总量息息相关，这使得它仍然是一个备受争议的概念，因为对于经济发展处于不同阶段的国家，这一概念的侧重并不一致，在发达国家“过载”的原因常常来自过度消费，而在发展中国家“过载”则更多来源于人口的过快增长，因此在将“生态承载力”作为一种工具应用于发展决策时，要更为深入地探讨造成“过载”或“盈余”背后的原因，从而有针对性地提出不同的解决方案。

生态经济与循环经济理论

生态经济学是基于生态学与经济学的交叉研究而发展起来的新兴学科，从生态规律与经济发展规律的结合研究人类经济行为对自然环境的影响，以及研究经济活动如何仿生态规律运行，提高经济运行效率，引导和促进经济行为对自然环境的保护，减少资源能源消耗和环境污染。生态经济学研究的主要问题包括：经济行为对自然环境的影响；人口增长与粮食匮乏、资源能源瓶颈、环境污染之间的相互关系；自然环境与城市经济发展的关系和相互作用问题；森林、草原、农业、水资源、工业、城市化等主要生态经济系统的结构、功能和综合效益问题等。

生态经济学基于生态学和经济学的有机结合，强调经济与生态环境的协调发展，因此形成了三个最为基本的理论范畴，即生态经济系统、生态经济平衡和生态经济效益。生态经济系统即生态系统和经济系统的结合；生态经济平衡是强调研究经济发展如何与生态系统的平衡；生态经济效益则是强调经济发展应该突出和重视生态效益的提升，强调生态效益与经济效益的结合，进而促进生态经济系统良性运行和生态经济平衡。三者的关系表现为：生态经济系统是运行主体和载体，平衡是机制和动力，生态经济效益是目的，在追求经济效益的同时要兼顾生态效益和社会效益

的有机统一。生态经济学将生态关联引入产业经济和城市运行过程中，意味着产业各要素、上下游企业之间、资源投入与废弃物排放之间形成生态系统关系，经济产出要考虑更加符合生态规律，重视与生态效益的结合（陆小成，2013）。

生态产业是生态文明的物质基础，是21世纪的主导产业，它的具体实现形式是循环经济。所谓循环经济，是指在生产、流通和消费等过程中进行的减量化、再利用、资源化活动的总称。循环经济的3R原则是减量化（Reduce）、再利用（Reuse）、再循环（Recycle）。“循环经济”模式，或称“生态经济”模式，即“原料—产品—再生原料—产品”。这是一种仿自然生态系统设计的物质生产过程，即在生产过程中实行生态工艺，是一种资源充分利用的、无废弃物或只产生极少量无害废弃物的循环生产过程。循环经济还有一个重要环节，就是产品作为消费品或投资品在完成使用周期后的回收再利用或清洁处理重归大自然，也要纳入物质生产过程一并实施。

循环经济与传统经济模式有着根本区别：一是系统观不同。循环经济要求人在考虑生产和消费时，将自己作为自然资源和科学技术构成系统中的一部分。二是经济观不同。循环经济要求运用生态学规律来指导经济活动，不仅考虑工程承载能力，还要考虑生态承载能力。三是价值观不同。循环经济视自然为人类赖以生存的基础，是需要维持良性循环的生态系统。四是生产观不同。循环经济充分考虑自然生态系统的承载能力，尽可能地节约自然资源，提高自然资源的利用效率。五是消费观不同。循环经济提倡适度消费、绿色消费，实现可持续消费。

根据生态经济学理论，就是要在注重经济效益的同时，强调生态效益的重要作用，用循环经济取代线形经济，建立生态效益型的经济发展模式，实现经济效益和生态效益的统一。

城市价值链理论

城市价值链理论概述

北京国际城市发展研究院借鉴瑞士洛桑国际管理发展学院（IMD）的“国际竞争力理论”和美国学者迈克尔·波特的“产业竞争力理论”，首次将企业价值链理论运用到城市研究中，建立了中观层次的城市价值链理论。这一理论为我们全面理解城市提供了一个很好的分析框架。

城市价值链理论首先强调，城市价值是城市发展的基本战略。城市价值以人为本，是一个以城市生活质量为核心、以城市综合竞争力为重要动力、以科学的治理结构为保障、最后集中体现为城市品牌的价值体系，而这个价值体系的实现则是规划引导、产业带动、环境服务、管理规范、文化提升和稳定保障共同作用的过程和结果，最终推动城市实现价值的最大化。

城市价值链理论将城市的资源配置机制和价值创造过程描述成一个价值链体系，并将城市的各资源要素有机地整合起来，使它们形成相互关联、协调发展的整体，按照层次结构逐级提升，推动城市实现价值最大化和城市形态由低级向高级演化。更重要的是，竞争不只是发生在城市之间，而且发生在城市各自的价值链之间。

城市价值链理论强调在动态中把握城市价值。城市最终要实现价值的最大化，这个最大化表现在两个方面：一要看这个城市有没有更强的经济实力、有没有更高的生活水准以及能不能为个人提供更多的就业机会和发展机遇。二要看这个城市形态是不是高级化，是不是从低级的形态向高级的形势逐步过渡。一般情况下，城市有三种基本形态，即成长型、停滞型和衰退型。城市价值就是城市价值最大化和城市形态高级化的高度统一体。

生态文明时代城市价值分析

城市作为人类文明成果最集中和最重要的载体，同样是生态文明理念、制度和物质成果的核心载体。价值是客体对主体的效用。传统价值观认为，自然只有相对于人类的利益来说，才有工具价值。生态文明价值观认为，自然不仅具有工具价值，而且具有主体性的内在价值，自然是工具价值和内在价值的统一体。生态文明的最大特点是两个中心、两种价值，即由工业文明时代只有人类一个中心、一个主体变为人类与自然并存的两个中心、两个主体，作为自然生态系统的一个环节——尽管处于生态链的最高端——人类的任何活动都必须同时对人和自然两个主体具有价值，否则就是不可持续的行为。因此，作为人类活动最重要的平台，城市的价值也应该从人和自然两个方面来认识。

一是生态文明时代城市对人的价值。城市是承载人类美好生活理想的地理空间。尽管学界对城市的概念至今没有一个普遍认可的定义（宋丁，1988），但所有学科和学者对城市研究的最终指向都是人和人的生活。城市的本质是人（纪晓岚，2002）。没有人的集聚就没有城市。而城市之所以是城市，是因为它能够给人类提供与农村等其他居住、生活方式不同的价值，以实现人类美好生活的理想。

专栏

不同文明时代城市的核心价值

把人类不同文明时代城市所能提供给人和组织的核心价值对比可见：

第一，尽管人类在不同文明时代、不同发展阶段对城市的价值追求的重点和具体内涵有所不同，但城市所能提供的最基本的价值是不变的。能够为人们提供安全、方便、文明、富裕和有机会、有尊严的生活，是城市与人类的其他居住方式最本质的区别，是城市的基本价值。这些价值最终的指向是不断提高生活质量。

不同文明时代城市的核心价值

	原始文明	农耕文明	工业文明	生态文明
安全	防范野兽、部落争战和洪水	防范战争和强盗	维持城市运行秩序	防范居住环境恶化、生态和地质灾害
方便	沟通与组织	市场、道路交通	城市基础设施、公共服务、服务业	生态基础设施
文明	公共意识的萌芽	文化消费场所	公共文化、时尚文化	人与人、人与自然的和谐
富裕	狩猎和采摘中集体的力量	贸易与工场手工业	工业、服务业、国际贸易	生态经济、低碳经济
机会	生存	生存与发展	在价值流集聚与扩散中寻求发展	在人与自然协调中寻求全面发展
尊严	在集体价值中体现个人价值	在等级结构中体现个人价值	在征服自然中体现个人价值	在尊重自然价值的基础上实现个人价值

第二，城市在为个人提供基本价值的同时，由于在集聚人口的同时也集聚了需求，集聚了各种生产要素，集聚了市场，为在高度分工基础上高效率地组织社会生产和服务提供了条件，因而为包括企业在内的各种经济社会组织的生存和发展提供了价值。这些价值的最终指向是不断提高企业及组织竞争力的同时提升城市竞争力。

第三，作为迄今为止最高级的文明形态，生态文明是对人类全部文明成果的集成。高一级文明形态的价值诉求是以低一级文明形态所能提供的价值为基础的，但并不意味着工业文明没有充分发育之前就不能以生态文明的价值观来组织城市建设和发展。恰恰相反，因为生态文明的价值观代表着城市发展的正确方向，是确保城市发展少走或不走弯路的行动指南。

资料来源：连玉明：《低碳城市：我们未来的生活方式》，当代中国出版社，2014 年

二是生态文明时代城市对自然的价值。在生态文明之前，作为人类社会经济活动最集中的平台，城市同时也是人类征服和改造自然的最重要平台，自然只是作为人类征服、改造并为人类服务的对象而存在的。生态文明要求人类自觉地把自身的生存与发展纳入自然生态系统中去思考，在尊重自然价值的前提下提高人民生活质量和城市发展水平。城市的建设与发展必须有益于包括人类在内的自然生态系统的健康。

生态文明时代城市对维护自然生态平衡、促进人与自然和谐协调方面的价值主要在以下几个方面发挥作用：

第一，以集约效应提高资源利用效率。在城市的发展过程中，各种产业和经济活动在空间上会集中产生经济效果并吸引经济活动向城市地区靠近，这种经济活动效应是导致城市形成和不断扩大的基本因素，也被称作城市经济的“集聚效应”。集约效应是指利用城市经济的集聚效应，在最充分利用各种要素资源的基础上，更集中合理地运用现代管理与技术，提高资源的利用效率，主要体现在三方面：通过技术和人才的集成来创新和推广应用非化石能源和低碳能源技术，比如碳封存、碳捕捉及太阳能等技术的应用，提高能源利用效率；通过产业集聚和专业化分工，形成上下游产业链，发展循环经济，提高资源利用效率；通过人口的适度集聚，以完善的城市基础设施和公共服务科学组织城市生产与生活，实现自然资源的节约利用。

第二，以辐射效应提升生态文明领导力。“辐射效应”是指所有位于经济扩张中心的周围地区，都会随着与扩张中心地区的基础设施的改善等情况，从中心地区获得资本、人才等，并被刺激促进本地区的发展，逐步赶上中心地区（Gunnar Myrdal，1957）。利用城市的辐射效应，在国家城市体系中，形成由高一级城市向低一级城市、中心城市向腹地、城市向郊区在生态文明的价值观、生活方式、发展模式、发展机制及政策规制上的逐级传递，实现生态文明的价值链、产业链和生态链在城市尺度、地区尺度、国家尺度甚至全球尺度上的闭合与循环，最终实现人与自然的和谐统一。

第三，以联动效应提高生态文明创造力。城市在本质上是集聚和系统形态的生产力。系统效应是指组成系统的一系列单元或要素相互联系，因而一部分要素及其相互关系的变化会导致系统的其他部分发生变化；系统的整体具有不同于部分的特性和行为状态（Jervis．R，2008）。联动效应是指利用城市的系统效应，通过改变城市系统内部的部分要素，引起其他相关要素的联动产生增力。联动效应在提高生

态文明创造力方面主要表现为三个方面：通过改变城市空间结构，创造低碳型的城市拓展模式；通过低碳型的体制、机制和政策来创新低碳发展模式，比如生态城、绿色园区、低碳社区、低碳建筑、低碳交通及城市综合体等；通过生态文明理念的普及和强化政策调控，倡导和创新低碳生活方式。

应以辩证的眼光去看待城市价值，如果以人类单中心、单价值的工业文明思维应用城市价值，则会加速自然资源的耗竭，如果将城市价值与生态文明相结合，以人与自然双中心、双价值的生态文明思维来应用城市价值，则能有效发挥城市集约、辐射和联动效应的正面价值，最大限度地实现人与自然的协调，并进而创造出一种新的城市形态——生态城市（也可称为“低碳城市”或“低碳生态城市”，在生态文明的框架下，三个概念之间并无本质的差别）。因此，生态文明时代的城市价值主要是指城市促进人与自然协调发展的正面价值，是促进城市向低碳城市转化的一种有益价值。

Set-up of indicators and methods for evaluation of ecological civilization development in China

中国生态文明指标评价体系的设定与方法

为了客观公正地评价生态文明建设的发展水平，全面掌握生态文明建设各个方面以及内在机理，需要建立一套能够客观准确地反映生态文明建设所涉及的各个方面，又考虑到它的内在结构特征的指标体系，并能够运用科学合理的数学评价模型对其进行评估分析。

□ 生态文明评价的概念模型

生态文明评价的构成要素

综合生态文明的相关研究成果，由生态文明建设的维度，可以派生出生态文明建设的五大基本组成，即生态经济建设、生态环境建设、生态文化建设、生态社会建设和生态制度建设。

生态经济建设是生态文明建设的基础条件。经济总量体现地区的产业集聚程度和发展水平，是人民生活质量及地区竞争力的基础，是工业化实现程度的标志。经济结构是衡量经济发展水平和体现国民经济整体素质的重要标志（Duchin F，1998）。生态经济建设就是把生态文明和环境保护的理念贯穿到经济发展过程中，以环境保护优化经济增长，提高增长质量。促进清洁生产，发展绿色产业和循环经济，绿化经济结构，减少经济增长的资源环境代价，推动形成可持续的生产模式，为生态文明建设提供坚实的物质基础。

生态环境建设是生态文明建设的主要阵地。生态环境建设就是加强环境保护力度，包括加大污染防治力度，强化退化土地的治理，修复受损或退化的生态系统，恢复和提高资源和生态系统的再生能力、自净能力、服务功能和承载能力，为生态文明建设提供生态安全屏障。

生态文化建设是生态文明建设的联系纽带。在物质上解决基本生存问题以后，不同文明时代人们对生活质量内涵的理解和关注的重点有本质的区别。生态文明时代，一个城市在提供满足城市正常运转的设施、环境、技术和服务的时候，既要考虑满足市民日益增长的物质文化生活需要，也要考虑满足自然生态系统完成物质能量循环的需要，在人与自然和谐统一的基础上提高生活质量。生态文化建设就是在对传统文化扬弃的基础上，推动建立适应生态文明建设的价值观念、伦理道德、社会氛围和文化，促进生态文化产品开发和推广，促进形成资源节约、环境友好的可持续消费模式，为生态文明建设提供源源不断的精神支柱和思想动力。

生态社会建设是生态文明建设的最终目的。一个地区的社会消费模式取决于消费资料的获取能力、提供方式和政策引导。消费资料的获取能力与收入及收入预期有关，收入水平的提高推动消费结构的升级，但享受性消费并不一定意味着浪费型的生活方式。消费资料的提供方式与基础设施有关，功能完善的集约性、共享性基础设施有助于节约型消费模式的形成。生态社会建设就是在实现城市价值最大化的过程中，按照生态文明理念对地区发展资源优化重组、价值链再造的过程。当大多数人把追求的目标和关注的重点由基本生存转向发展和价值实现的时候，生态文明建设就具备了明确的发展方向与目标。

生态制度建设是生态文明建设的坚实保障。生态制度建设就是建立和完善相应的资源利用和环境保护法律法规、标准和政策体系，特别是重视和加强经济手段的开发、应用和创新，建立跨部门和多主体合作的良性治理结构和治理机制，为生态文明建设保驾护航和提供制度保障。

生态文明评价的逻辑框架

生态文明与物质文明、精神文明、政治文明之间相互联系、相互促进、不可分割。其中物质文明为生态文明提供物质支持和资金保障，而生态文明要求物质文明的发展以资源环境的约束或承载力为前提和基础；政治文明为生态文明提供政治导向、决策支持和制度保障，可以引领、凝聚和动员各种社会资源和力量参与到生态文明建设中，而生态文明也要求政治文明具有生态化取向，使政府能够矫正市场在供给环境公共物品方面的失灵，并制定更为积极的环境保护政策；精神文明为生态文明提供智力支持、思想保证、精神动力和行为准则，而生态文明则要求精神文明的“绿化”，积极树立人与自然和谐相处的价值观、道德观和伦理观，以及正确的生态意识和行为，为生态文明建设创造和谐的社会氛围，体现环境的公平公正。

生态文明建设构成要素及其内在联系图

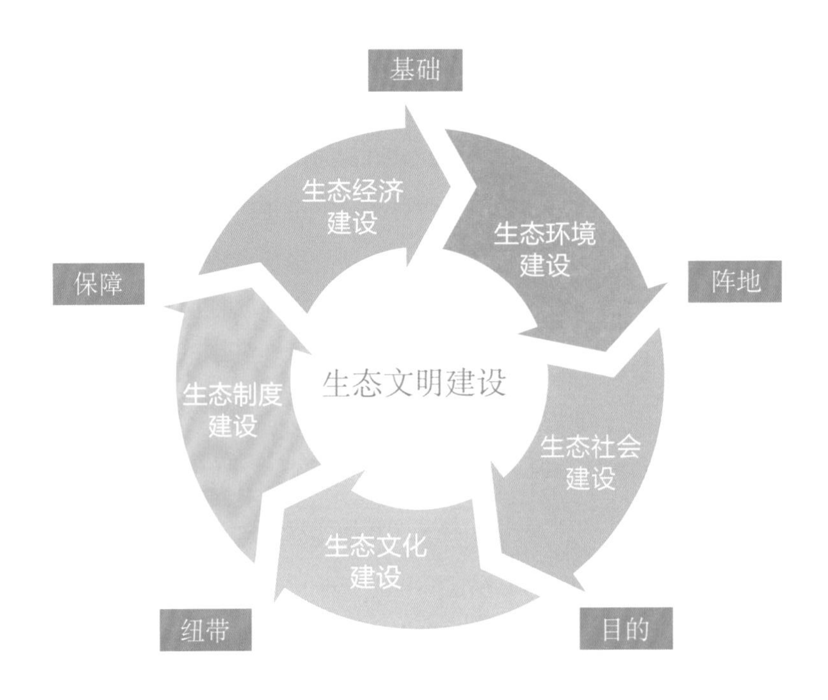

生态文明建设是一个复杂的系统工程，涉及自然、经济、社会、文化、技术、制度等多个维度，因此生态文明建设评价体系必须从系统整体出发，科学地体现生态文明的综合性与整体性特征。不仅要重视生态环境的建设，而且也要重视发展绿色经济、培育环境文化、研发可持续技术、构建生态文明制度，不仅要将生态文明的理念融入工业化、城镇化的具体实践，而且也要整合到生产、消费、投资、外贸等各个环节，同时注重通过技术、制度、组织、文化等领域的全面创新来驱动实现全方位转型。

因此，生态文明综合评价指标体系应该以生态经济建设为基础，生态社会建设为目的，生态环境建设为阵地，生态文化建设为纽带，生态制度建设为保障，将生态文明建设的理念融入经济建设、政治建设、文化建设、社会建设的各方面和全过程。

□ 评价体系建立的基本原则

指标体系的建立主要基于以下原则：

第一，关联性。本指标体系所选择的每个指标至少能够在一定程度上、一定时期内，近似地反映生态文明建设的某一方面的某些基本特征，或者说，每个指标只能从某一特定角度反映生态文明建设的程度。

第二，可度量性。所选择的指标必须是可度量的，而且能够实际取得数据。有些指标虽然在理论上可行，但缺乏数据来源，或虽能取得数据，但可信程度较低，这样的指标宁可暂缺，以尽量避免主观判断代替客观度量。数据主要来自各类不同的统计指标，在缺乏统计数据的情况下使用调查数据，个别情况辅之以专家评估。

第三，可比性。从地区发展的实际情况出发，自行选择指标尽可能突出转型时期的特点，使指标设置既符合地区间的可代表性和通用性，又要体现地区向生态文明转型是一个世界性和历史性的动态发展过程，使指标具有相对可比性，从而提高指标体系的使用范围。

第四，导向性。所选择指标既要从地区的现实出发，考虑数据资料的可获得性，又要从地区的发展趋势出发，考虑指标的先进性，力求使每个设置指标都能够反映城市低碳发展的本质特征、时代特点和未来取向。

第五，层次性。由于指标体系是一个多层次多要素的复合体。因此，指标的设置必须按照其层次的高低和作用的大小不断细分。

中国生态文明指标评价体系的构建

中国生态文明指标评价体系

基于生态文明建设的概念模型，遵循构建指标体系的五项原则，运用系统论、控制论的基本原理，采取自上而下、逐层分解的方法，把指标体系分为总体层、系统层和指标层三个层次（分别为一级、二级、三级指标），构建了一套分类别、多系统、多层次的中国生态文明发展评价指标体系，其基本架构如右表所示。

指标解释

中国生态文明指标评价体系共分为五个核心考察领域：生态经济建设、生态环境建设、生态文化建设、生态社会建设和生态制度建设，具体落实为22个三级指标，从不同侧面反映各地区生态文明建设的具体状况。各三级指标的解释、计算公式和数据来源详述如下。

生态经济类

（1）人均GDP：平均每人所占有的生产总值的数量。

计算公式：人均GDP= GDP总额 ÷ 年末人口总数

数据来源：国家统计局《中国统计年鉴》《中国城市统计年鉴》

（2）服务业产值占GDP比例：第三产业总产值占GDP总量的比例。

计算公式：服务业产值占GDP比例 = 第三产业总产值 ÷GDP总量 ×100%

数据来源：国家统计局《中国统计年鉴》《中国城市统计年鉴》

（3）万元产值建设用地：每单位GDP产值所对应的建设用地面积。

计算公式：万元产值建设用地 = 建设用地面积总和 ÷GDP总额

数据来源：国家统计局《中国统计年鉴》《中国城市统计年鉴》，国家住建部《中国城市建设统计年鉴》

中国生态文明发展评价指标体系

总体层	系统层	指标层	指标属性	权重
中国生态文明指数	生态经济建设	人均 GDP	正指标	5
		服务业增加值占 GDP 比重	正指标	5
		万元产值建设用地	逆指标	4
		人均建设用地面积	正指标	6
		万元产值用电量	逆指标	3
		万元产值用水量	逆指标	2
	生态环境建设	污染物排放强度	逆指标	5
		生活垃圾无害化处理率	正指标	6
		建成区绿化覆盖率	正指标	6
		人均公共绿地面积	正指标	4
	生态文化建设	教育经费支出占 GDP 比重	正指标	6
		万人拥有中等学校教师数	正指标	2
		人均教育经费	正指标	4
		R&D 经费占 GDP 比例	正指标	5
		居民文化娱乐消费支出占消费总支出的比重	正指标	4
	生态社会建设	城乡居民收入比	逆指标	4
		万人拥有医生数	正指标	3
		养老保险覆盖面	正指标	5
		人均用水量	逆指标	3
	生态制度建设	财政收入占 GDP 比重	正指标	6
		生态文明试点创建情况	正指标	7
		生态文明规划完备情况	正指标	5

（4）人均建设用地面积：平均每人所占有的建设用地的数量。

计算公式：人均建设用地面积 = 建设用地面积总和 ÷ 年末人口总数

数据来源：国家统计局《中国统计年鉴》《中国城市统计年鉴》，国家住建部《中国城市建设统计年鉴》

（5）万元产值用电量：指单位地区生产总值的耗电数量。

计算公式：万元产值用电量 = 全社会用电量 ÷ 地区生产总值

数据来源：国家统计局《中国统计年鉴》《中国城市统计年鉴》

（6）万元产值用水量：指单位地区生产总值的水耗数量。

计算公式：万元产值用水量 = 水耗总量 ÷ 地区生产总值

数据来源：国家统计局《中国统计年鉴》《中国城市统计年鉴》，国家住建部《中国城市建设统计年鉴》

生态环境类

（1）污染物排放强度：单位面积所包含的空气中主要污染物数量。

计算公式：污染物排放强度 = 工业废气排放中主要污染物总量 ÷ 地区行政面积

数据来源：国家统计局《中国统计年鉴》《中国城市统计年鉴》

（2）生活垃圾无害化处理率：指经过无害化处理的生活垃圾数量占产生的生活垃圾总量的比重。

计算公式：生活垃圾无害化率 = 经过无害化处理的生活垃圾数量 ÷ 产生的生活垃圾总量 ×100%

数据来源：国家统计局《中国统计年鉴》《中国城市统计年鉴》

（3）建成区绿化覆盖率：指建成区内一切用于绿化的乔、灌木和多年生草本植物的垂直投影面积与建成区总面积的百分比。

计算公式：建成区绿化覆盖率 = 建成区的绿化覆盖面积 ÷ 行政区划内建成区总面积 ×100%

数据来源：国家统计局《中国统计年鉴》《中国城市统计年鉴》

（4）人均公共绿地面积：每人拥有的公共绿地面积。

计算公式为：人均公共绿地面积 = 公共绿地面积 ÷ 年末总人口数

数据来源：国家统计局《中国统计年鉴》《中国城市统计年鉴》

生态文化类

（1）教育经费支出占 GDP 比重：财政支出中教育经费支出占地区生产总值的比重。

计算公式：教育经费支出占 GDP 比重 = 财政支出中教育经费支出 ÷ 地区生产总值 ×100%

数据来源：国家统计局《中国统计年鉴》《中国城市统计年鉴》

（2）万人拥有中等学校教师数：平均每万人拥有的普通中学专职教师数量。

计算公式：万人拥有中等学校教师数 = 普通中学专职教师数 ÷ 年末总人口 ×10000

数据来源：国家统计局《中国统计年鉴》《中国城市统计年鉴》

（3）人均教育经费：平均到每人拥有的财政支出中教育经费支出数量。

计算公式为：人均教育经费 = 财政支出中教育经费支出 ÷ 年末总人口数

数据来源：国家统计局《中国统计年鉴》《中国城市统计年鉴》

（4）R&D 经费占 GDP 比例：财政支出中科学技术支出占地区生产总值的比重。

计算公式：R&D 经费占 GDP 比例 = 财政支出中科学技术支出 ÷ 地区生产总值 ×100%

数据来源：国家统计局《中国统计年鉴》《中国城市统计年鉴》

（5）居民文化娱乐消费支出占消费总支出的比重：城市居民消费总支出中用于文化娱乐消费支出的比重。

计算公式：居民文化娱乐消费支出占消费总支出的比重 = 城市居民文化娱乐消费支出总额 ÷ 居民消费总支出 ×100%

数据来源：国家统计局《中国统计年鉴》《中国城市统计年鉴》，各地区统计年鉴

生态社会类

（1）城乡居民收入比：城乡居民收入的比值。

计算公式：城乡居民收入比 = 城镇居民人均可支配收入 ÷ 农村居民人均纯收入

数据来源：国家统计局《中国统计年鉴》《中国区域经济统计年鉴》

（2）万人拥有医生数：平均每万人拥有的专职医生数量。

计算公式：万人拥有医生数 = 专职医生数 ÷ 年末总人口数 ×10000

数据来源：国家统计局《中国统计年鉴》《中国城市统计年鉴》

（3）养老保险覆盖面：城镇基本养老保险参保人数占总人口的比重。

计算公式：养老保险覆盖面 = 城镇基本养老保险参保人数 ÷ 年末总人口数 ×100%

数据来源：国家统计局《中国统计年鉴》《中国城市统计年鉴》

（4）人均用水量：平均每人用水量。

计算公式：人均用水量 = 全社会用水总量 ÷ 用水总人口

数据来源：国家统计局《中国统计年鉴》《中国城市统计年鉴》，国家住建部《中国城市建设统计年鉴》

生态制度类

（1）财政收入占 GDP 比重：地区财政收入占地区生产总值的比重。

计算公式：财政收入占 GDP 比重 = 一般预算财政收入 ÷ 地区生产总值 ×100%

数据来源：国家统计局《中国统计年鉴》《中国城市统计年鉴》

（2）生态文明试点创建情况：在国家环保部近年开展的生态文明试点（国家生态文明建设示范区、生态文明建设试点地区、国家级生态示范区、全国生态示范区建设试点、生态文明先行示范区、生态文明示范工程试点）创建中的进展情况。

计算公式：生态文明试点创建情况 = 各类生态文明创建试点数量（所有下一级行政单位数据均向上汇总统计）× 试点项目权重

数据来源：国家环保部

（3）生态文明规划完备情况：各地区颁布实施的各类生态文明规划文件汇总情况。

计算公式：根据是否公布生态文明专项规划文本分别赋值

数据来源：各地方政府网站

中国生态文明指标评价体系的评估方法

中国生态文明发展指数的算法及分析方法如下。

指标的无量纲化处理

由于评价指标体系中各个指标（第三级指标）的计量单位和量纲不同，而且往往数值相差也较大，因此不能直接进行计算，必须先对各指标进行无量纲化处理，将其变换为无量纲化的指数化数值或分值后，才能进行综合计算。无量纲化的方法比较多，但一般来讲比较常用的方法主要有四种：总和标准化、标准差标准化、极值标准化、级差标准化。这里，课题组采用简单实用的极值标准化法来对指标进行无量纲化处理。无量纲化后，每个指标的数值都在 0—1，并且极性一致。

指标的权重确定

指标权重是各指标在指标体系中对评价目标所起作用的大小程度，每个指标权重的确定是指标体系评价中难度较大的一项工作，对评价结果有着至关重要的影响，必须采取科学的方法来确定权重。一般来说，确定指标权重最常用的方法是德尔菲——层次分析法，也就是先通过专家调查打分，即在确定评价指标的基础上由各

个专家根据其多年的工作和实践经验对各个指标的重要程度进行两两比较，然后利用层次分析法原理进行相关的计算。

课题组按照指标权重的确定方法，向学术界从事相关研究工作的学者和教授以及政府相关部门从事实践工作的领导和专家共50多位发出了“中国生态文明发展指标评价体系权重专家意见调查表”，所有专家均独立填写调查表，回收率为100%。通过汇总整理“专家意见调查表”，扣除专家打分结果的最高权重数和最低权重数，取余下各专家赋权的平均数得到各指标的权重，并进行检验。检验通过后，最终形成中国生态文明发展指标评价权重体系。

计算生态文明发展指数

将无量纲化的三级指标按专家赋予的指标权重进行加权求和，可计算出各二级指标得分。生态经济建设、生态环境建设、生态文化建设、生态社会建设、生态制度建设五项二级指标得分求和，即得到生态文明发展指数。

进步指数分析

为克服中国生态文明发展指数评价方法的不足，课题组进行了生态文明建设进步指数分析。生态文明建设进步指数分析依据了各级指标的权重，根据三级指标进步率，加权求和得出二级指标进步指数，二级指标进步指数加权求和计算出总体生态文明建设进步指数。

课题组选取的对比基准年份是2007年，正指标用2012年的数据除以基准年份的数据（逆指标用2007年的数据除以2012年的数据），减去1，再乘以100%，计算出每项三级指标的年度进步率。

生态文明建设进步指数计算结果数据为正值，表示生态文明建设整体情况有进步，负值则表示生态文明建设状况有退步。与生态文明建设评价的相对算法不同，生态文明建设进步指数是基于各省自身三级指标原始数据及相应权重计算得出，因此能更客观准确地反映各地区生态文明建设成效及变化，而不仅仅是反映它在全国的相对排名。

Part

2

International Comparison for Ecological Civilization Development in China

中国生态文明建设的国际比较 >

Overview of international comparison

国际比较概况

为考察我国生态文明建设的发展情况，我们获取了五个二级指标包括生态经济建设、生态环境建设、生态文化建设、生态社会建设和生态制度建设，18 个三级指标的数据进行国际比较，其中生态经济建设 5 个，生态环境建设 4 个、生态文化建设 4 个，生态社会建设 4 个，生态制度建设 1 个。在国际比较中，我们尽量选取各指标公布的最新的数据来进行比较，数据的来源主要有《国家统计年鉴》《中国统计年鉴》、世界银行网站，鉴于数据的可获得性，部分指标的比较数据为比较接近的年份的数据，但也能比较准确地反映我国在相关领域的建设情况。

中国生态文明建设国际比较

二级指标	三级指标	中国的相对排名	比较的国家和地区总数	指标解释	数据质量
生态经济建设	人均 GDP	107	216	人均地区生产总值	2012 年
	服务业产值占 GDP 比例	29	158	服务业产值占 GDP 比例	2012 年
	人均可再生内陆淡水资源	126	206	人均可再生内陆淡水资源	2011 年
	人均耕地	168	236	耕地（人均公顷数）	2011 年
	易燃的可再生能源及废弃物消费占能源总消费比重	14	41	易燃的可再生能源及废弃物消费占能源总消费比重	可获得的最新数据
生态环境建设	可吸入颗粒物 PM10	22	217	PM10，国家级（每立方米微克）	2011 年
	水体有机污染物（BOD）排放量	1	87	水体有机污染物（BOD）排放量（每日公斤）	可获得的最新数据
	森林面积占土地面积的百分比	147	237	森林面积（占土地面积的百分比）	2011 年
	陆地保护区面积占陆地面积比重	89	231	陆地保护区面积占陆地面积比重	2012 年
生态文化建设	教育经费支出占 GDP 比重	130	183	教育公共开支总额，总数（占 GDP 的比例）	可获得的最新数据
	小学师生比例	114	200	小学师生比例	可获得的最新数据
	中学人均支出占人均 GDP 的百分比	45	133	中学人均的支出（占人均 GDP 的百分比）	可获得的最新数据
	研发支出占 GDP 的比例	29	121	研发支出（占 GDP 的比例）	可获得的最新数据
生态社会建设	基尼（GINI）系数	39	99	基尼（GINI）系数	可获得的最新数据
	内科医生数	32	193	内科医生（每千人）	可获得的最新数据
	城市化率	142	241	城镇人口（占总人口比例）	2012 年
	人均预期寿命	76	229	预期寿命	2012 年
生态制度建设	中央政府财政收入占国内生产总值比重	34	39	中央政府财政收入占国内生产总值比重	2010 年

Comparison by field

分领域比较情况

□ 生态经济建设

人均 GDP

2012 年我国人均 GDP 已经接近 4 万元，达到 38420 元（约 6096.01 美元），在 2011 年 5447.34 美元的基础上增长了 12%，增幅十分明显，在国际上的排名较 2011 年的 114 位有小幅提升，上升至 107 位。在重点选取的比较的国家中，人均 GDP 相对已经较高的国家有澳大利亚、美国、日本和德国，2011 年至 2012 年的增长幅度分别为 8.63%、3.80%、1.29%、−3.81%。其他几个国家，除俄罗斯和印尼分别有 5.67% 和 2.46% 的增长外，均有所下降，其中巴西的下降幅度达到了 9.83%。

2012 年人均 GDP 国际比较

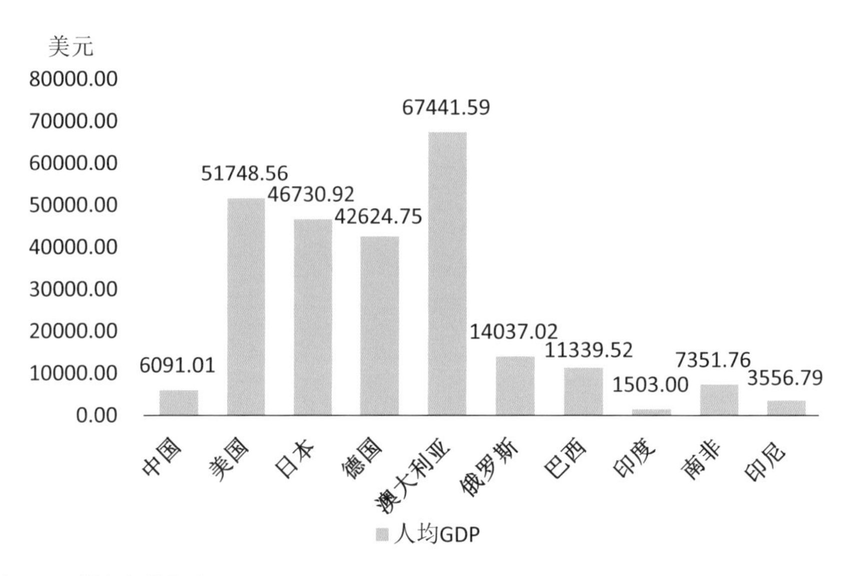

数据来源：世界银行数据库，http://data.worldbank.org.cn/indicator/NY.GDP.PCAP.CD?display=default（2012 年）

我国 2012 年有天津、北京、上海、江苏的人均 GDP 超过了同期世界平均水平（64961.56 元），其中天津、北京、上海的人均 GDP 超过了 8 万元。共有 14 个省份的人均 GDP 超过了中等收入国家水平（28688.46 元）。全国共有 27 个省份的人均 GDP 超过了中低收入国家的平均水平，还有西藏、云南、甘肃和贵州的人均 GDP 还处于中低收入国家的平均水平之下。

各省人均 GDP 国际比较

	2012 年人均 GDP（元）	2012 年我国达到同等水平的省份数目（个）
世界	64961.56	4
低收入国家	3770.96	31
中等收入国家	28688.46	26
中低收入国家	25032.45	27
高收入国家	241689.40	0

数据来源：世界银行数据库，http://data.worldbank.org.cn/indicator/NY.GDP.PCAP.CD?display=default（2012 年）；美元兑人民币的汇率参照中国人民银行网站上 2012 年全年的平均汇率；《中国统计年鉴 2013》

服务业产值占 GDP 比例

2012 年我国服务业产值达到了 231406 亿元，较 2011 年的 205205 亿元增长了 12.77%，2012 年的服务业总产值占到了 GDP 总值的 44.60%，较 2011 年的 43.37% 的比重有所上升。从重点选取比较的国家同期数据来看，只有美国和日本的服务业产值占 GDP 的比重达到了世界平均水平 70.71%，美国的服务业产值占 GDP 的比重超过了高收入国家平均水平 74.02%，我国和印尼的服务业产值占 GDP 的比重还处于中等收入国家的平均水平 53.64% 之下，印尼的服务业产值占 GDP 的比重甚至低于低收入国家的平均水平 48.26%，我国现阶段水平与其他国家的差距是显著的。

2012 年服务业产值占 GDP 比例国际比较

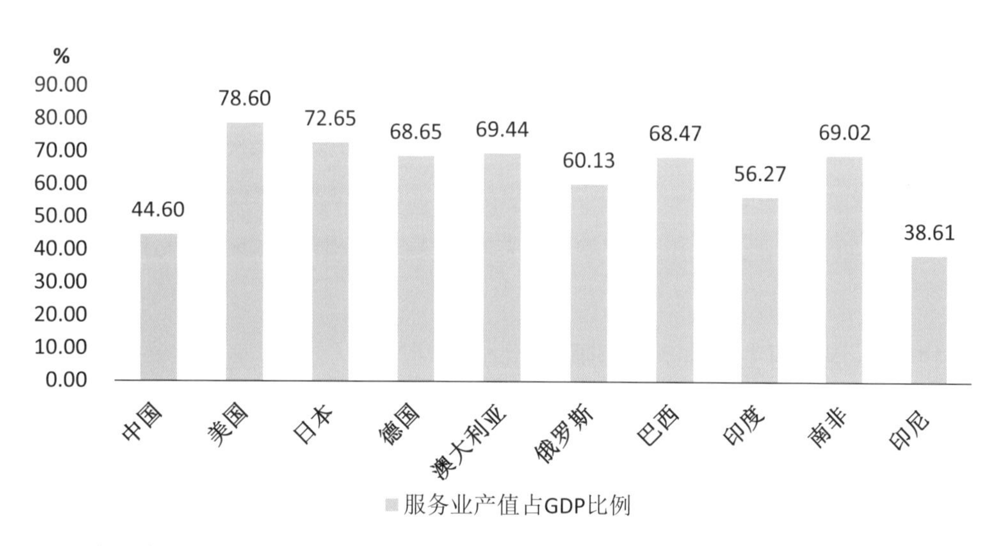

注：日本和美国为 2011 年数据。

数据来源：世界银行数据库，http://data.worldbank.org.cn/indicator/NV.SRV.TETC.ZS（2012，2011 年）

产业结构调整一直是我国近年来国民经济发展的战略重点之一，仍需抓紧不放。在 31 个省份中，只有北京 2012 年的服务业产值占 GDP 比例（76.5%）超过了世界平均水平（70.17%），同时达到了高收入国家的平均水平，一枝独秀。以低收入国家的平均水平（48.26%）来衡量，我国 2012 年只有北京、上海和西藏达到这一标准，其他省份仍需不断努力。

各省服务业产值占GDP比例国际比较

	2012年服务业产值占GDP比例（%）	2012年我国达到同等水平的省份数目（个）
世界	70.17	1
低收入国家	48.26	3
中等收入国家	53.64	3
中低收入国家	53.51	3
高收入国家	74.02	1

数据来源：世界银行数据库，http://data.worldbank.org.cn/indicator/NY.GDP.PCAP.CD?display=default（2012年）；美元兑人民币的汇率参照中国人民银行网站上2012年全年的平均汇率；《中国统计年鉴2013》

人均可再生内陆淡水资源

根据世界银行数据库的数据，我国2011年人均可再生内陆淡水资源为2092.80立方米，较2007年的2134.48立方米有所下降，在有数据的206个国家中处于第126位。从重点选取比较的国家同期数据来看，只有俄罗斯、巴西、澳大利亚和美国

2011年人均可再生内陆淡水资源国际比较

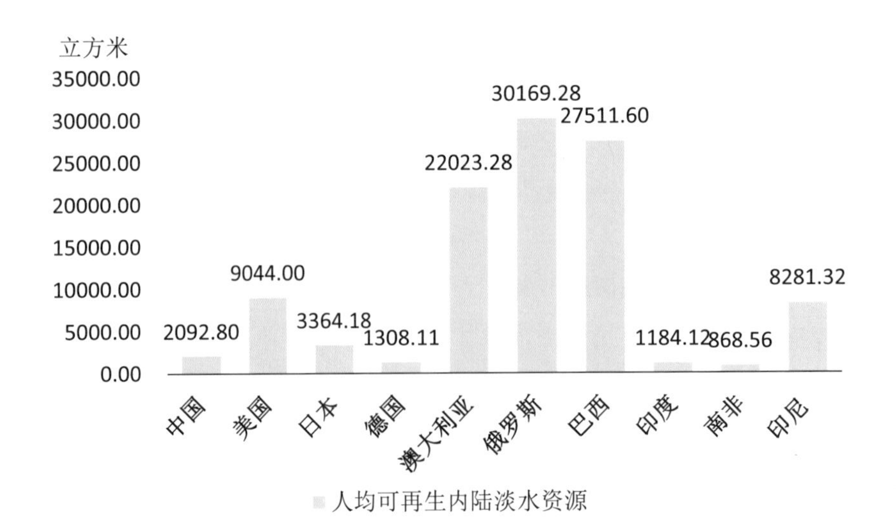

数据来源：世界银行数据库，http://data.worldbank.org.cn/indicator/ER.H2O.INTR.PC（2011年）

的人均可再生内陆淡水资源超过了世界平均水平（6122.12立方米），俄罗斯、巴西、澳大利亚的人均可再生内陆淡水资源超过了高收入国家的平均水平（11335.02立方米），我国和日本、德国、印度和南非的人均可再生内陆淡水资源还处于中等收入国家的平均水平（4544.79立方米）之下，南非的人均可再生内陆淡水资源甚至低于低收入国家的平均水平（597.39立方米），我国和俄罗斯、巴西等国的差距较明显。

人均耕地

世界银行网站的数据显示，我国2011年的人均耕地为0.083公顷，较2010年下降了0.26%，在有数据的236个国家中处于第168位。从重点选取比较的国家同期数据来看，2011年澳大利亚、巴西、俄罗斯和德国的人均耕地水平较2010年都有所上升，其中澳大利亚的增幅达到了10.46%。澳大利亚、俄罗斯、美国、巴西和南非2011年的人均耕地超过了世界平均水平（0.20公顷），其中澳大利亚、俄罗斯和美国的人均耕地水平超过了高收入国家的平均水平（0.38公顷），我国和德国、印度、印尼、日本2011年的人均耕地还处于中等收入国家的平均水平（0.16公顷）之下。

2011年人均耕地数量国际比较

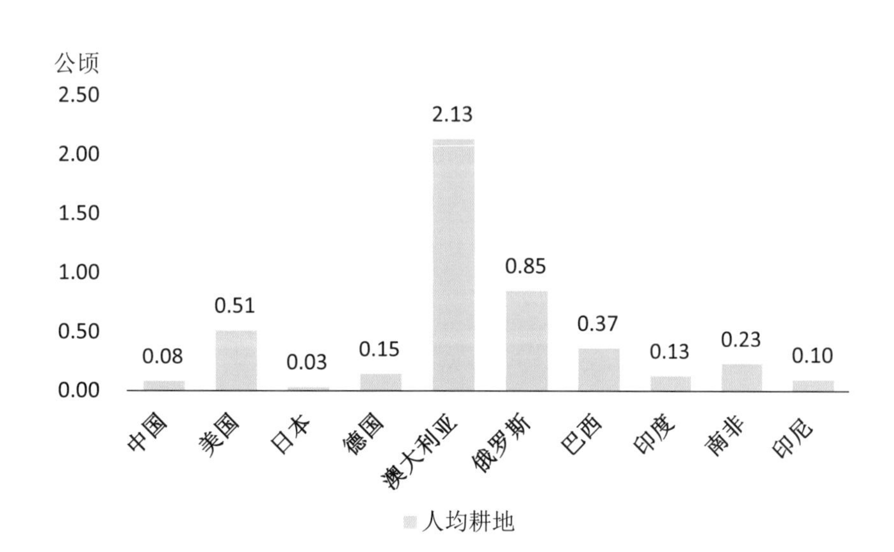

数据来源：世界银行数据库，http://data.worldbank.org.cn/indicator/AG.LND.ARBL.HA.PC（2011年）

易燃的可再生能源及废弃物消费占能源总消费比重

《国际统计年鉴 2013》的数据显示，我国易燃的可再生能源及废弃物消费占能源总消费比重由 2008 年的 9.6% 下降为 2009 年的 9.0%，在有数据的 41 个国家中位列第 14 位。在重点选取比较的国家中，易燃的可再生能源及废弃物消费占能源总消费比重处于前三位的是巴西（31.6%）、印尼（26.0%）和印度（24.5%），南非和我国分别以 9.8% 和 9.0% 的比重紧随其后，但与前三位国家的差距较大，美国（2010 年）和日本（2010 年）的易燃的可再生能源及废弃物消费占能源总消费比重处于非常低的水平。

2010 年易燃的可再生能源及废弃物消费占能源总消费比重数量国际比较

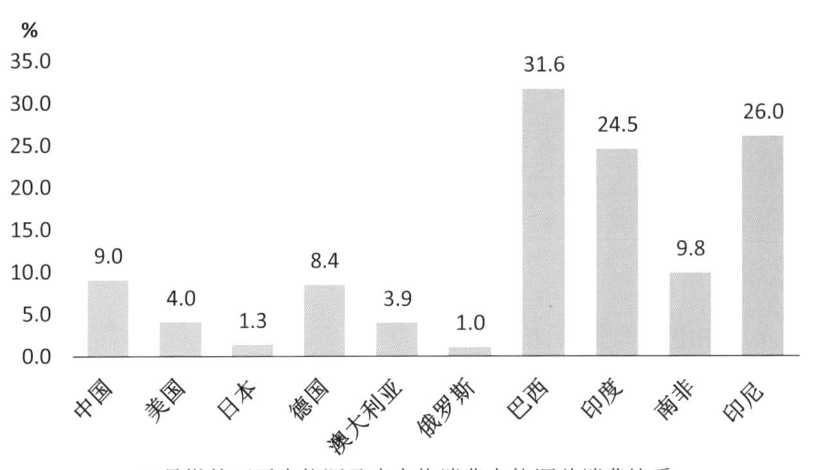

注：除日本、美国、德国和澳大利亚为 2010 年数据外，其余均为 2009 年数据。

数据来源：《国际统计年鉴 2013》表 7-9

□ 生态环境建设

可吸入颗粒物 PM10

因为数据来源有限，在国际比较中，将使用 PM10 作为衡量各国环境空气质量的指标。我国 2011 年的可吸入颗粒物 PM10 浓度为 82.44 每立方米微克，较 2010 年的 85.20 每立方米微克有所下降，并且从世界银行网站的数据中可以看出，从 2001 年开始至 2011 年我国可吸入颗粒物 PM10 的浓度一直呈现下降的趋势，但是在国际比较中，我国位于有数据的 217 个国家中的第 22 位，可吸入颗粒物 PM10 的浓度相对较大。从重点选取比较的国家同期数据来看，印度 2011 年的可吸入颗粒物 PM10 浓度最高达到了 99.71 每立方米微克，我国 2011 年可吸入颗粒物 PM10 浓度为 82.44 每立方米微克，位居第二，且只有我国和印度的 2011 年可吸入颗粒物 PM10 浓度超过了世界平均水平（61.38 每立方米微克），澳大利亚、美国、日本、德国和俄罗斯五个国家的可吸入颗粒物 PM10 浓度都低于高收入国家的平均水平（27.09 每立方米微克）。我国在降低可吸入颗粒物 PM10 的浓度方面和其他国家还存在一定的差距，需要引起高度的重视。

2011 年 PM10 数量国际比较

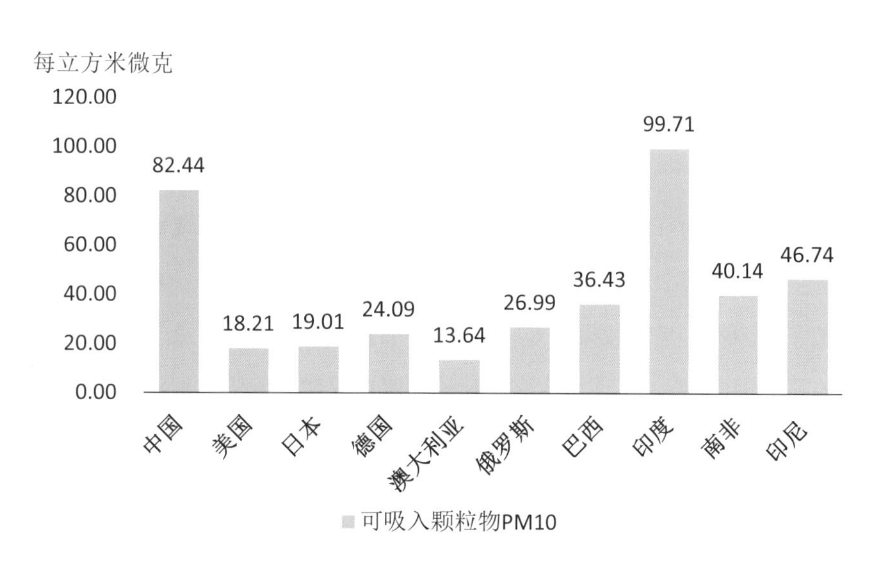

数据来源：世界银行，http://data.worldbank.org.cn/indicator/EN.ATM.PM10.MC.M3（2011 年）

鉴于数据的可获得性，采用最新的 2012 年我国可吸入颗粒物 PM10 的数据与 2011 年国际上关于可吸入颗粒物 PM10 的数据进行对比。总体来看，我国可吸入颗粒物 PM10 的浓度还处于相当高的水平，高于世界可吸入颗粒物 PM10 的平均水平的省会城市达到了 28 个，只有福州、拉萨和海口三个城市的可吸入颗粒物 PM10 的

各省可吸入颗粒物 PM10 国际比较

	2011 年可吸入颗粒 PM10 的浓度（每立方米微克）	2012 年我国高于同等水平的省会城市数目（个）
世界	61.38	28
低收入国家	73.89	23
中等收入国家	74.91	23
中低收入国家	74.82	23
高收入国家	27.09	31

数据来源：世界银行，http://data.worldbank.org.cn/indicator/EN.ATM.PM10.MC.M3（2011 年）；《中国统计年鉴 2013》表 7-19

浓度低于该水平，我国所有省会城市的可吸入颗粒 PM10 的浓度均高于高收入国家的平均水平，其中乌鲁木齐、兰州、成都、西安、北京、天津等 10 个城市的可吸入颗粒 PM10 的浓度都位于 100 以上。

水体有机污染物（BOD）排放

水体有机污染物（BOD）排放水平一定程度上反映了水环境承受的污染压力。在日排放量上，我国 2007 年的 BOD 日排放量达到 9429 吨，在 2006 年 8824 吨的基础上增长了 6.86%，是有数据的 87 个国家中日排放量最高的。美国 2006 年的 BOD 日均排放量为 1851 吨，在重点选取比较的国家中仅次于我国，但我国的日均排放量达到美国的 5 倍以上。从重点选取比较的国家同期数据来看，俄罗斯、日本、印尼的 BOD 日均排放量排在我国和美国之后，南非的 BOD 日均排放量最低，仅占到我国 BOD 日均排放量的约 1/40。水体有机污染物（BOD）日均排放量是逆指标，我国排放量最高，我国该指标的相对排名最为靠后。

森林面积占土地面积的百分比

根据世界银行数据库的数据，我国 2011 年森林面积占土地面积的比重为 22.47%，较上一年 22.18% 的水平有所上升，在有数据的 237 个国家中我国排在 137

水体有机污染物（BOD）排放量国际比较

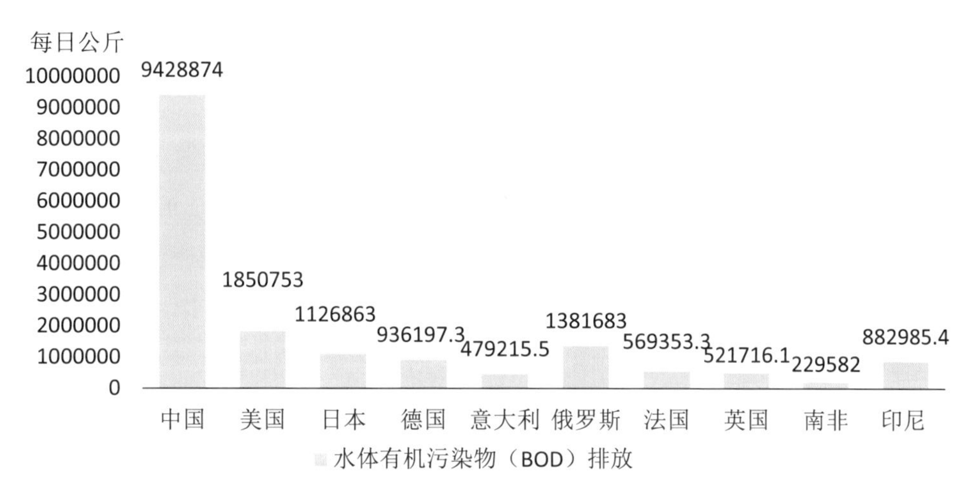

注：日本、英国为 2005 年数据，美国、德国、法国、印尼为 2006 年数据，其余为 2007 年数据。
数据来源：世界银行，http://data.worldbank.org.cn/indicator/EE.BOD.TOTL.KG?page=1（2005–207）

位，排名比较靠后。从重点选取比较的国家数据来看，日本、巴西、印尼分别以 68.55%、61.15%、51.75% 的比重位列前三，2011 年森林面积占土地面积的百分比的世界平均水平为 30.88%，从下表中可以看出，只有印度、中国、澳大利亚和南非

2011 年森林面积占土地面积的百分比国际比较

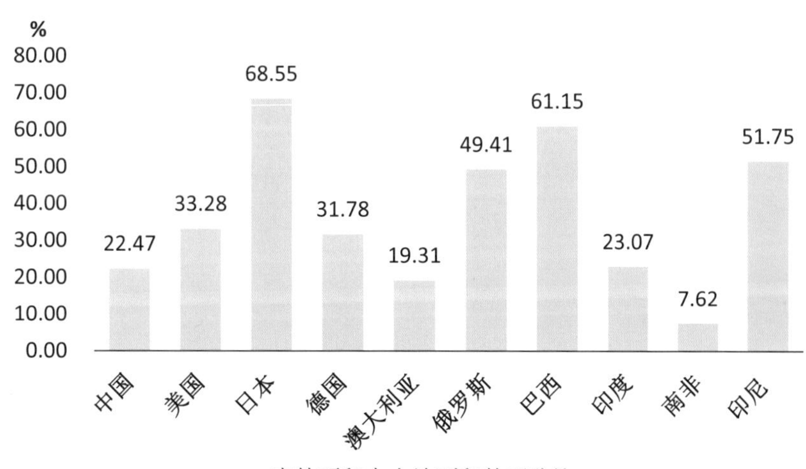

数据来源：世界银行数据库，http://data.worldbank.org.cn/indicator/AG.LND.FRST.ZS（2011 年）

的森林面积占土地面积的百分比还未达到这一水平，甚至低于低收入国家平均水平（27.44%）。

陆地保护区面积占陆地面积比重

近年来，我国陆地保护区面积占陆地面积的比重变化不大，2012年我国的陆地保护区面积占陆地面积的比重为16.71%，在有数据的231个国家中排在第89位。在重点选取比较的国家中，德国、巴西的排名比较相对靠前，分别为第4、39位，2012年陆地保护区面积占陆地面积比重的世界平均水平为14.31%，从下图可以看出，美国、澳大利亚、俄罗斯、印度、南非还处于该水平之下，我国的陆地保护区面积占陆地面积的比重虽已达到世界平均水平，但与德国、巴西的差距较大。

2012年陆地保护区面积占陆地面积比重国际比较

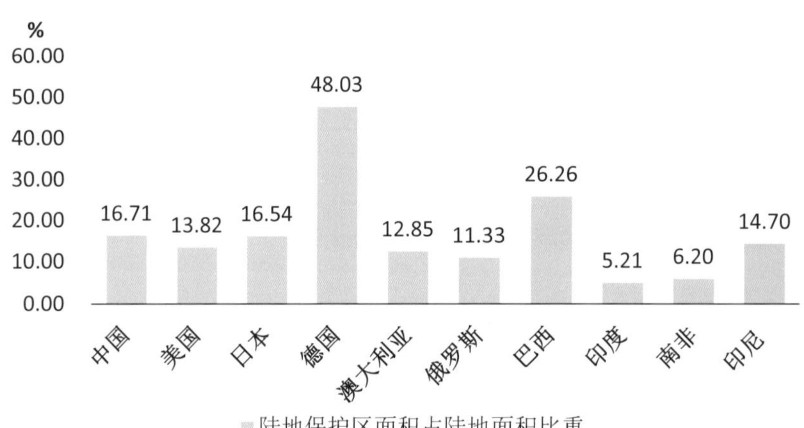

数据来源：世界银行数据库，http://data.worldbank.org.cn/indicator/ER.LND.PTLD.ZS/countries/1W?display=default

□ 生态文化建设

教育经费支出占GDP比重

2012年我国教育经费支出占GDP的比重为4.09%，较2011年的3.49%有所增长，

教育经费支出占 GDP 比重国际比较

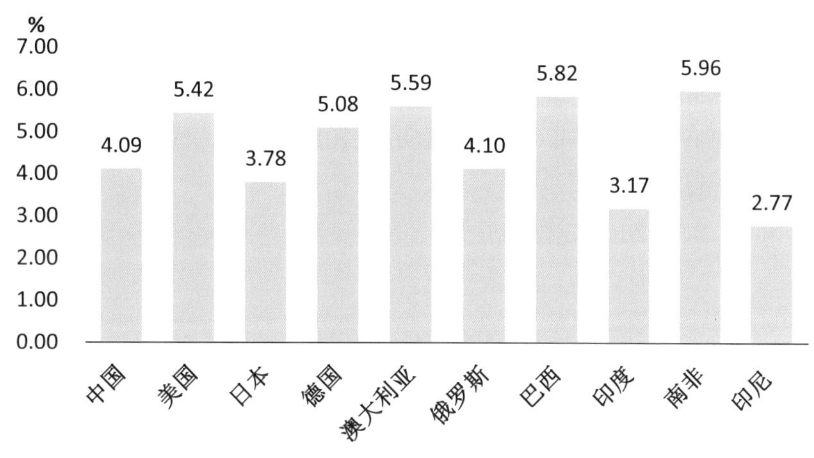

注：中国为 2012 年数据，俄罗斯为 2008 年数据，印尼、印度、日本为 2011 年数据，其余为 2010 年数据。

数据来源：世界银行数据库，http://data.worldbank.org.cn/indicator/SE.XPD.TOTL.GD.ZS

在有数据的 183 个国家中排在第 130 位，排名比较靠后。在重点选取比较的国家中，南非和巴西的排名比较靠前，分别排在第 41 位和第 46 位，印尼在这些国家中排在最后为第 159 位，南非、巴西、澳大利亚、美国、德国五个国家 2010 年教育经费支出占 GDP 比重已经超过世界平均水平，而俄罗斯（2008 年）、日本（2011 年）、印度（2011 年）、印尼（2011 年）和我国（2012 年）的教育经费支出占 GDP 比重

2010 年各省教育经费支出占 GDP 比重国际比较

	2010 年教育经费支出占 GDP 比重	2012 年我国达到同等水平的省份数目（个）
世界	4.94	8
低收入国家	4.16	15
中等收入国家	4.83	9
中低收入国家	4.33	14
高收入国家	5.55	8

数据来源：世界银行数据库，http://data.worldbank.org.cn/indicator/SE.XPD.TOTL.GD.ZS；《中国统计年鉴 2013》表 9-6、表 2-14

还处于低收入国家平均水平之下。

鉴于最新数据的可获得性，将国际上 2010 年教育经费支出占 GDP 比重和 2012 年我国 31 个省份的教育经费支出占 GDP 比重的数据进行对比。从表中可以看出，2012 年我国教育经费支出占 GDP 比重达到世界平均水平的数目为 8 个，但依然有 16 个省 2012 年的教育经费支出占 GDP 比重还处于 2010 年低收入国家的平均水平之下。

小学师生比例

2012 年我国小学师生的比例为 18.21%，较 2011 年的 16.79% 有所上升，在有数据的 200 个国家中，我国排在第 114 位。在重点选取比较的国家中，印度、南非的排名相对最靠前，分别排在第 39、56 位，2011 年小学师生比例的世界平均水平为 24.22%，从图中可以看出，只有印度（2011 年）、南非（2012 年）、巴西（1970 年）三个国家的小学师生比例超过了世界平均水平，其余国家的小学师生比例都处于百分之十几的水平。

小学师生比例国际比较

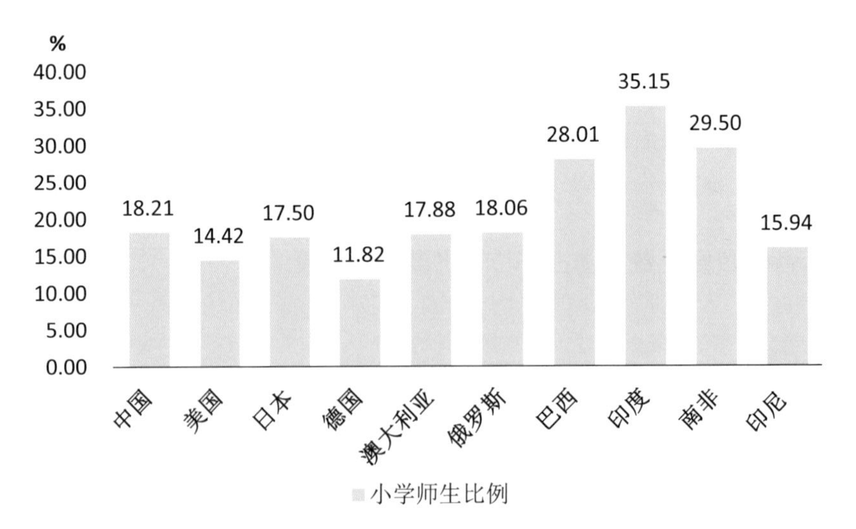

注：澳大利亚为 1999 年数据，巴西为 1970 年数据，俄罗斯为 2009 年数据，中国、美国、南非为 2012 年数据，其余为 2011 年数据。

数据来源：世界银行数据库，http://data.worldbank.org.cn/indicator/SE.PRM.ENRL.TC.ZS

中学人均支出占人均 GDP 的百分比

我国 2011 年中学人均支出占人均 GDP 的百分比为 25.20%，在有数据的 133 个国家中排在第 45 位。2011 年高收入国家中学人均支出占人均 GDP 的百分比的平均水平为 26.96%，在重点选取比较的国家中，只有英国、法国的 2010 年中学人均支出占人均 GDP 的百分比超过了高收入国家的平均水平，其中英国已经达到了 30% 以上为 33.58%，印尼 2011 年的中学人均的支出占人均 GDP 的百分比远远低于其他国家，仅为 7.67%。

中学人均支出占人均 GDP 的百分比国际比较

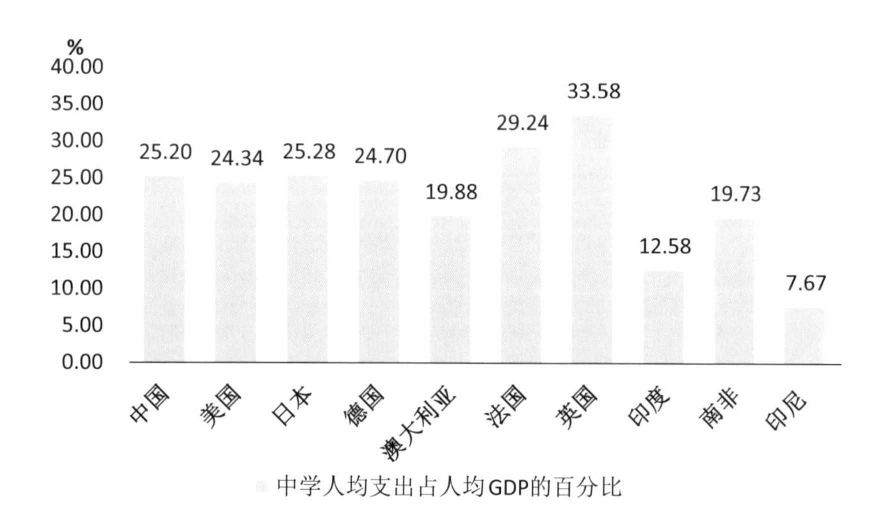

注：中国、日本、印度、印尼为 2011 年数据，其余为 2010 年数据。

数据来源：世界银行数据库，http://data.worldbank.org.cn/indicator/SE.XPD.SECO.PC.ZS；《中国统计年鉴 2013》表 2-1、表 20-8、表 20-41

研发支出占 GDP 的比例

2011 年我国研发支出占 GDP 的比例为 1.84%，从近几年的数据来看，我国研发支出占 GDP 的比例一直是处于上升的趋势，但 2011 年我国研发支出占 GDP 的比例仍然处于 2011 年世界平均水平（2.09%）之下。在重点选取比较的十个国家中，

2011 年研发支出占 GDP 的比例排在前四位的是日本、德国、美国、澳大利亚，且都超过了 2011 年世界平均水平，但各个国家之间的差距较大，南非（2009 年）、印度（2011 年）、印尼（2009 年）研发支出占 GDP 的比例还不到 1%。

研发支出占 GDP 的比例国际比较

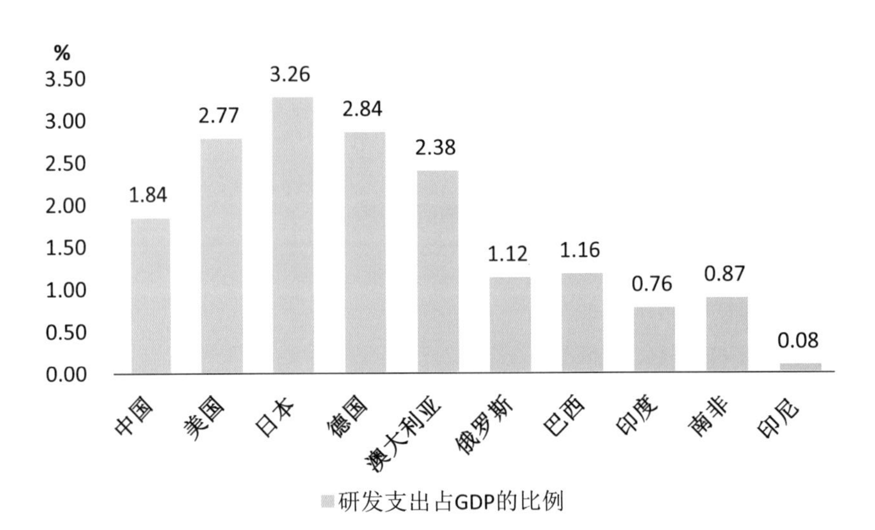

注：南非、印尼为 2009 年数据，澳大利亚、巴西、日本为 2010 年数据，其余为 2011 年数据。

数据来源：世界银行数据库，http://data.worldbank.org.cn/indicator/GB.XPD.RSDV.GD.ZS

□ 生态社会建设

基尼（GINI）系数

基尼（GINI）系数代表了在全部居民收入中，不平均分配的那部分收入占总收入的百分比。2009 年我国基尼 （GINI） 系数为 42.06，在有数据的 99 个国家中排名第 39 位，相对处于中上等的位置。在重点选取比较的十个国家中，基尼（GINI）系数排在前三的是南非、巴西、中国，日本（可获得的日本最新的数据为 1993 年的数据）和德国（2000 年）的基尼（GINI）系数都在 30% 以下，表明居民内部收入分配差异相对较小。

基尼（GINI）系数国际比较

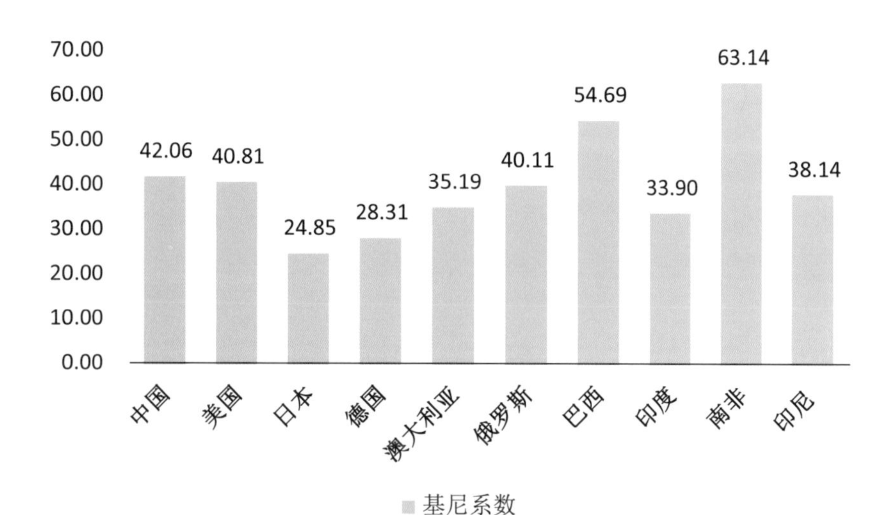

注：印尼为 2011 年数据，印度为 2010 年数据，巴西、中国、俄罗斯、南非为 2009 年数据，德国、美国为 2000 数据，澳大利亚为 1994 年数据，日本为 1993 年数据。

数据来源：世界银行数据库，http://data.worldbank.org.cn/indicator/SI.POV.GINI

内科医生数

世界银行网站上的数据显示，2012 年我国内科医生的数量为 1.94 人每千人，较 2011 年的 1.83 人每千人有所上升，且从近几年的数据来看，我国每千人内科医生的数量一直呈现上升的趋势，在有数据的 193 个国家中，我国的排名相对靠前，位于第 32 位。在重点选取比较的国家中，俄罗斯、德国、澳大利亚的每千人内科医生的数量都超过了 3 人，且超过了 2010 年高收入国家的平均水平，2010 年每千人内科医生的世界平均数量为 1.52 人，从图中可以看出，只有南非（2013 年）、印度（2012 年）、印尼（2012 年）的每千人内科医生的数量还处在世界平均水平之下，且都不足一人。

城市化率

城市化率即城镇人口占总人口（包括农业与非农业）的比重。2012 年我国城市化率为 51.78%，在有数据的 241 个国家中排名第 142 位，排名较靠后，且还处于 2012 年世界平均水平（52.55%）之下，但从世界银行网站近几年统计的数据来看，

内科医生（每千人）数量国际比较

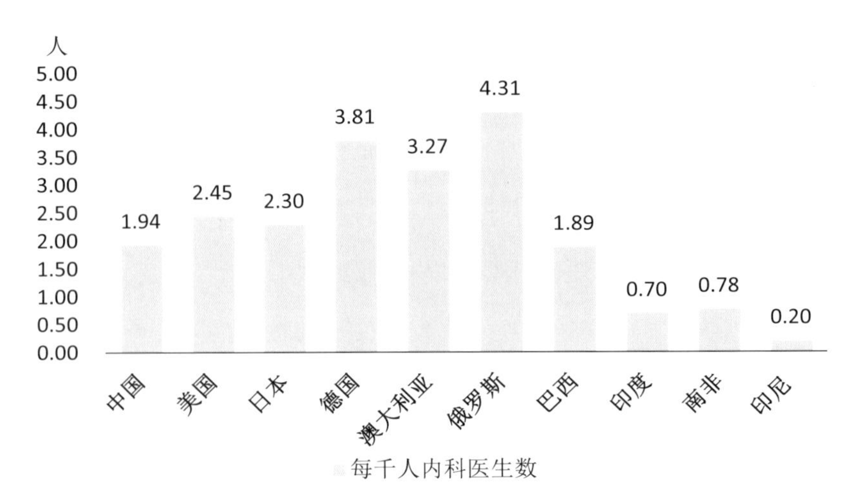

注：巴西、南非为2013年数据，中国、印尼、印度为2012年数据，澳大利亚、德国、美国为2011年数据，日本、俄罗斯为2010年数据。

数据来源：世界银行数据库，http://data.worldbank.org.cn/indicator/SH.MED.PHYS.ZS

我国城市化率一直处于增长的趋势，每年的增长幅度不是很大，在1%左右。在重点选取比较的十个国家中，日本、澳大利亚、巴西、美国的城市化率都达到了80%，且超过了2012年高收入国家的平均水平（79.29%），我国和印尼、印度的城市化率

2012年城市化率国际比较

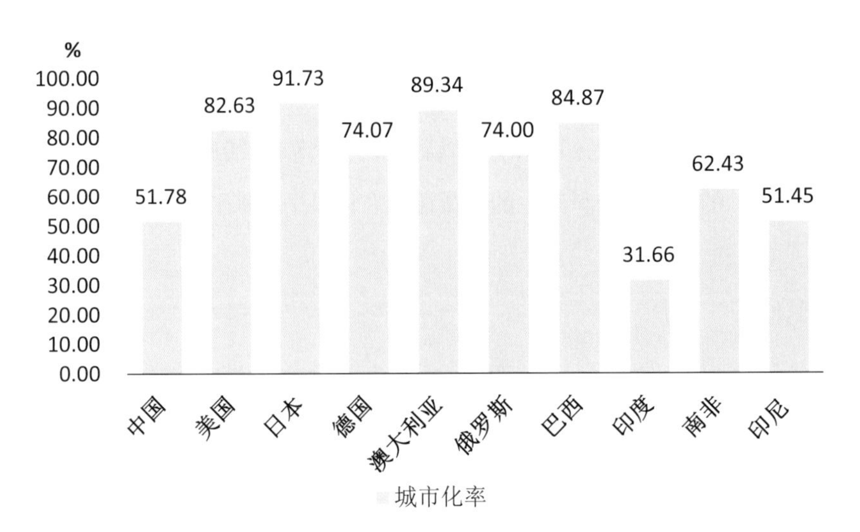

数据来源：世界银行数据库，http://data.worldbank.org.cn/indicator/SP.URB.TOTL.IN.ZS（2012年）

相对偏低，甚至低于 2012 年低收入国家的平均水平（61.58%）。

在我国 31 个省份中，共有 13 个即不到二分之一的省份的 2012 年城市化率达到了 2012 年世界平均水平，上海、北京、天津三个省份 2012 年的城市化率达到了 2012 年高收入国家的平均水平，上海 2012 年的城市化率甚至接近 90% 为 89.30%，共有一半以上的省份 2012 年城市化率超过了 2012 年中等收入国家的平均水平，但依然有一个省份西藏 2012 年的城市化率低于 2012 年低收入国家的平均水平。我国各省份的城市化率差距较明显。

各省城镇化率国际比较

	2012 年城镇化率（%）	2012 年我国达到同等水平的省份数目（个）
世界	52.55	13
低收入国家	28.19	30
中等收入国家	49.55	18
中低收入国家	46.40	23
高收入国家	80.21	3

数据来源：世界银行数据库，http://data.worldbank.org.cn/indicator/SP.URB.TOTL.IN.ZS；《中国统计年鉴 2013》表 3-6

人均预期寿命

人均预期寿命可以反映出一个社会生活质量的高低。世界银行网站上的数据显示，2012 年我国人均预期寿命为 75 岁，2006 年至 2012 年我国人均预期寿命一直都呈现增长的趋势，但增幅较小，在有数据的 229 个国家中，我国 2012 年人均预期寿命排在第 76 位。在重点选取比较的国家中，从图中可以看出，只有俄罗斯、印度、南非 2012 年人均预期寿命还处在 2012 年世界平均水平（70.78 岁）之下，其中南非 2012 年的人均预期寿命仅仅为 56 岁，还未达到 2012 年低收入国家的平均水平（61.58 岁），日本、澳大利亚、德国 2012 年人均预期寿命都已经超过了 80 岁，且达到了 2012 年高收入国家的平均水平（79.29 岁）。

2013 年人均预期寿命国际比较

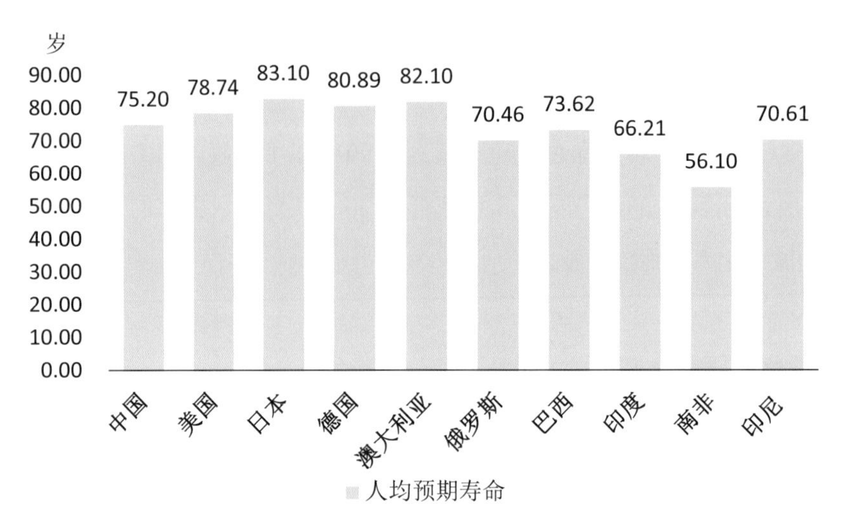

数据来源：世界银行数据库，http://data.worldbank.org.cn/indicator/SP.DYN.LE00.IN

我国在 2010 年完成了第六次全国人口普查，从第六次人口普查的数据来看，与世界同期平均水平相比，我国有 28 个省份的人均预期寿命超过了世界平均水平（70.72 岁），有 29 个省份的人均预期寿命超过了中等收入国家的平均水平（69.70 岁），上海、北京、天津的人均预期寿命已经超过了高收入国家的平均水平（78.69 岁），其中上海和北京的人均预期寿命都已超过了 80 岁。

各省人均预期寿命国际比较

	2010 年人均预期寿命（岁）	2010 年我国达到该水平的省份数目（个）
世界	70.72	28
低收入国家	60.65	31
中等收入国家	69.70	29
中低收入国家	68.39	30
高收入国家	78.69	3

数据来源：世界银行数据库，http://data.worldbank.org.cn/indicator/SP.DYN.LE00.IN；《中国统计年鉴 2013》表 3-9

□ 生态制度建设

中央政府财政收入占国内生产总值比重

根据《国际统计年鉴 2013》的数据，我国 2010 年中央政府财政收入占国内生产总值比重为 10.59%，在有数据的 39 个国家中排在第 34 位，排名比较靠后。在重点选取比较的十个国家中，我国排在最后一位，甚至距离 2010 年低收入国家的平均水平（18.9%）还有一定的差距，2010 年中央政府财政收入占国内生产总值比重世界平均水平为 22.9%，南非、德国、俄罗斯、巴西、澳大利亚五个国家 2010 年中央政府财政收入占国内生产总值比重达到了这一水平，其中南非、德国、俄罗斯、巴西 2010 年中央政府财政收入占国内生产总值比重都在我国的 2.5 倍以上，且已经超过 2010 年高收入国家的平均水平（23.0%）。

中央政府财政收入占国内生产总值比重国际比较

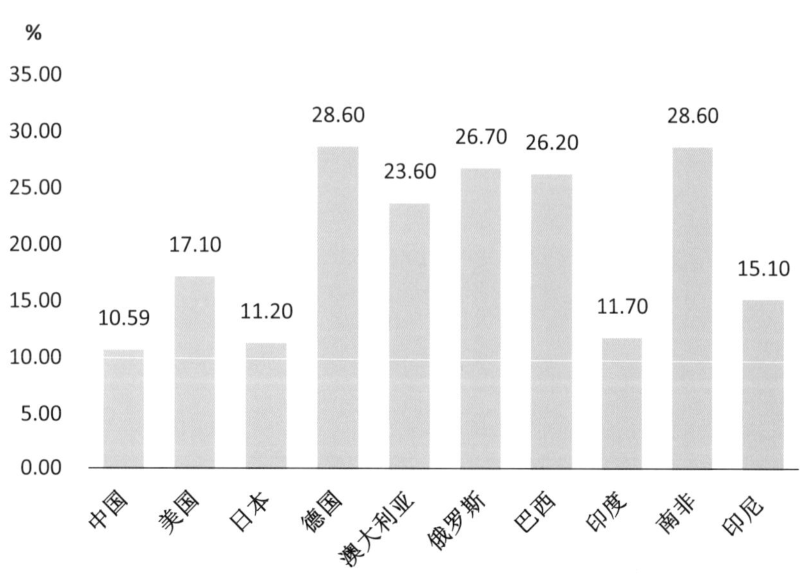

数据来源：《国际统计年鉴 2013》表 8-1

中国生态文明建设国际比较小结

国际比较显示：

第一，我国生态文明建设水平在国际上排名还较为靠后，只有为数不多的指标已经达到或超过了同期世界平均水平。这些指标包括：陆地保护区面积占陆地面积比重、每千人的内科医生数、人均预期寿命；分别涉及生态环境建设、生态社会建设领域。比较而言，其他指标所对应的领域建设压力较大，其中，又以水体有机污染物（BOD）的治理任务最为艰巨。

第二，我国生态文明建设由于各地区自然地理、经济社会条件的巨大差异，实现整体水平的飞跃还需要较长一段时间。各地区生态文明建设的水平参差不齐，在不同的建设方面各有优势和劣势，这种不平衡性决定了我国生态文明建设还是一个长期的任务。目前，某些地区一些指标已经接近世界先进水平，值得其他地区借鉴经验，同时结合各地区自身的实际情况，来推动各地区生态文明建设的发展。

第三，我国生态文明建设虽然压力较大，但整个发展趋势很好。我国经济在快速发展的同时，也在努力减轻对环境造成的巨大负担，并把生态文明建设列入基本国策，已经取得了初步的成效。在生态文明建设的一些领域，我国的进步十分明显，生态环境建设领域和生态社会建设领域。

Part

3

Evaluation of Ecological Civilization Development in 31 Provinces of China

31 个省区市生态文明建设评估 >

Ranking of indexes for ecological civilization development in 31 provinces

31个省区市生态文明发展指数排名

□ 生态文明发展指数评价结果

指数得分与排名

根据中国生态文明评价体系和数学模型，课题组对中国 31 个省区市进行了评价分析。下表列出了 2012 年 31 个省区市中国生态文明发展指数的排名和得分情况。

31个省区市中国生态文明发展指数以及分项指数得分和排名

地区	生态经济建设	排名	生态环境建设	排名	生态文化建设	排名	生态社会建设	排名	生态制度建设	排名	生态文明发展指数得分	排名
北京	0.175	1	0.161	2	0.115	1	0.143	1	0.142	3	0.735	1
江苏	0.139	4	0.150	6	0.114	2	0.103	9	0.115	7	0.621	2
上海	0.138	5	0.077	28	0.114	3	0.114	4	0.142	2	0.585	3
浙江	0.142	3	0.148	7	0.103	5	0.118	2	0.060	16	0.572	4
海南	0.107	12	0.191	1	0.067	21	0.076	23	0.120	6	0.562	5
天津	0.164	2	0.105	23	0.109	4	0.083	20	0.091	11	0.553	6
重庆	0.104	15	0.155	4	0.069	19	0.096	13	0.123	5	0.547	7
广东	0.126	8	0.139	10	0.101	6	0.091	15	0.065	15	0.523	8
山东	0.122	10	0.147	8	0.080	14	0.115	3	0.051	20	0.515	9
安徽	0.089	25	0.134	11	0.085	10	0.106	7	0.100	9	0.515	10
福建	0.127	6	0.153	5	0.075	16	0.092	14	0.049	21	0.497	11
陕西	0.106	13	0.134	12	0.089	9	0.087	16	0.079	13	0.495	12
辽宁	0.110	11	0.131	13	0.071	18	0.108	5	0.073	14	0.493	13
湖北	0.099	17	0.111	22	0.064	25	0.097	12	0.114	8	0.485	14
云南	0.090	23	0.127	17	0.064	24	0.057	27	0.139	4	0.478	15
河南	0.092	22	0.114	19	0.064	23	0.106	8	0.095	10	0.470	16
江西	0.093	19	0.159	3	0.069	20	0.087	17	0.051	19	0.458	17
贵州	0.089	26	0.102	24	0.074	17	0.041	30	0.148	1	0.454	18
四川	0.093	21	0.130	14	0.054	28	0.087	18	0.087	12	0.451	19
湖南	0.106	14	0.129	15	0.065	22	0.102	10	0.038	27	0.439	20
内蒙古	0.125	9	0.128	16	0.061	26	0.072	24	0.047	22	0.433	21
山西	0.090	24	0.113	21	0.082	12	0.098	11	0.035	29	0.418	22
河北	0.100	16	0.125	18	0.045	31	0.107	6	0.037	28	0.413	23
西藏	0.127	7	0.097	25	0.098	7	0.049	29	0.028	30	0.398	24
广西	0.093	20	0.144	9	0.057	27	0.050	28	0.042	24	0.385	25
宁夏	0.058	31	0.113	20	0.083	11	0.060	26	0.054	18	0.369	26
青海	0.068	29	0.083	26	0.097	8	0.078	21	0.015	31	0.342	27
黑龙江	0.087	27	0.081	27	0.048	30	0.084	19	0.040	26	0.339	28
吉林	0.096	18	0.066	30	0.054	29	0.078	22	0.041	25	0.335	29
新疆	0.066	30	0.072	29	0.080	13	0.032	31	0.059	17	0.308	30
甘肃	0.069	28	0.050	31	0.079	15	0.066	25	0.044	23	0.308	31

中国31个省区市生态文明发展指数排名最高的10个地区分别是北京、江苏、上海、浙江、海南、天津、重庆、广东、山东、安徽。前10位地区中，除重庆与安徽外，均为东部省份。

水平分级情况

根据中国31个省区市生态文明发展指数得分的差异程度，可将31个省区市分为4个级别，分别代表4个不同的发展水平。

由31个省区市生态文明发展指数分级情况图可以发现，第一级别内的地区，特别是排名第一的北京，得分情况远远高于其他地区。而第二、三、四级别间的水平差距较小。总体看来，31省区市生态文明发展指数的长尾效应比较明显，也显示出各地区生态文明建设工作的进展情况并不理想。

31个省区市中国生态文明发展指数分级情况图

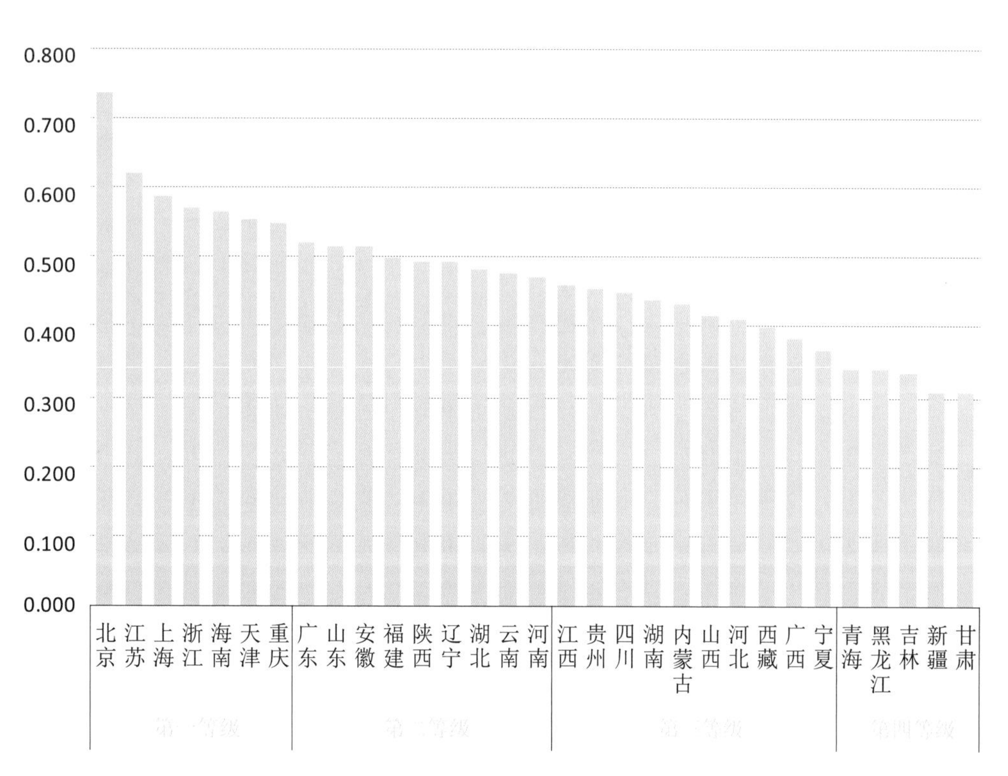

生态文明进步指数评价结果

生态文明发展指数是由相对评价法得出，所反映的是31个省区市的相对排名的不同，而进步指数则是基于三级指标原始数据以及指标权重，加权计算而出，能够客观准确地反映各地区生态文明建设的成效及变化。

从31个省区市生态文明进步指数的排名看，安徽、陕西、广西、湖南、福建、山东、河南、江西、重庆、西藏分列前十位，其中多个地区的生态文明发展指数得分和排名较低，由此推断，从2007年以来，31个省区市中的生态文明建设水平呈现地区收敛的态势，地区间在生态文明建设方面的差距在逐渐缩小。

31个省区市中国生态文明进步指数以及分项指数得分和排名

地区	生态经济建设	排名	生态环境建设	排名	生态文化建设	排名	生态社会建设	排名	生态指数建设	排名	生态文明进步指数	排名
安徽	0.239	8	0.208	13	0.435	3	0.317	4	0.025	7	1.224	1
陕西	0.252	4	0.334	2	0.296	14	0.208	8	0.016	15	1.107	2
广西	0.242	7	0.344	1	0.208	22	0.242	7	0.016	17	1.053	3
湖南	0.219	12	0.320	3	0.326	11	0.175	11	0.013	23	1.053	4
福建	0.295	1	0.257	5	0.364	6	0.120	16	0.012	28	1.048	5
山东	0.189	18	0.097	22	0.594	1	0.135	15	0.015	19	1.030	6
河南	0.179	22	0.212	12	0.360	7	0.245	6	0.012	27	1.008	7
江西	0.223	11	0.246	7	0.342	9	0.164	12	0.030	3	1.004	8
重庆	0.251	5	0.246	8	0.306	12	0.176	10	0.023	8	1.003	9
西藏	0.074	30	0.018	29	0.066	31	0.749	1	0.066	1	0.973	10
河北	0.161	25	0.231	9	0.370	5	0.185	9	0.022	10	0.969	11
湖北	0.284	2	0.169	15	0.377	4	0.105	18	0.017	13	0.950	12
云南	0.180	21	0.178	14	0.190	23	0.343	2	0.016	18	0.908	13
四川	0.231	9	0.226	10	0.266	16	0.163	13	0.015	21	0.902	14
甘肃	0.198	15	0.225	11	0.189	25	0.270	5	0.018	12	0.899	15
贵州	0.261	3	0.123	19	0.124	28	0.333	3	0.025	6	0.865	16
山西	0.170	23	0.307	4	0.255	17	0.118	17	0.012	26	0.862	17
江苏	0.209	13	0.077	27	0.471	2	0.056	23	0.015	22	0.827	18
海南	0.245	6	0.247	6	0.221	19	0.069	20	0.037	2	0.818	19

（续表）

地区	生态经济建设	排名	生态环境建设	排名	生态文化建设	排名	生态社会建设	排名	生态指数建设	排名	生态文明进步指数	排名
浙江	0.187	19	0.165	16	0.332	10	0.057	22	0.008	30	0.749	20
内蒙古	0.207	14	0.160	17	0.250	18	0.068	21	0.013	25	0.697	21
广东	0.157	26	0.113	20	0.345	8	0.042	25	0.013	24	0.671	22
辽宁	0.193	17	0.138	18	0.275	15	0.015	28	0.016	16	0.636	23
吉林	0.183	20	0.083	24	0.220	20	0.032	26	0.026	5	0.543	24
宁夏	0.224	10	0.095	23	0.107	29	0.099	19	0.015	20	0.540	25
天津	0.194	16	0.030	28	0.300	13	−0.012	30	0.017	14	0.528	26
青海	0.156	27	−0.027	31	0.212	21	0.142	14	0.022	11	0.505	27
黑龙江	0.165	24	0.080	25	0.189	24	0.022	27	0.022	9	0.477	28
新疆	0.136	28	0.110	21	0.144	27	0.044	24	0.030	4	0.463	29
上海	0.057	31	0.079	26	0.149	26	−0.028	31	0.005	31	0.262	30
北京	0.089	29	0.015	30	0.102	30	−0.001	29	0.010	29	0.215	31

□ 生态文明发展指数区域分析

按照传统的东部、中部、西部和东北的划分标准，将 31 个省区市进行归类。从四大地区生态文明发展指数的得分情况看，东部地区的平均得分最高，达到 0.558；其次是中部地区，平均得分为 0.464；再次是西部地区和东北地区，平均得分分别是 0.414 和 0.389。总体看，各地区之间生态文明发展指数平均得分的差距并不太大。

31 个省区市生态文明发展指数区域排名情况图

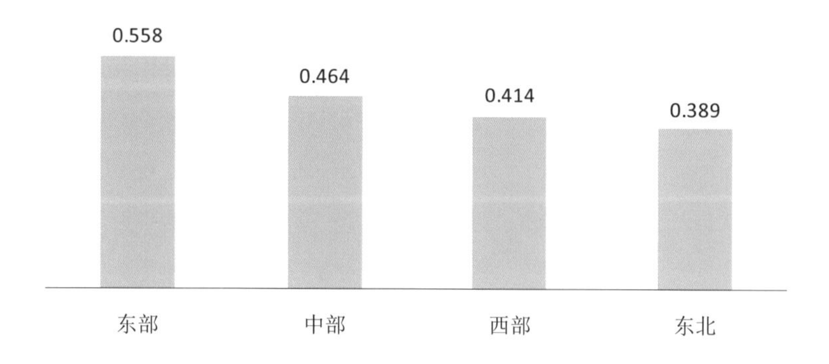

31 个省区市生态文明发展指数区域分布表

区域	地区	生态文明发展指数得分	排名	生态经济建设	排名	生态环境建设	排名	生态文化建设	排名	生态社会建设	排名	生态制度建设	排名
东部地区	北京	0.735	1	0.175	1	0.161	2	0.115	1	0.143	1	0.142	3
	江苏	0.621	2	0.139	4	0.150	6	0.114	2	0.103	9	0.115	7
	上海	0.585	3	0.138	5	0.077	28	0.114	3	0.114	4	0.142	2
	浙江	0.572	4	0.142	3	0.148	7	0.103	5	0.118	2	0.060	16
	海南	0.562	5	0.107	12	0.191	1	0.067	21	0.076	23	0.120	6
	天津	0.553	6	0.164	2	0.105	23	0.109	4	0.083	20	0.091	11
	广东	0.523	8	0.126	8	0.139	10	0.101	6	0.091	15	0.065	15
	山东	0.515	9	0.122	10	0.147	8	0.080	14	0.115	3	0.051	20
	福建	0.497	11	0.127	6	0.153	5	0.075	16	0.092	14	0.049	21
	河北	0.413	23	0.100	16	0.125	18	0.045	31	0.107	6	0.037	28
东北地区	辽宁	0.493	13	0.110	11	0.131	13	0.071	18	0.108	5	0.073	14
	黑龙江	0.339	28	0.087	27	0.081	27	0.048	30	0.084	19	0.040	26
	吉林	0.335	29	0.096	18	0.066	30	0.054	29	0.078	22	0.041	25
中部地区	安徽	0.515	10	0.089	25	0.134	11	0.085	10	0.106	7	0.100	9
	湖北	0.485	14	0.099	17	0.111	22	0.064	25	0.097	12	0.114	8
	河南	0.470	16	0.092	22	0.114	19	0.064	23	0.106	8	0.095	10
	江西	0.458	17	0.093	19	0.159	3	0.069	20	0.087	17	0.051	19
	湖南	0.439	20	0.106	14	0.129	15	0.065	22	0.102	10	0.038	27
	山西	0.418	22	0.090	24	0.113	21	0.082	12	0.098	11	0.035	29
西部地区	重庆	0.547	7	0.104	15	0.155	4	0.069	19	0.096	13	0.123	5
	陕西	0.495	12	0.106	13	0.134	12	0.089	9	0.087	16	0.079	13
	云南	0.478	15	0.090	23	0.127	17	0.064	24	0.057	27	0.139	4
	贵州	0.454	18	0.089	26	0.102	24	0.074	17	0.041	30	0.148	1
	四川	0.451	19	0.093	21	0.130	14	0.054	28	0.087	18	0.087	12
	内蒙古	0.433	21	0.125	9	0.128	16	0.061	26	0.072	24	0.047	22
	西藏	0.398	24	0.127	7	0.097	25	0.098	7	0.049	29	0.028	30
	广西	0.385	25	0.093	20	0.144	9	0.057	27	0.050	28	0.042	24
	宁夏	0.369	26	0.058	31	0.113	20	0.083	11	0.060	26	0.054	18
	青海	0.342	27	0.068	29	0.083	26	0.097	8	0.078	21	0.015	31
	新疆	0.308	30	0.066	30	0.072	29	0.080	13	0.032	31	0.059	17
	甘肃	0.308	31	0.069	28	0.050	31	0.079	15	0.066	25	0.044	23

在东部地区内部，北京的得分最高，而河北则排名靠后。中国生态文明发展指数是一个衡量生态文明发展建设水平的综合性指标。北京作为首都，其经济社会等领域的发展水平较高，一项数据显示，北京的人类发展指数（HDI）超过0.80达到0.834，这是极高的人类发展指数，北京的HDI也已经位居全国第一，一般认为，达到极高人类发展指数就迈入了发达国家门槛。但是，北京在人均建设用地、污染物排放强度、人均公共绿地方面等几个指标上所表现出的差距，也是值得注意的。

中部地区内，安徽的生态文明发展指数得分最高，为0.515；山西排在最后一位，得分为0.418。最高排名在第10位，最低排名在第22位，生态文明发展水平比较接近。东北地区的情况类似，地区间生态文明发展水平接近，但总体发展水平要比其他地区都低一些。

西部地区中，各地区生态文明的得分差异最大，得分最高的重庆为0.547，排在全国31个省区市的第7位；排名最后的新疆和甘肃得分仅为0.308，同时并列全国最后一位。

31个省区市生态文明发展指数和进步指数象限分布图

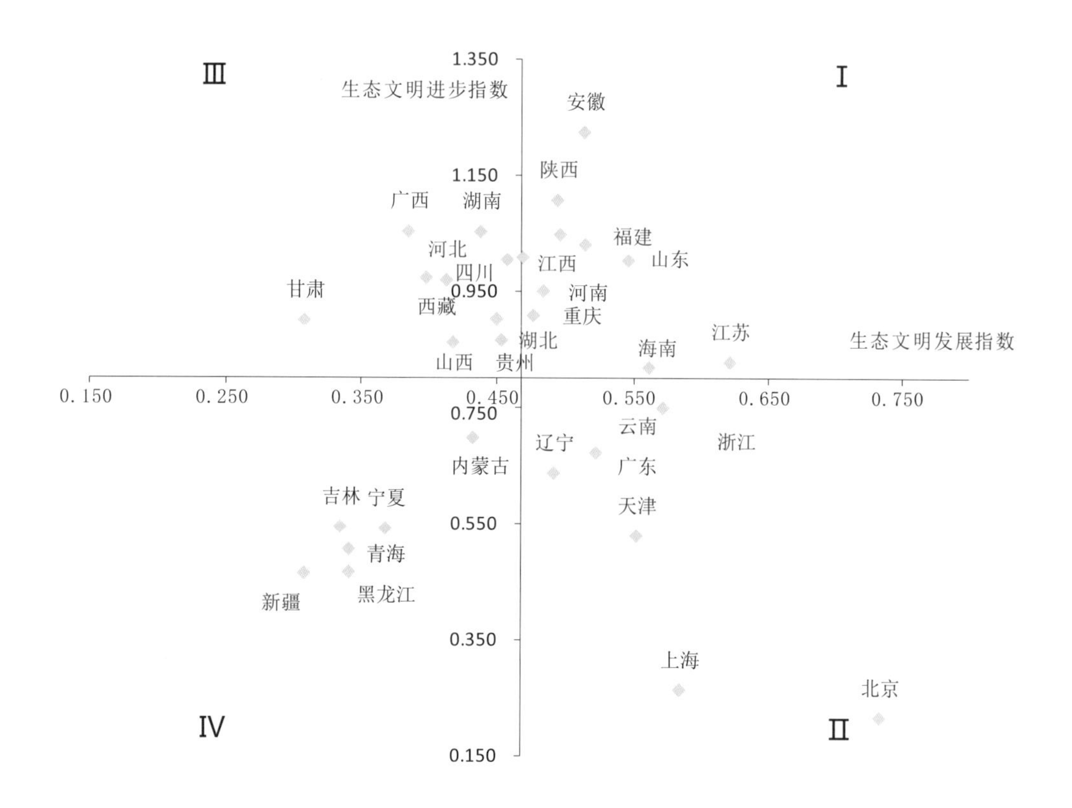

□ 生态文明发展指数和进步指数组合分析

本报告通过生态文明发展指数和进步指数两个维度，对中国 31 个省区市进行组合分析，两轴四象限图能直观地将各城市所处的位置与水平进行区分，有利于分析城市当前生态文明建设的现状与近年的进展情况。

结合各城市生态文明发展指数和进步指数的得分情况，分别以平均值 0.468 和 0.800 作为象限划分的坐标轴，得出 31 个省区市的四象限分布格局。

在生态文明发展指数和进步指数均高于平均值的第一象限里，共有江苏、海南、重庆、山东、福建、陕西、安徽、河南、湖北和云南 10 个地区。东、中、西部地区省份比例为 4 ：3 ：3。

在生态文明发展指数较高但进步指数较低的第二象限里，共有北京、上海、浙江、广东、天津、辽宁 6 个地区。这 6 个地区全部为东部省区市。与此相对的是，在生态文明发展指数较低但进步指数较高的第三象限里，共有湖南、江西、广西、河北、四川、西藏、甘肃、山西和贵州 9 个地区，除河北外，剩余全部是中西部省份。

而在生态文明发展指数和进步指数均较低的第四象限里，共有内蒙古、宁夏、吉林、青海、黑龙江和新疆 6 个省区。

Breakdown analysis of indexes for ecological civilization development in 31 provinces

31个省区市生态文明发展指数分领域分析

□ 生态文明发展指数二级指标贡献率

为了更好地分析各二级指标对于一级指标生态文明发展指数的贡献作用，通过构建二级指标贡献率图来进行直观反映。由图中可以发现，生态环境建设对于生态文明发展指数的贡献率最高，平均贡献率达到26%；其次是生态经济建设，其平均贡献率为23%；贡献率排在后面的分别是生态社会建设、生态文化建设和生态制度建设，其平均贡献率分别为18%、17%和16%。

31个省区市分领域二级指标贡献率图

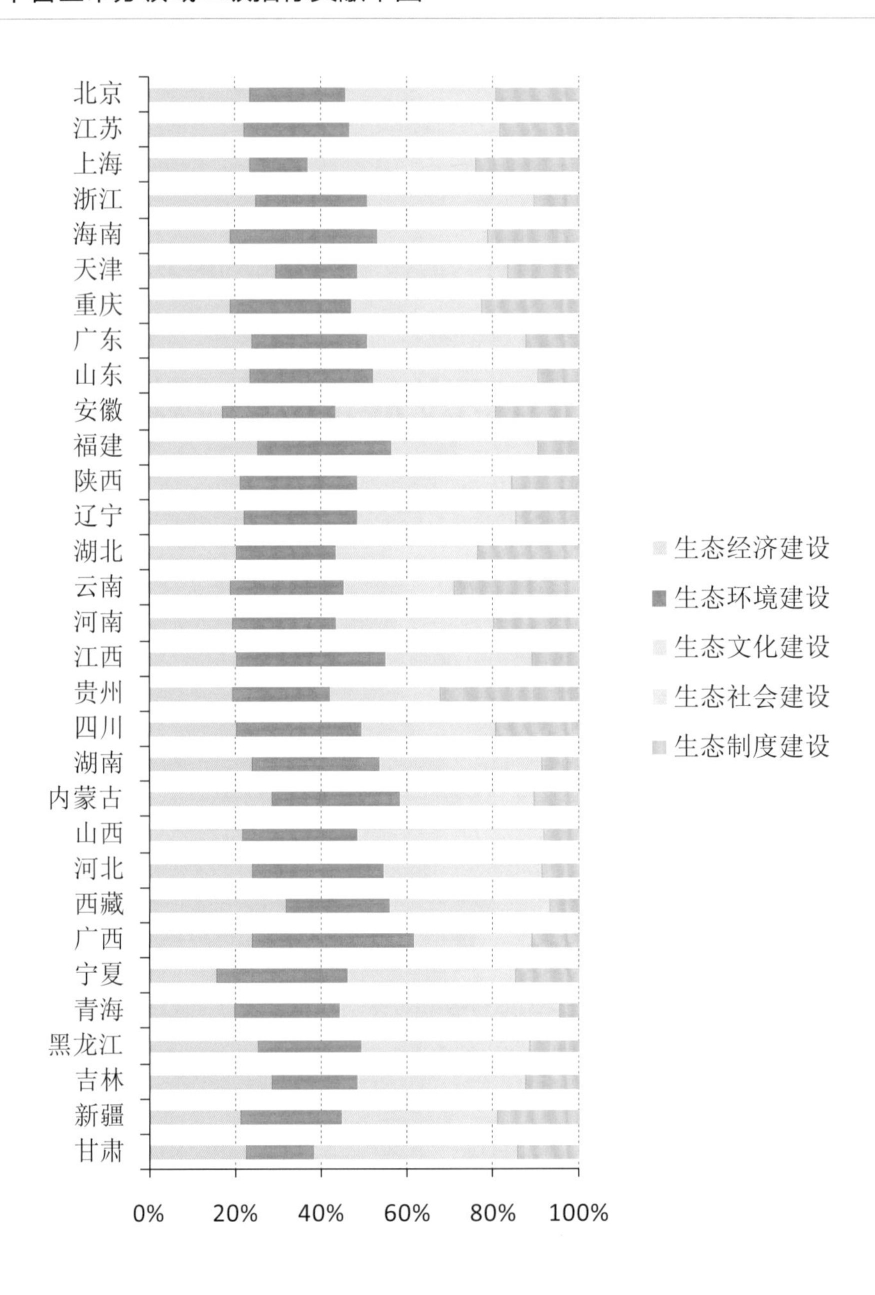

生态经济建设的评价结果

根据相关统计图表可知，31个省区市中，2012年生态经济建设得分排在前十位的省区市分别是北京、天津、浙江、江苏、上海、福建、西藏、广东、内蒙古、山东。

最高得分为 0.175，最低得分为 0.058，平均值是 0.106。

为了更加直观地比较分析 31 个省区市生态经济建设方面的情况，课题组进一步构建了展示生态经济建设三级指标的贡献率比较图。各三级指标平均贡献率比较结果显示，万元建设用地这一指标的贡献率排在第一位，万元产值用电量排在第二位。

31 个省区市生态经济建设得分情况

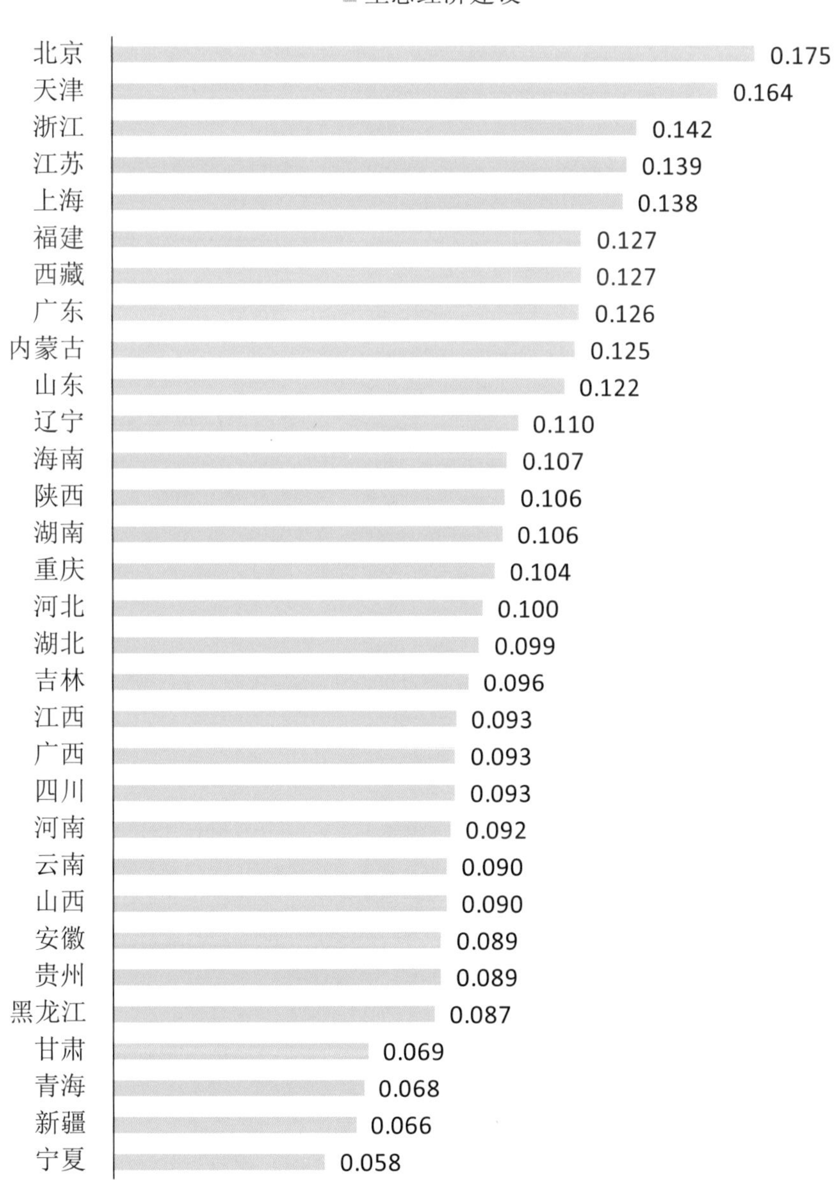

31个省区市生态经济建设三级指标得分贡献率

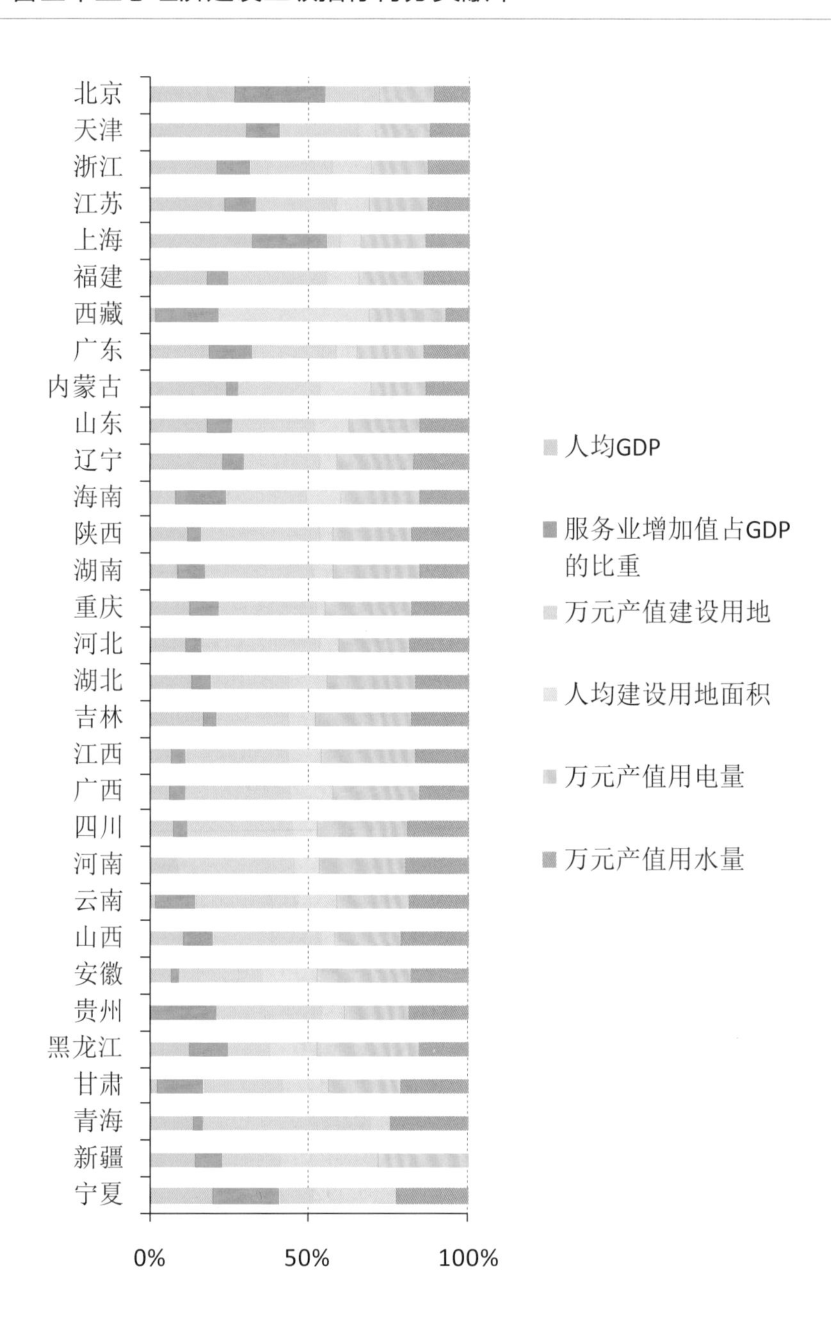

□ 生态环境建设的评价结果

根据相关统计图表可知，31个省区市中，2012年生态环境建设得分排在前十位的省区市分别是海南、北京、江西、重庆、福建、江苏、浙江、山东、广西、广东。

最高得分为 0.191，最低得分为 0.050，平均分为 0.122。

31 个省区市各三级指标平均贡献率比较结果显示，生活垃圾无害化处理率与污染物排放强度这两个指标的贡献率排在前两位。

31 个省区市生态环境建设得分情况

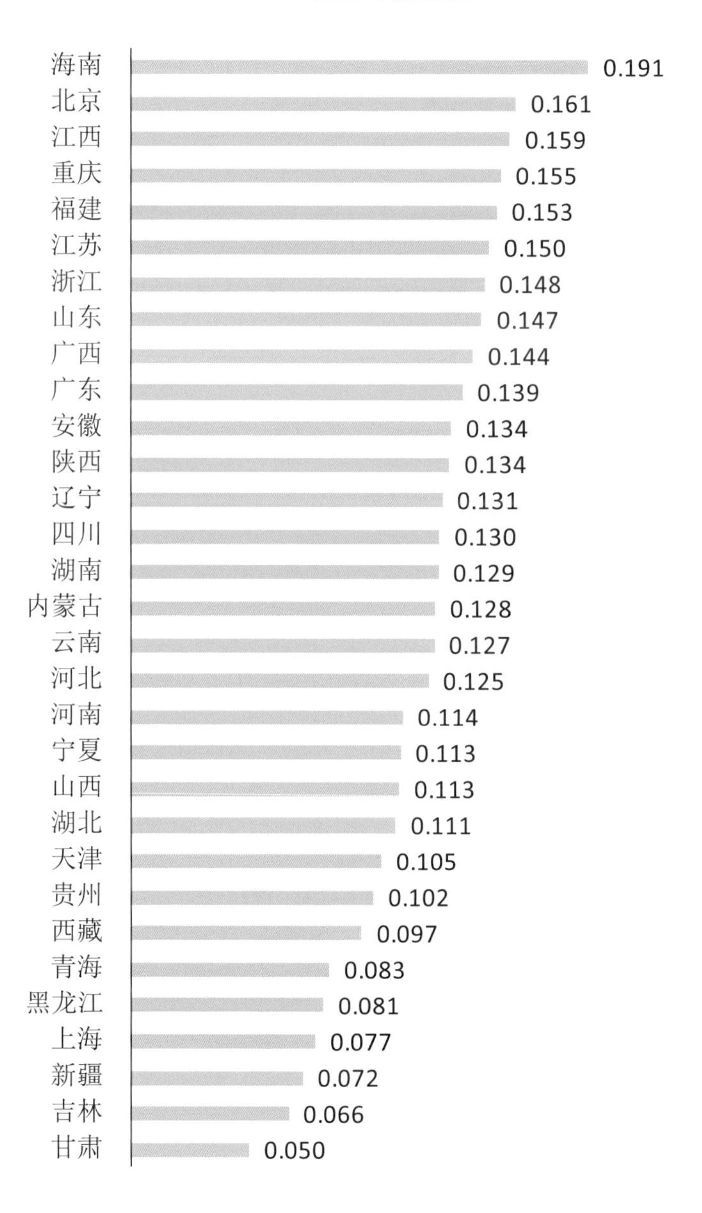

31 个省区市生态环境建设三级指标得分贡献率

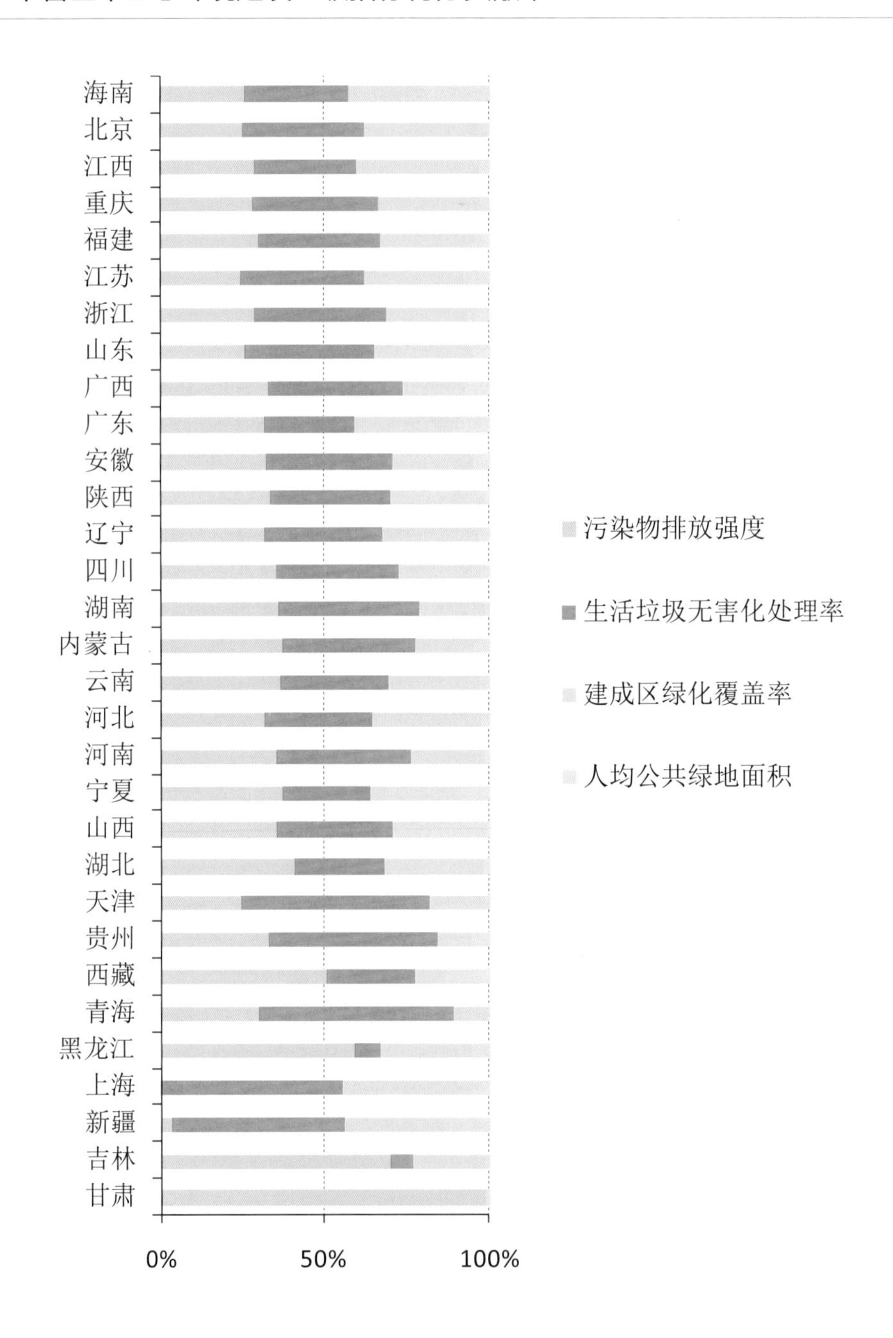

□ 生态文化建设的评价结果

根据相关统计图表可知，31 个省区市中，2012 年生态文化建设得分排在前十位的省区市分别是北京、江苏、上海、天津、浙江、广东、西藏、青海、陕西、安徽。

最高得分为 0.115，最低得分为 0.045，平均分为 0.078。

31 个省区市各三级指标平均贡献率比较结果显示，R&D 经费占 GDP 比例与居民文化娱乐消费支出占消费总支出比重这两个指标的贡献率并列排在第一位。

31 个省区市生态文化建设得分情况

31 个省区市生态文化建设三级指标得分贡献率

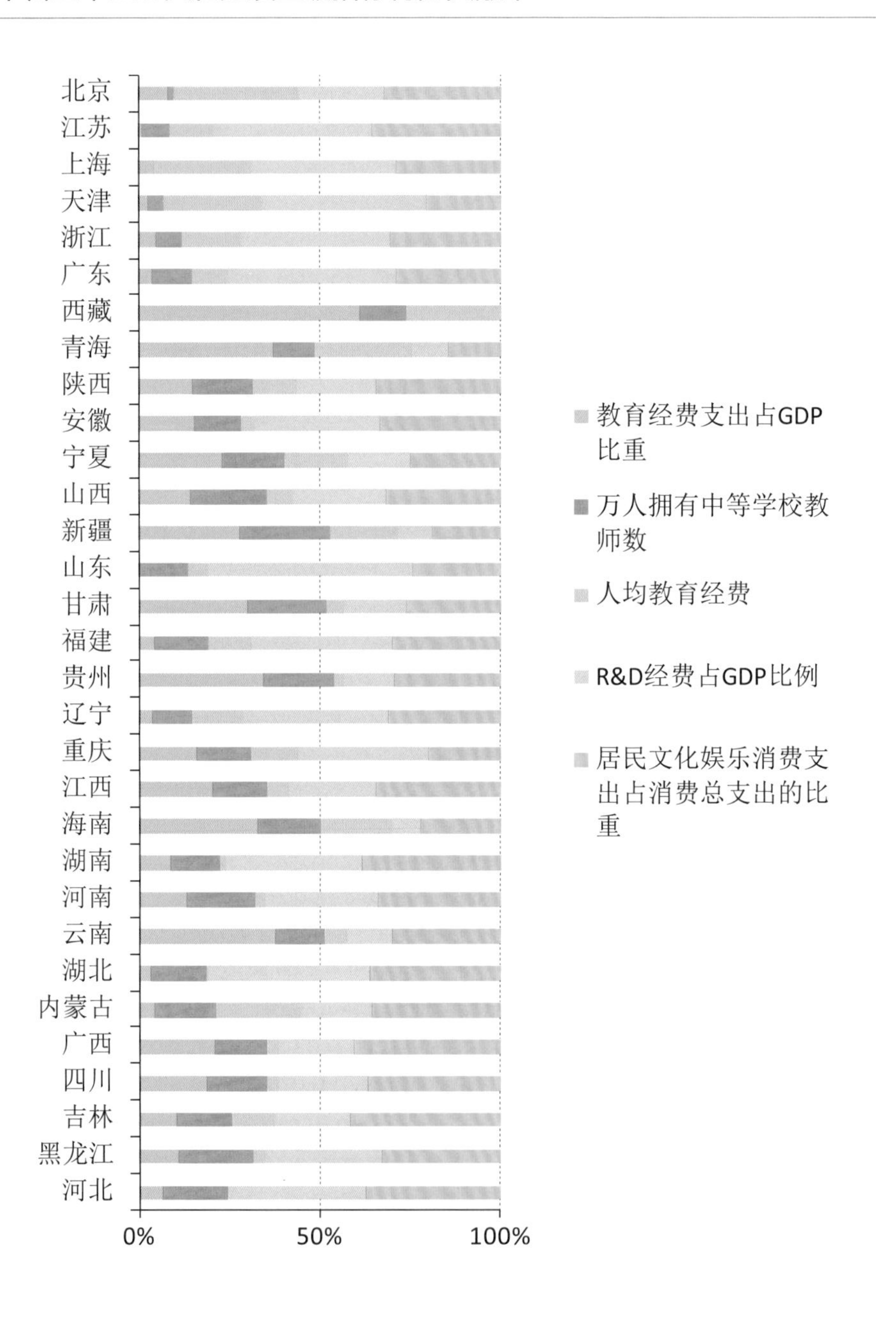

□ 生态社会建设的评价结果

根据相关统计图表可知，31 个省区市中，2012 年生态社会建设得分排在前十位的省区市分别是北京、浙江、山东、上海、辽宁、河北、安徽、河南、江苏、湖南。

最高得分为 0.143，最低得分为 0.032，平均分为 0.087。

31 个省区市各三级指标平均贡献率比较结果显示，养老保险覆盖率的贡献率排在第一位。

31 个省区市生态社会建设得分情况

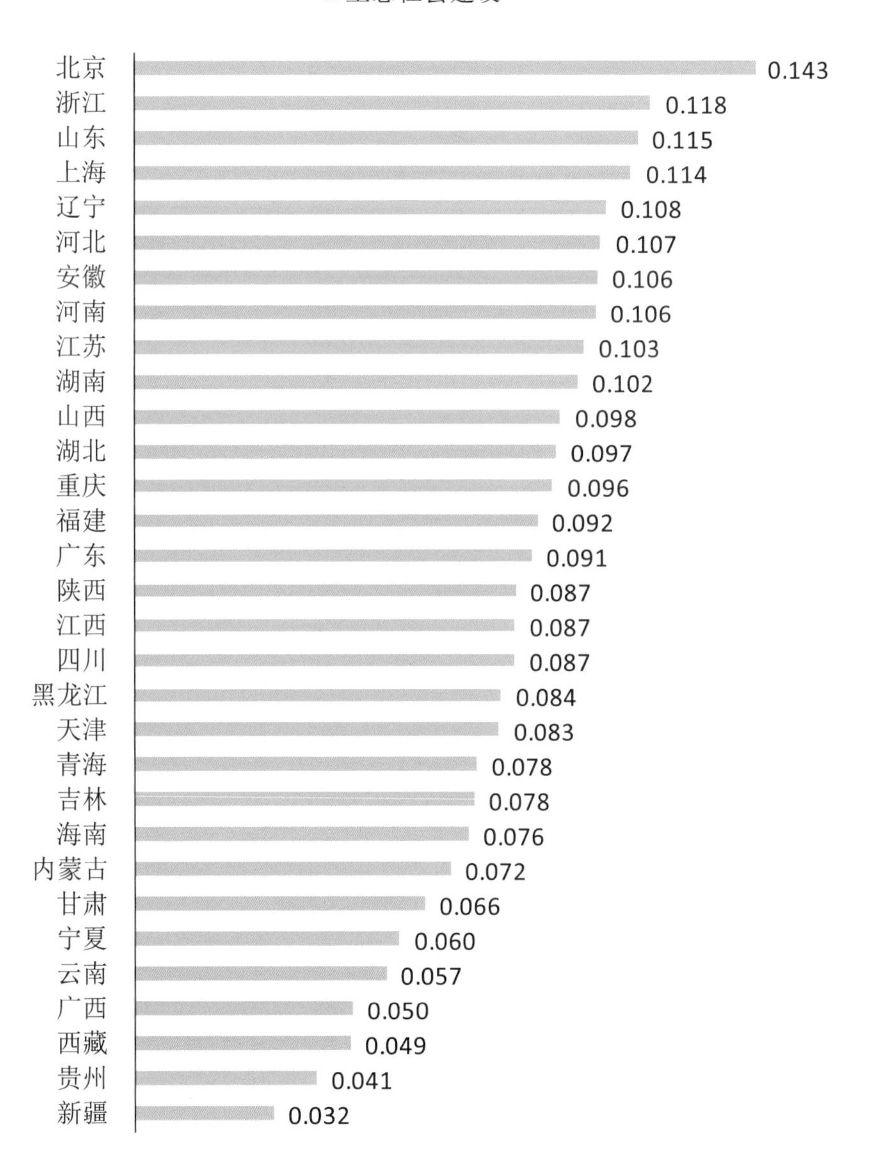

31 个省区市生态社会建设三级指标得分贡献率

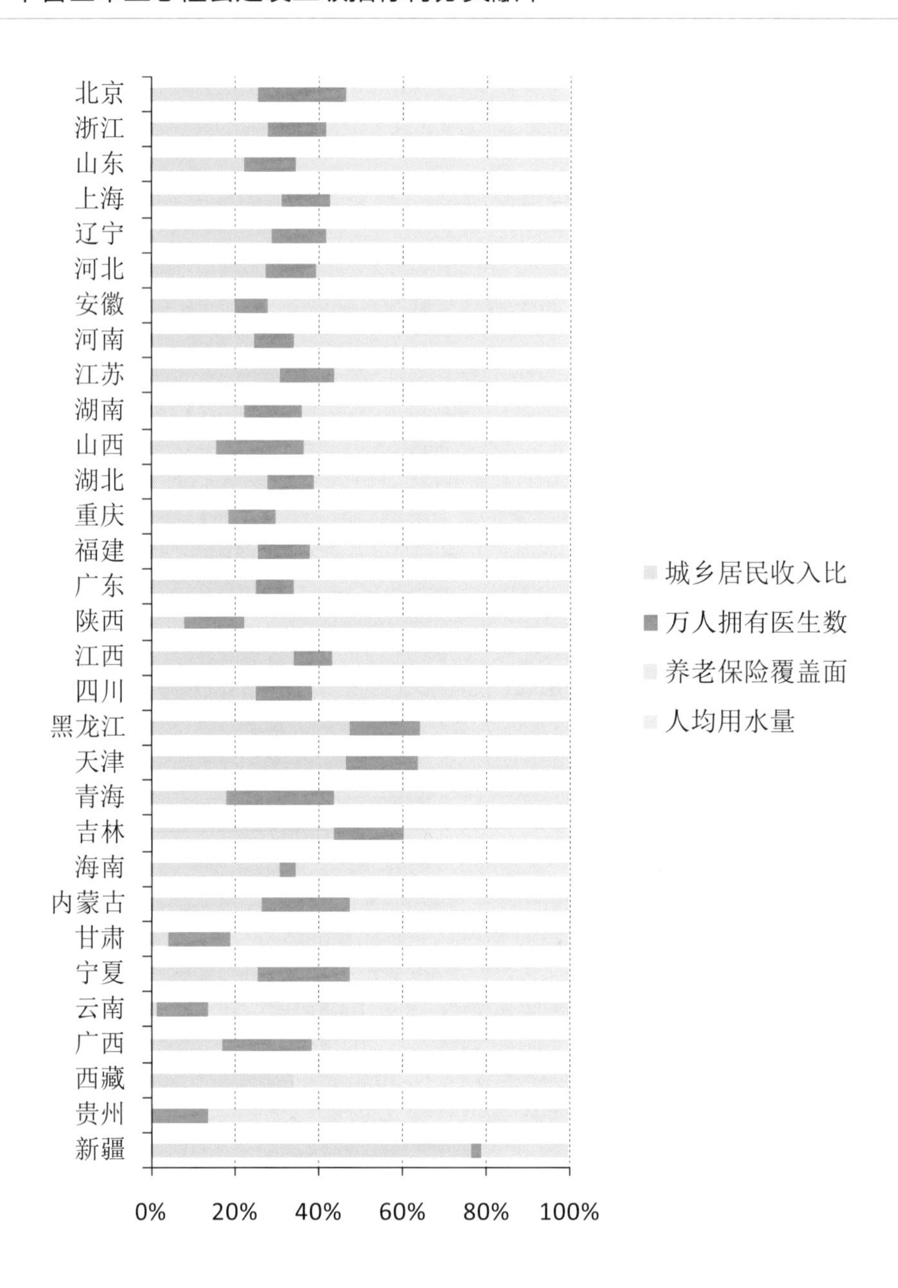

生态制度建设的评价结果

根据相关统计图表可知，31 个省区市中，2012 年生态制度建设得分排在前十位的省区市分别是贵州、上海、北京、云南、重庆、海南、江苏、湖北、安徽、河南。

最高得分为 0.148，最低得分为 0.015，平均分为 0.075。

生态制度建设下的 3 个三级指标中，生态文明试点创建情况贡献率最高。

31 个省区市生态制度建设得分情况

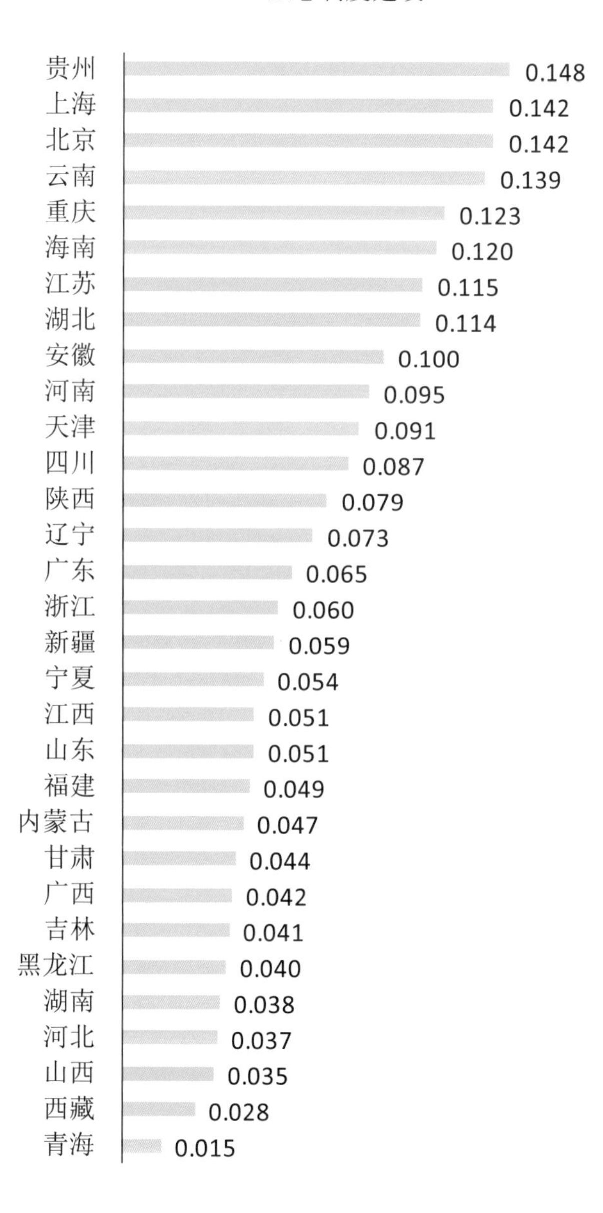

31 个省区市生态制度建设三级指标得分贡献率

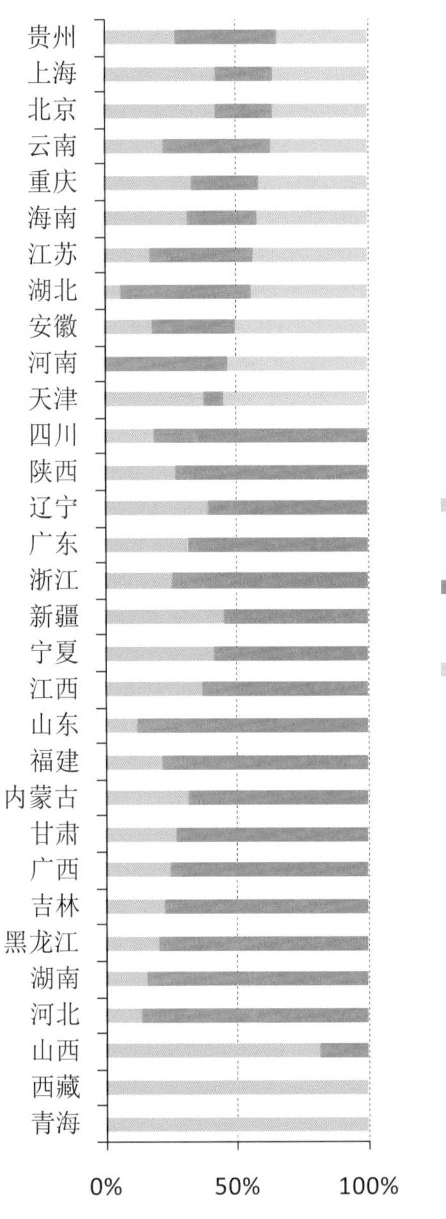

Index evaluation for ecological civilization development in 31 provinces

各省区市生态文明建设指数评估

由于31个省区市自然地理、经济社会条件的巨大差异，地区间生态文明发展水平高低不均，在不同的建设领域也各有所长或所短，也同时反映在各地区生态文明发展指数的得分与排名上。那么，从地区层面看，主要是哪些因素影响了各地区生态文明建设的表现？生态文明发展各个方面又有什么样的关联和变化趋势？各地区又需要采取怎样的有针对性的策略进一步加强生态文明建设？

本部分在31个省区市面板数据的综合分析基础上，分别对31个省区市的生态文明发展情况进行评价分析，揭示不同类型和发展水平地区的特点及其相对差异性，为各地区制定相应对策提供重要的决策借鉴。

□ 北京生态文明指数评价报告

2012年，北京市生态文明发展指数为0.735，在全国31个省区市中排名第1位。具体来看，北京在生态经济建设方面，人均GDP达到87475元，在全国31个省区市中居于第2位；服务业增加值占GDP比重的76.5%，位居全国第1；万元产值用电量、用水量以及建设用地分别是489千瓦时、20.1立方米、8.08平方米，用电量和用水量均排在全国的第2位，万元产值建设用地，居于全国第18位；人均建设用地面积81.01平方米，位于第31位。

在生态环境建设方面，污染物排放强度20.6吨/平方公里，居于全国第21位，生活垃圾无害化处理率99.1%，居于第4位；建设区绿化覆盖率46.2%，居于全国第1位；人均公共绿地面积36.7平方米，居于全国第29位。

在生态文化建设方面，教育经费占GDP比重的4.12%，居于全国第16位；万人拥有中等学校教师数25人，居于全国第30位；人均教育经费3563.9元，居于全国第1位；R&D经费占GDP比例1.1%，居于全国第11位；居民文化娱乐消费支出占消费总支出的比重15.4%，居于全国第2位。

在生态社会建设方面，城乡居民收入比2.2，居于全国第3位；万人拥有医生数39.7，居于全国第1位；养老保险覆盖面66.85%，居于全国第2位；人均用水量

二级指标贡献率饼图

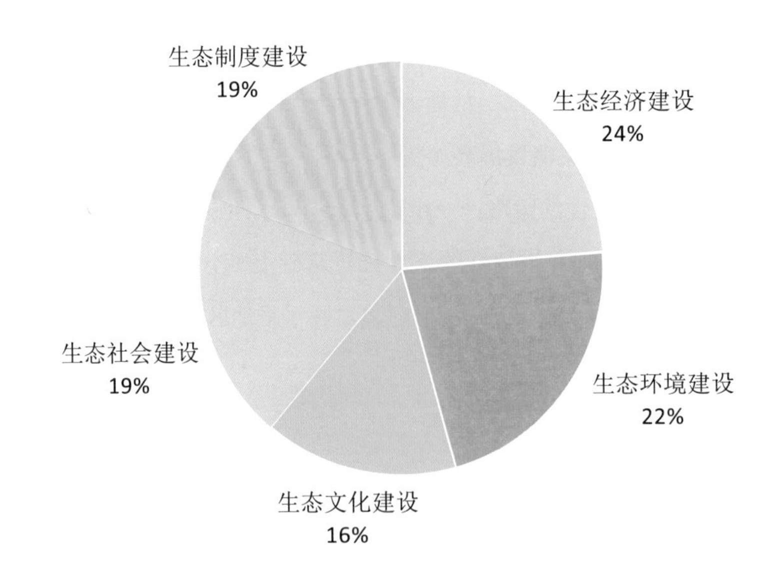

二级指标得分与最高、最低得分雷达图

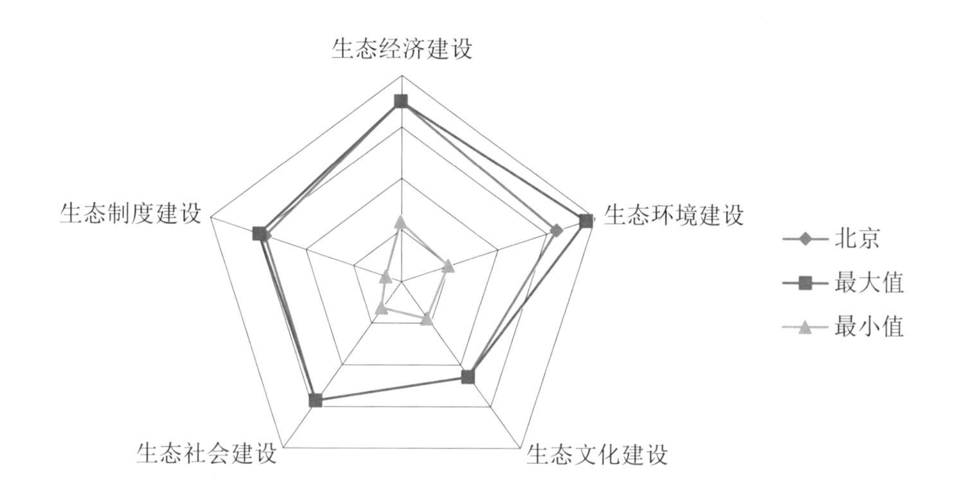

175.5 立方米，居于全国第 2 位。

在生态制度建设方面，财政收入占 GDP 比重的 18.5%，居于全国第 2 位；在生态文明试点创建活动中，北京具有“国家级生态示范区”“全国生态示范区建设试点地区”“生态文明建设试点地区”“生态文明先行示范区建设”等称号，居于全国第 14 位。

与 2007 年相比，北京市的生态文明建设的变化不大，北京生态文明进步指数得分为 0.215，在全国 31 个省区市中排在第 31 名。分项来看，北京市在生态经济、生态文化、生态环境和生态制度方面具有不同程度的提升，由于北京市原有的发展基础较为良好，总体的提升水平和上升的空间较为有限。

北京生态文明进步指数分布表

类别	得分	排名
生态文明进步指数	0.215	31
生态经济建设	0.089	29
生态环境建设	0.015	30
生态文化建设	0.102	30
生态社会建设	−0.001	29
生态制度建设	0.010	29

北京生态文明发展水平指数各级指标得分和排名表

指标	得分	排名
生态文明发展指数	0.735	1
1. 生态经济建设	0.175	1
人均 GDP	0.046	2
服务业增加值占 GDP 的比重	0.050	1
万元产值建设用地	0.030	18
人均建设用地面积	0.000	31
万元产值用电量	0.029	2
万元产值用水量	0.020	2
2. 生态环境建设	0.161	2
污染物排放强度	0.041	21
生活垃圾无害化处理率	0.059	4
建成区绿化覆盖率	0.060	1
人均公共绿地面积	0.001	29
3. 生态文化建设	0.115	1
教育经费支出占 GDP 比重	0.009	16
万人拥有中等学校教师数	0.002	30
人均教育经费	0.040	1
R&D 经费占 GDP 比例	0.027	11
居民文化娱乐消费支出占消费总支出的比重	0.037	2
4. 生态社会建设	0.143	1
城乡居民收入比	0.037	3
万人拥有医生数	0.030	1
养老保险覆盖面	0.046	2
人均用水量	0.030	2
5. 生态制度建设	0.142	3
财政收入占 GDP 比重	0.060	2
生态文明试点创建情况	0.032	14
生态文明建设规划完备情况	0.050	7

□ 天津生态文明指数评价报告

2012 年，天津市生态文明发展指数为 0.553，在全国 31 个省区市中排名第 6 位。天津市生态文明建设的基本特点是，生态经济建设和生态文化建设居于 31 个省区市的领先水平，生态制度建设居于全国的中上游水平，生态环境建设和生态社会建设仍需进一步加大投入。

具体来看，在生态经济建设方面，天津市人均 GDP 为 93173 元，居于全国首位；服务业增加值占 GDP 比重的 47.0%，居于全国第 5 位；万元产值建设用地 5.6 平方米，居于第 2 位；人均建设用地面积 121.0 平方米，居于第 18 位。

在生态环境建设方面，污染物排放强度 54.7 吨 / 平方公里，居于全国第 28 位；生活垃圾无害化处理率 99.8%，居于第 2 位。

在生态文化建设方面，教育经费支出占 GDP 比重的 3.2%，居于全国第 25 位；万人拥有中等学校教师数 29.4 人，居于第 29 位；人均教育经费 2927 元，居于全国第 3 位；R&D 经费占 GDP 比例为 1.98%，居于全国第 2 位。

在生态社会建设方面，城乡居民收入 2.1，居于全国第 2 位；万人拥有医生数 21.7，居于全国第 6 位；养老保险覆盖率 41.0%，居于全国第 31 位。

在生态制度建设方面，财政收入占 GDP 比重的 13.65%，居于全国第 6 位；生态

二级指标贡献率饼图

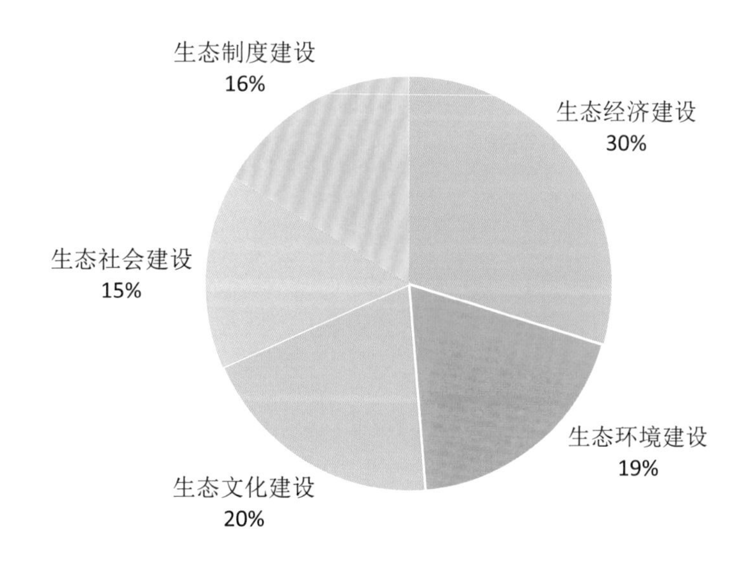

二级指标得分与最高、最低得分雷达图

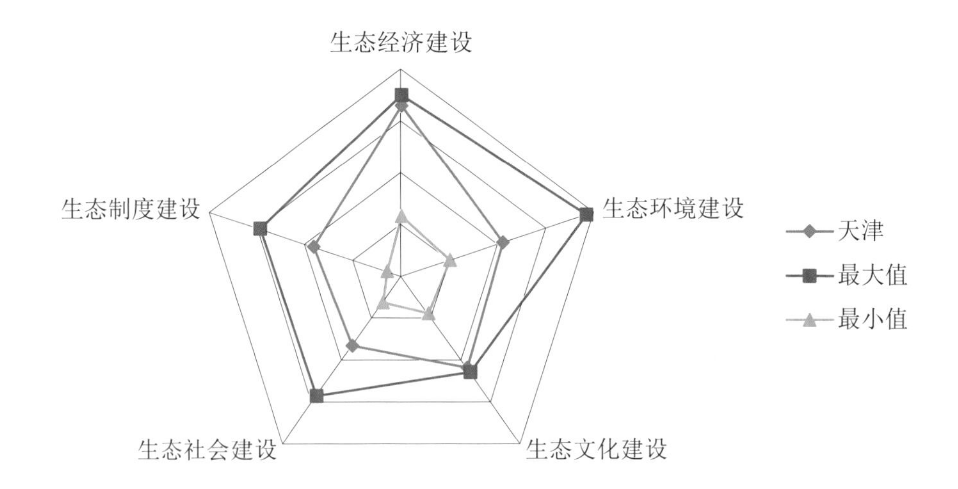

文明试点创建方面，天津市荣获“国家级生态示范区”和“全国生态示范区建设试点地区”“生态文明先行示范区建设”的称号，生态文明试点创建方面居全国第28位；在生态规划方面，天津市环境保护局于2012年10月发布了《天津市生态市建设“十二五”规划》。

与2007年相比，天津市的生态文明建设情况有一定的进步，生态文明进步指数得分为0.528，在31个省区市中排在第26位。分项来看，天津在生态经济建设、生态环境建设、生态文化建设和生态制度建设方面具有不同程度的提升，其中，生态文化建设、生态制度建设以及生态经济建设方面的进步较大，但由于天津的发展基础较良好，总体的提升水平和速度不大。

天津生态文明进步指数分布表

类别	得分	排名
生态文明进步指数	0.528	26
生态经济建设	0.194	16
生态环境建设	0.030	28
生态文化建设	0.300	13
生态社会建设	−0.012	30
生态制度建设	0.017	14

天津生态文明发展水平指数各级指标得分和排名表

指标	得分	排名
生态文明发展指数	0.553	6
1. 生态经济建设	0.164	2
人均 GDP	0.050	1
服务业增加值占 GDP 的比重	0.018	5
万元产值建设用地	0.039	2
人均建设用地面积	0.009	18
万元产值用电量	0.028	4
万元产值用水量	0.020	1
2. 生态环境建设	0.105	23
污染物排放强度	0.026	28
生活垃圾无害化处理率	0.060	2
建成区绿化覆盖率	0.018	26
人均公共绿地面积	0.001	26
3. 生态文化建设	0.109	4
教育经费支出占 GDP 比重	0.003	25
万人拥有中等学校教师数	0.005	29
人均教育经费	0.029	3
R&D 经费占 GDP 比例	0.050	2
居民文化娱乐消费支出占消费总支出的比重	0.022	14
4. 生态社会建设	0.083	20
城乡居民收入比	0.039	2
万人拥有医生数	0.014	6
养老保险覆盖面	0.000	31
人均用水量	0.030	1
5. 生态制度建设	0.091	11
财政收入占 GDP 比重	0.035	6
生态文明试点创建情况	0.006	28
生态文明建设规划完备情况	0.050	11

□ 河北生态文明指数评价报告

2012 年，河北省生态文明发展指数为 0.413，在 31 个省区市中排名第 23 位。河北省生态文明建设的基本特点是，生态社会建设居于 31 个省区市的领先水平，生态经济建设和生态环境建设居于全国中上游水平，生态文化建设水平较为不足。

具体来看，在生态经济建设方面，人均 GDP 为 36584 元，居于全国第 15 位；服务业增加值占 GDP 比重的 35.3%，居于第 24 位；万元产值建设用地 6.05 平方米，居于第 4 位；人均建设用地面积 107.4 平方米，居于第 25 位；万元产值用电量 1158 千瓦时，居于全国第 23 位；万元产值用水量 73.5 立方米，居于第 10 位。

在生态环境建设方面，污染物排放强度 22.8 吨 / 平方公里，居于全国第 23 位；生活垃圾无害化处理率 81.4%，居于第 22 位；建成区绿化覆盖率 41%，居于第 9 位；人均公共绿地面积 49.05 平方米，居于第 21 位。

在生态文化建设方面，教育经费支出占 GDP 比重的 3.17%，居于第 26 位；万人拥有中等学校教师数 34 人，居于全国第 26 位；人均教育经费 1159 元，居于第 31 位；R & D 经费占 GDP 比重的 0.74%，居于第 17 位；居民文化娱乐消费支出占消费总支出的比重为 9.60%，居于全国第 25 位 。

二级指标贡献率饼图

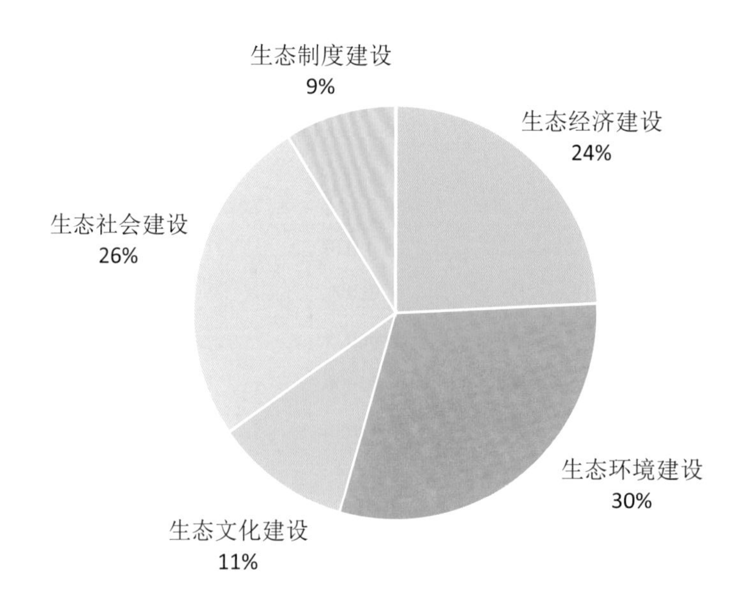

二级指标得分与最高、最低得分雷达图

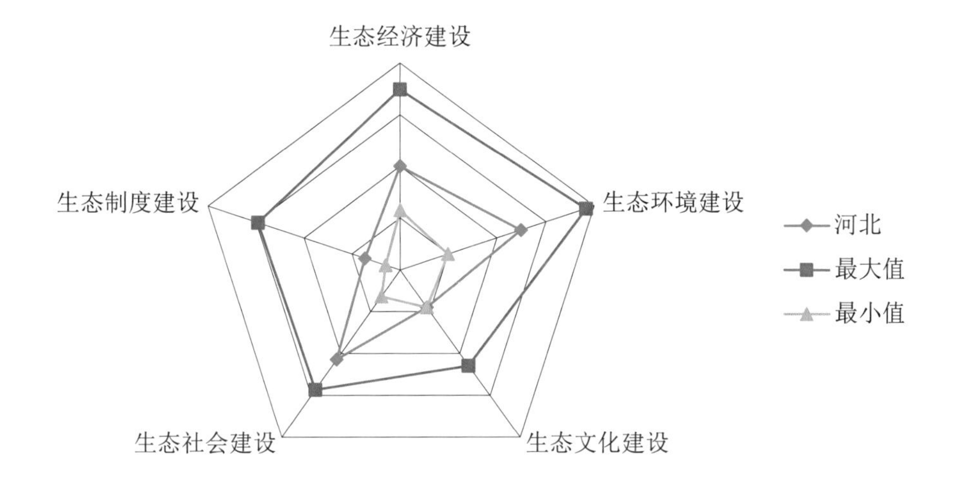

在生态社会建设方面，万人拥有医生数 19.3 人，居于第 15 位；城乡居民收入比 2.54，养老保险覆盖面 61.2%，均居于全国第 10 位；人均用水量 268.9 立方米，居于第 7 位。

在生态制度建设方面，财政收入占 GDP 比重的 7.84%，居于第 30 位；在生态文明试点建设方面，河北省具有“生态文明建设试点地区”“国家级生态示范区”“全国生态示范区建设试点”以及“生态文明先行示范区建设”的称号，居于全国第 27 位。

与 2007 年相比，河北省的生态文明建设情况有较大进步，生态文明进步指数得分为 0.969，在 31 个省区市中排名第 11 位。分方面看，5 个方面均具有不同程度的提升，其中，生态环境、生态文化、生态社会和生态制度建设方面的进步较大。

河北生态文明进步指数分布表

类别	得分	排名
生态文明进步指数	0.969	11
生态经济建设	0.161	25
生态环境建设	0.231	9
生态文化建设	0.370	5
生态社会建设	0.185	9
生态制度建设	0.022	10

河北生态文明发展水平指数各级指标得分和排名表

指标	得分	排名
生态文明发展指数	0.413	23
1. 生态经济建设	0.100	16
人均 GDP	0.011	15
服务业增加值占 GDP 的比重	0.005	24
万元产值建设用地	0.037	4
人均建设用地面积	0.006	25
万元产值用电量	0.022	23
万元产值用水量	0.019	10
2. 生态环境建设	0.125	18
污染物排放强度	0.040	23
生活垃圾无害化处理率	0.041	22
建成区绿化覆盖率	0.041	9
人均公共绿地面积	0.003	21
3. 生态文化建设	0.045	31
教育经费支出占 GDP 比重	0.003	26
万人拥有中等学校教师数	0.008	26
人均教育经费	0.000	31
R&D 经费占 GDP 比例	0.017	17
居民文化娱乐消费支出占消费总支出的比重	0.016	25
4. 生态社会建设	0.107	6
城乡居民收入比	0.030	10
万人拥有医生数	0.012	15
养老保险覆盖面	0.036	10
人均用水量	0.029	7
5. 生态制度建设	0.037	28
财政收入占 GDP 比重	0.005	30
生态文明试点创建情况	0.032	27
生态文明建设规划完备情况	0.000	28

□ 山西生态文明指数评价报告

2012年，山西省生态文明发展指数为0.418，在全国31个省区市中排名第22位。山西省生态文明建设的基本特点是，生态文化建设和生态社会建设居于全国的中上游水平，生态经济建设、环境建设和制度建设的水平仍需有进一步提高。

具体来看，在生态经济建设方面，山西省人均GDP为33628元，居于全国第19位；服务业增加值占GDP比重的38.7%，居于第18位；万元产值建设用地7.79平方米，居于第15位；人均建设用地面积98.9平方米，居于第28位；万元产值用电量1457千瓦时，居于第27位；万元产值用水量60.6立方米，居于第7位。

在生态环境建设方面，污染物排放强度23.1吨/平方公里，居于全国第24位；生活垃圾无害化处理率80.3%，居于第23位；建成区绿化覆盖率37.4%，居于第17位；人均公共绿地面积37.4平方米，居于第27位。

在生态文化建设方面，教育经费支出占GDP比重的4.53%，居于全国第13位；万人拥有中等学校教师数48.8人，居于全国第2位；人均教育经费1521.7元，居于第18位；R & D经费占GDP比例的0.88%，居于第14位；居民文化娱乐消费支出占消费总支出比重的12.3%，居于全国第8位。

二级指标贡献率饼图

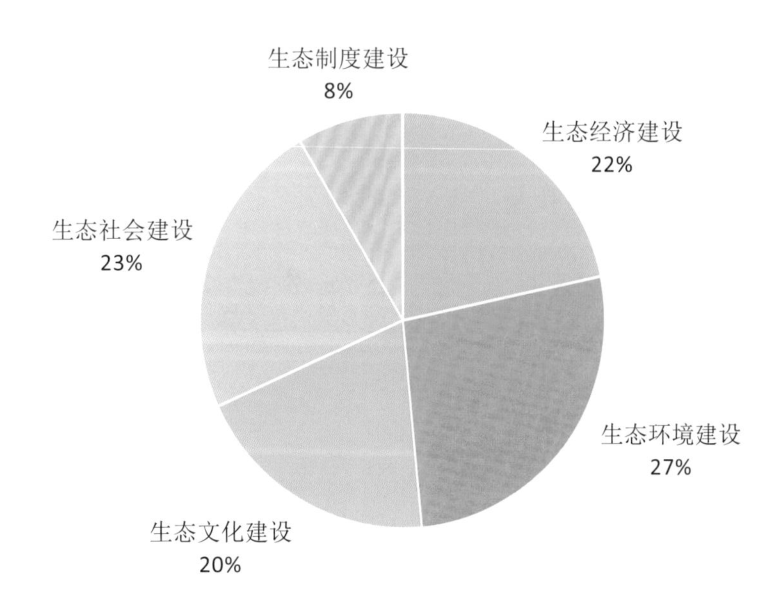

二级指标得分与最高、最低得分雷达图

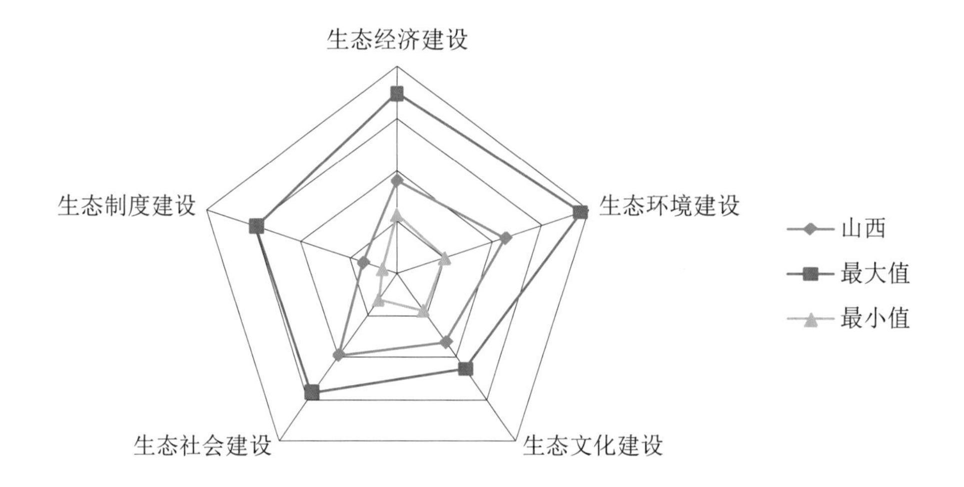

在生态社会建设方面，城乡居民收入比3.2，居于第25位；万人拥有医生数28.8，居于全国第2位；养老保险覆盖面59%，居于第15位；人均用水量203.7立方米，居于全国第3位。

在生态制度建设方面，财政收入占GDP比重的12.5%，居于全国第8位；在生态文明试点创建方面，山西省具有“国家级生态示范区”“全国生态示范区建设试点”和“生态文明先行示范区建设”等称号，居于全国第29名。

与2007年相比，山西省的生态文明建设情况有较大进步，生态文明进步指数得分为0.862，在31个省区市中排名第17位。分方面看，5个方面均具有不同程度的提升，其中，生态环境建设方面进步最大。

山西生态文明进步指数分布表

类别	得分	排名
生态文明进步指数	0.862	17
生态经济建设	0.170	23
生态环境建设	0.307	4
生态文化建设	0.255	17
生态社会建设	0.118	17
生态制度建设	0.012	26

山西生态文明发展水平指数各级指标得分和排名表

指标	得分	排名
生态文明发展指数	0.418	22
1. 生态经济建设	0.090	24
人均GDP	0.009	19
服务业增加值占GDP的比重	0.009	18
万元产值建设用地	0.031	15
人均建设用地面积	0.004	28
万元产值用电量	0.019	27
万元产值用水量	0.019	7
2. 生态环境建设	0.113	21
污染物排放强度	0.040	24
生活垃圾无害化处理率	0.040	23
建成区绿化覆盖率	0.032	17
人均公共绿地面积	0.001	27
3. 生态文化建设	0.082	12
教育经费支出占GDP比重	0.012	13
万人拥有中等学校教师数	0.017	2
人均教育经费	0.006	18
R&D经费占GDP比例	0.021	14
居民文化娱乐消费支出占消费总支出的比重	0.026	8
4. 生态社会建设	0.098	11
城乡居民收入比	0.015	25
万人拥有医生数	0.021	2
养老保险覆盖面	0.032	15
人均用水量	0.030	3
5. 生态制度建设	0.035	29
财政收入占GDP比重	0.029	8
生态文明试点创建情况	0.006	29
生态文明建设规划完备情况	0.000	29

□ 内蒙古生态文明指数评价报告

2012 年，内蒙古生态文明发展指数为 0.433，在 31 个省区市中排名第 21 位。内蒙古生态文明建设的基本特点是，生态经济建设居于全国的领先水平，生态环境建设居于 31 个省区市的中上游水平，生态文化、生态社会和生态制度建设水平较弱。

具体来看，在生态经济建设方面，人均 GDP 为 63886 元，居于全国第 5 位；服务业增加值占 GDP 比重的 35.5%，居于第 22 位；万元产值建设用地 7.54 平方米，居于全国第 12 位；人均建设用地面积 168 平方米，居于全国第 2 位；万元产值用电量 1269 千瓦时，居于第 24 位；万元产值用水量 116 立方米，居于第 17 位。

在生态环境建设方面，污染物排放强度 5.5 吨 / 平方公里，居于全国第 6 位；生活垃圾无害化处理率 91.2%，居于第 12 位；建成区绿地覆盖率 36.2%，居于第 23 位；人均公共绿地面积 65.6 平方米，居于第 11 位。

在生态文化建设方面，教育经费支出占 GDP 比重的 3.2%，居于第 27 位；万人拥有中等学校教师数 37.9 人，居于第 17 位；人均教育经费 2024 元，居于全国第 9 位；R&D 经费占 GDP 的 0.54%，居于第 23 位。

在生态社会建设方面，城乡居民收入比 3.04，居于第 21 位；万人拥有医生数 22.5，居于第 5 位；养老保险覆盖面达到 49.3% ，居于第 23 位；人均用水量 741.6

二级指标贡献率饼图

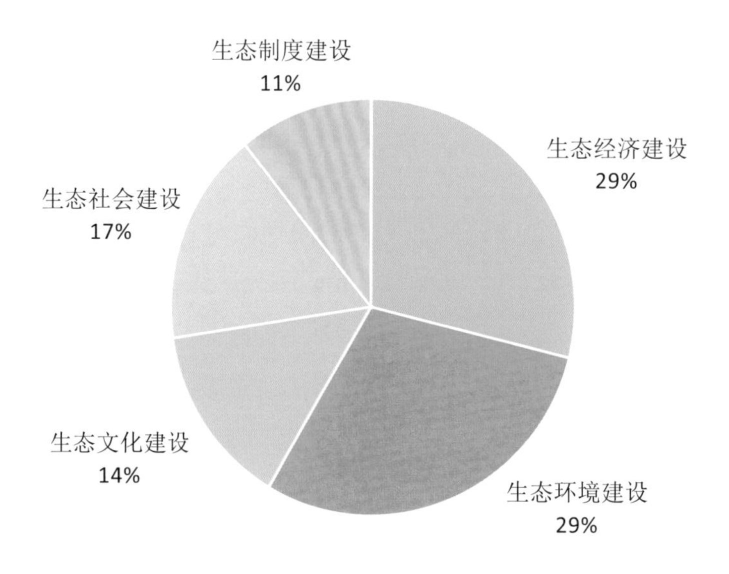

二级指标得分与最高、最低得分雷达图

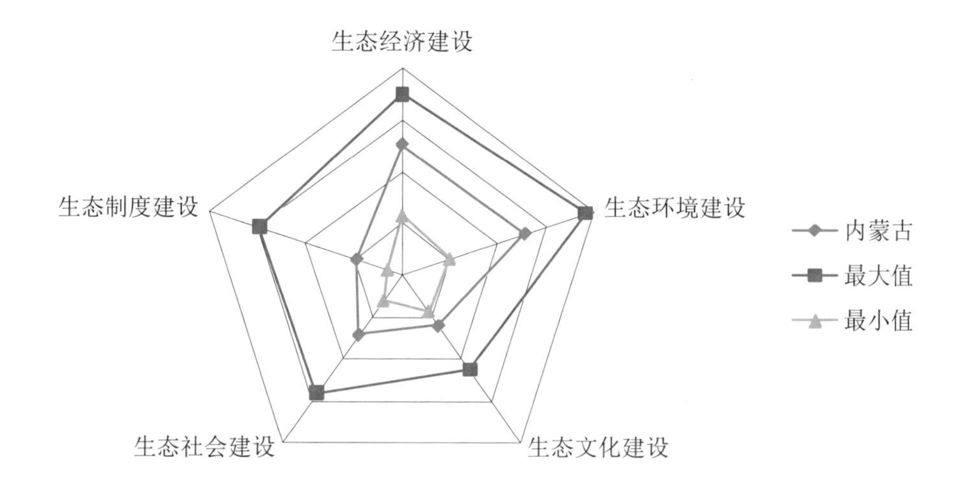

立方米，居于第 27 位。

在生态制度建设方面，财政收入占 GDP 比重的 9.7%，居于全国第 21 位；在生态文明试点创建方面，内蒙古具有“国家级生态示范区”“全国生态示范区建设试点地区”“生态文明先行示范区建设”以及“生态文明示范工程试点”的称号，居于全国第 21 位。

与 2007 年相比，内蒙古的生态文明建设情况有一定的进步，内蒙古生态文明进步指数得分为 0.697，在 31 个省区市中排名第 21 位。分方面看，5 个方面均具有不同程度的提升，其中，生态经济和生态环境建设方面的进步较大，但由于内蒙古原有的发展基础较薄弱，总体的提升水平有限。

内蒙古生态文明进步指数分布表

类别	得分	排名
生态文明进步指数	0.697	21
生态经济建设	0.207	14
生态环境建设	0.160	17
生态文化建设	0.250	18
生态社会建设	0.068	21
生态制度建设	0.013	25

内蒙古生态文明发展水平指数各级指标得分和排名表

指标	得分	排名
生态文明发展指数	0.433	21
1. 生态经济建设	0.125	9
人均 GDP	0.030	5
服务业增加值占 GDP 的比重	0.005	22
万元产值建设用地	0.032	12
人均建设用地面积	0.020	2
万元产值用电量	0.021	24
万元产值用水量	0.017	17
2. 生态环境建设	0.128	16
污染物排放强度	0.048	6
生活垃圾无害化处理率	0.051	12
建成区绿化覆盖率	0.023	23
人均公共绿地面积	0.006	11
3. 生态文化建设	0.061	26
教育经费支出占 GDP 比重	0.003	27
万人拥有中等学校教师数	0.010	17
人均教育经费	0.014	9
R&D 经费占 GDP 比例	0.012	23
居民文化娱乐消费支出占消费总支出的比重	0.022	16
4. 生态社会建设	0.072	24
城乡居民收入比	0.019	21
万人拥有医生数	0.015	5
养老保险覆盖面	0.015	23
人均用水量	0.023	27
5. 生态制度建设	0.047	22
财政收入占 GDP 比重	0.015	21
生态文明试点创建情况	0.032	21
生态文明建设规划完备情况	0.000	22

□ 辽宁生态文明指数评价报告

2012年，辽宁省生态文明发展指数为0.493，在31个省区市中排名第13位。辽宁省生态文明建设的基本特点是，生态社会建设居于全国领先水平，生态经济建设、环境建设、文化建设和制度建设均居于全国的中上游水平。

具体来看，在生态经济建设方面，辽宁省的人均GDP相对较高，达到人均56649元，居于全国第7位；服务业增加值占GDP的比重为38.1%，居于全国第19位；万元产值用水量、用电量和用建设用地分别是57立方米、764千瓦时、9.10平方米，分别居于于全国的第5位、第14位和第22位。

在生态环境建设方面，辽宁省污染物排放强度19.1吨/平方公里，居于全国第20位；生活垃圾无害化处理率达到87.2%，居于第18名；建成区绿化覆盖率40.2%，居于第11名；人均公共绿地面积55.85平方米，居于第16名。

在生态文化建设方面，辽宁省教育经费占GDP比重的3.14%，在全国居于第28名；万人拥有中等学校教师数33人，在全国居于第27位，人均教育经费1779元，居于13位；R&D经费占GDP的1.16%，居于第10位；居民文化娱乐消费支出占消费总支出的比重为11.1%，居于第17位。

二级指标贡献率饼图

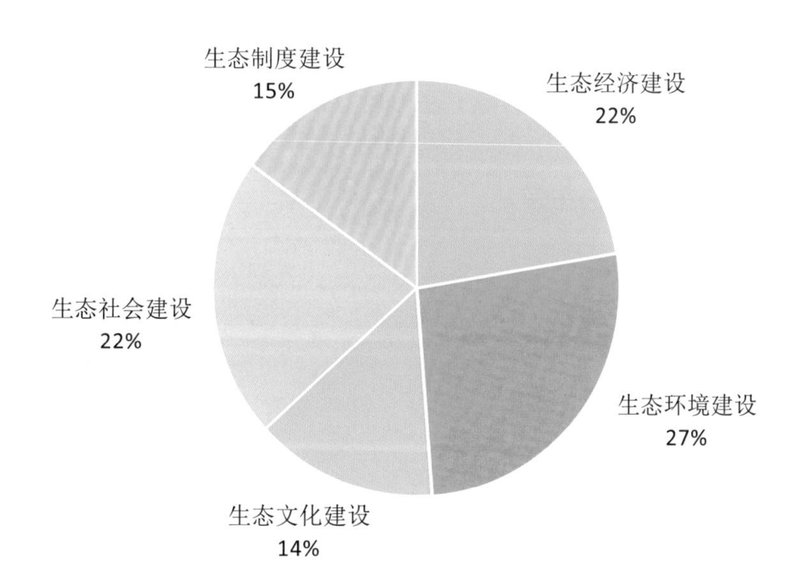

二级指标得分与最高、最低得分雷达图

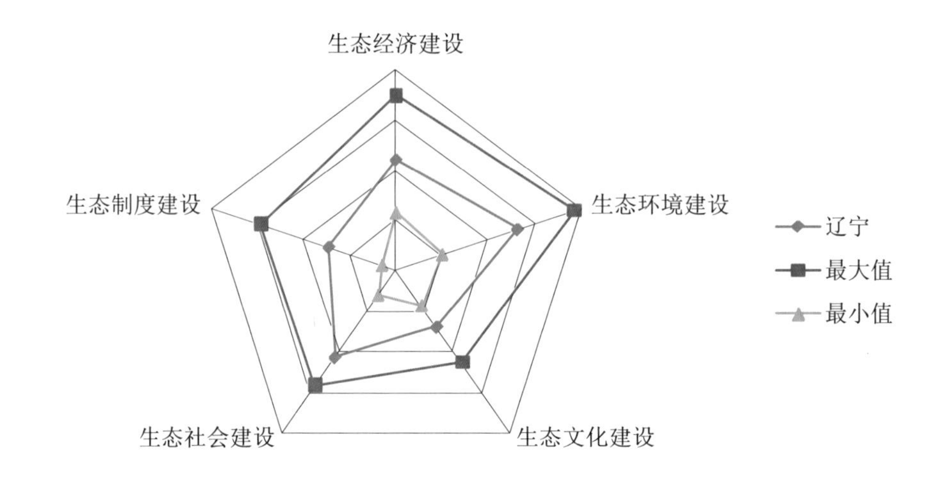

在生态社会建设方面，辽宁省城乡居民收入比 2.47，居于全国第 8 位；万人拥有医生数 21.1，居于全国第 8 位；养老保险覆盖面达到 60.5%，居于全国 11 位。

在生态制度建设方面，财政收入占 GDP 比重的 12.5%，居于全国第 9 位。近些年来，辽宁省较为重视生态文明的建设，先后获得“国家生态文明建设示范区”“生态文明建设试点地区”“国家级生态示范区”“全国生态示范区建设试点地区”“生态文明先行示范区”的称号，居于全国第 6 位。

与 2007 年相比，辽宁省的生态文明建设情况有一些进步，辽宁省生态文明进步指数得分为 0.636，在全国 31 个省区市中排名第 23 位。总体来说，辽宁省在 5 个方面均具有不同程度的提升，最为突出的是生态文化建设、生态制度建设和生态经济建设方面，但总体发展的速度还有待于进一步提高。

辽宁生态文明进步指数分布表

类别	得分	排名
生态文明进步指数	0.636	23
生态经济建设	0.193	17
生态环境建设	0.138	18
生态文化建设	0.275	15
生态社会建设	0.015	28
生态制度建设	0.016	16

辽宁生态文明发展水平指数各级指标得分和排名表

指标	得分	排名
生态文明发展指数	0.493	13
1. 生态经济建设	0.110	11
人均 GDP	0.025	7
服务业增加值占 GDP 的比重	0.008	19
万元产值建设用地	0.026	22
人均建设用地面积	0.006	26
万元产值用电量	0.026	14
万元产值用水量	0.019	5
2. 生态环境建设	0.131	13
污染物排放强度	0.042	20
生活垃圾无害化处理率	0.047	18
建成区绿化覆盖率	0.038	11
人均公共绿地面积	0.004	16
3. 生态文化建设	0.071	18
教育经费支出占 GDP 比重	0.003	28
万人拥有中等学校教师数	0.008	27
人均教育经费	0.010	13
R&D 经费占 GDP 比例	0.028	10
居民文化娱乐消费支出占消费总支出的比重	0.022	17
4. 生态社会建设	0.108	5
城乡居民收入比	0.031	8
万人拥有医生数	0.014	8
养老保险覆盖面	0.035	11
人均用水量	0.028	11
5. 生态制度建设	0.073	14
财政收入占 GDP 比重	0.029	9
生态文明试点创建情况	0.045	6
生态文明建设规划完备情况	0.000	14

□ 吉林生态文明指数评价报告

2012 年，吉林省生态文明发展指数为 0.335，在全国 31 个省区市中排名第 29 位。吉林省生态文明建设的基本特点是，生态经济建设全国的中上游水平，生态文化建设、生态社会建设以及生态制度建设居于全国的中下游水平，生态环境建设水平需要进一步提高。

具体来看，在生态经济建设方面，服务业增加值占 GDP 的比重为 34.8%，居于全国第 25 位；人均 GDP 达到 43415 元；居于全国第 11 位；万元产值建设用地 10.1 平方米，居于第 25 位；人均建设用力面积 115.3 平方米，居于第 20 位；万元产值用电量 583.5 千瓦时，居于全国第 3 位；万元产值用水量 108.7 立方米，居于第 16 位。

在生态环境建设方面，吉林省主要面积空气主要污染物含量达 8.47 吨 / 平方公里，居于第 9 位；生活垃圾无害化处理率 45.8%，居于第 30 位。

在生态文化建设方面，教育经费支出占 GDP 比重的 3.6%，居于第 19 位；万人拥有中等学校教师数 34.4 人，居于第 25 位；人均教育经费 1561.4 元，居于第 17 位；R&D 经费占 GDP 比例 0.5%，居于第 25 位。

在生态社会建设方面，城乡居民收入比 2.35，居于全国第 5 位；万人拥有医生数 20.3，居于第 12 位；养老保险覆盖面 43.4%，居于第 30 位；人均用水量 472.1 立方米，

二级指标贡献率饼图

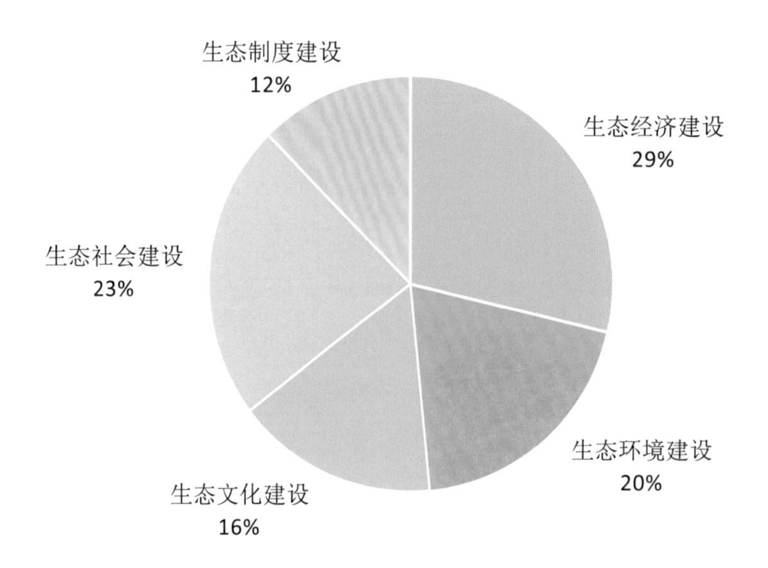

二级指标得分与最高、最低得分雷达图

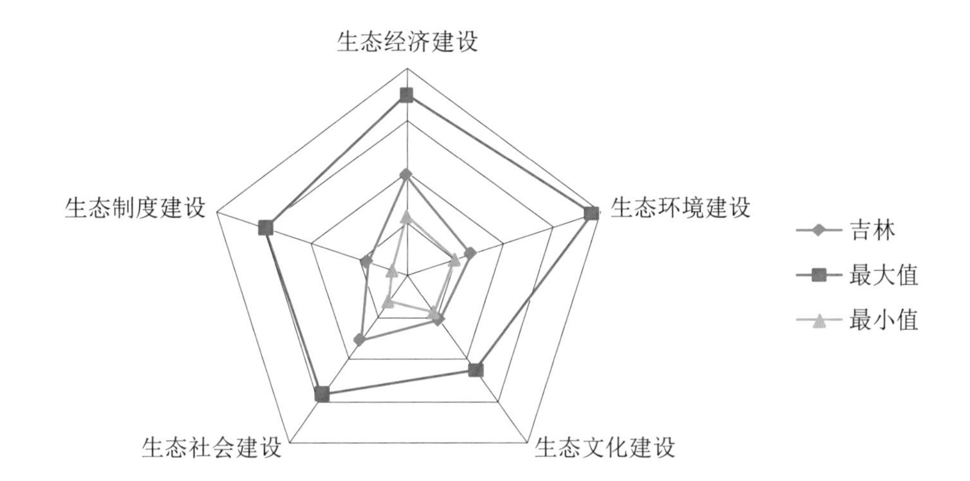

居于第 15 位。

在生态制度建设方面，财政收入占 GDP 比重的 8.72%，居于全国第 25 位；生态文明试点创建方面，吉林先后获得“国家级生态示范区”“全国生态示范区建设试点地区”“生态文明先行示范区”“生态文明示范工程试点”的称号，居于全国第 24 位。

与 2007 年相比，吉林省的生态文明建设情况有一定的进步，吉林省生态文明进步指数得分为 0.543，在全国 31 个省区市中排名第 24 位。分方面看，5 个方面均具有不同程度的提升，其中，生态制度建设方面的进步较大，但由于吉林原有的发展基础较薄弱，总体的提升水平有限。

吉林生态文明进步指数分布表

类别	得分	排名
生态文明进步指数	0.543	24
生态经济建设	0.183	20
生态环境建设	0.083	24
生态文化建设	0.220	20
生态社会建设	0.032	26
生态制度建设	0.026	5

吉林生态文明发展水平指数各级指标得分和排名表

指标	得分	排名
生态文明发展指数	0.335	29
1. 生态经济建设	0.096	18
人均 GDP	0.016	11
服务业增加值占 GDP 的比重	0.004	25
万元产值建设用地	0.022	25
人均建设用地面积	0.008	20
万元产值用电量	0.029	3
万元产值用水量	0.018	16
2. 生态环境建设	0.066	30
污染物排放强度	0.047	9
生活垃圾无害化处理率	0.004	30
建成区绿化覆盖率	0.014	27
人均公共绿地面积	0.001	28
3. 生态文化建设	0.054	29
教育经费支出占 GDP 比重	0.006	19
万人拥有中等学校教师数	0.008	25
人均教育经费	0.007	17
R&D 经费占 GDP 比例	0.011	25
居民文化娱乐消费支出占消费总支出的比重	0.022	15
4. 生态社会建设	0.078	22
城乡居民收入比	0.034	5
万人拥有医生数	0.013	12
养老保险覆盖面	0.004	30
人均用水量	0.026	15
5. 生态制度建设	0.041	25
财政收入占 GDP 比重	0.009	25
生态文明试点创建情况	0.032	24
生态文明建设规划完备情况	0.000	25

□ 黑龙江生态文明指数评价报告

2012年，黑龙江省生态文明发展指数为0.339，在31个省区市中排名第28位。黑龙江生态文明建设的基本特点是，生态社会建设居于全国的中上游水平，生态文化建设水平仍需进一步提高。

具体来看，在生态经济建设方面，服务业增加值占GDP的比重为40.5%，居于全国第12位；人均GDP达到35711元，居于第17位；万元产值建设用地12.76平方米，居于第28位；人均建设用地面积134.96平方米，居于第11位；万元产值用电量604.7千瓦时，居于第5位；万元产值用水量262.1立方米，居于第28位。

生态环境建设方面，污染物排放强度达5.01吨/平方公里，居于全国第4位；生活垃圾无害化处理率47.6%，居于第29位；建成区绿化覆盖率36%，居于第24位；人均公共绿地面积57.0平方米，居于第14位。

在生态文化建设方面，教育经费支出占GDP比重的3.5%，居于第20位；万人拥有中等学校教师数37.2人，居于第18位；人均教育经费1261.9元，居于第27位；R&D经费占GDP比例0.66%，居于第19位；居民文化娱乐消费支出占消费总支出的比重的9.37%，居于第26位。

二级指标贡献率饼图

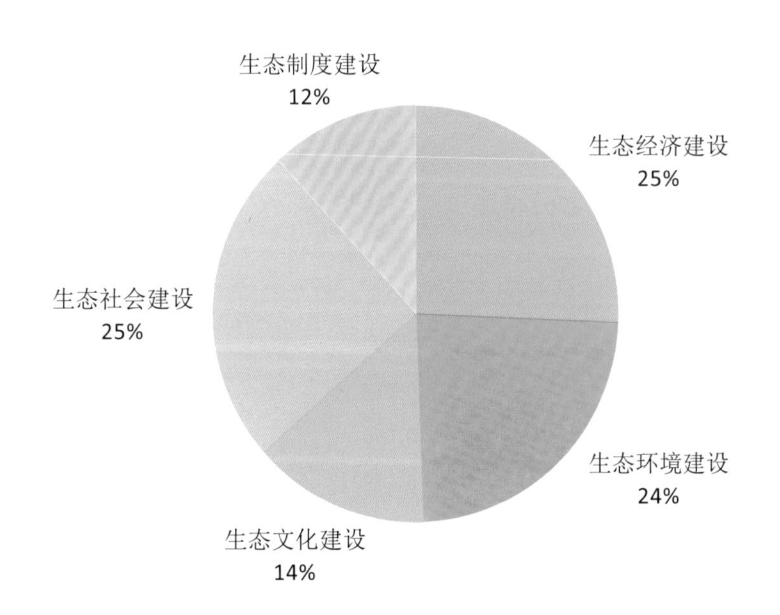

二级指标得分与最高、最低得分雷达图

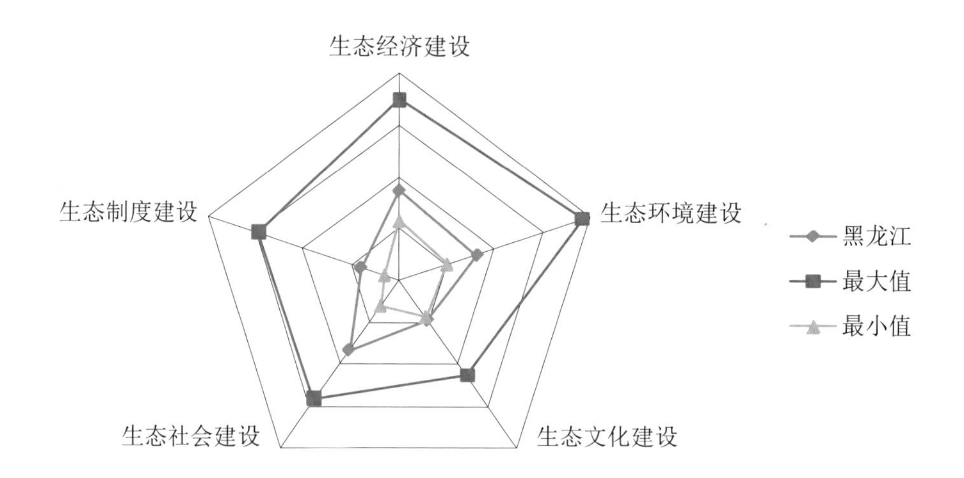

在生态社会建设方面，城乡居民收入比2.06，居于全国首位；万人拥有医生数21.1，居于全国第9位；养老保险覆盖面46.2%，居于第26位。

在生态制度建设方面，财政收入占GDP比重的8.49%，居于全国第26位；生态文明试点创建情况，先后获得"国家级生态示范区""全国生态示范区建设试点地区""生态文明先行示范区""生态文明示范工程试点""生态文明示范工程试点"的称号，居于第25位。

与2007年相比，黑龙江的生态文明建设情况具有一定的进步，黑龙江生态文明进步指数得分为0.477，在31个省区市中排名第28位。分方面看，5个方面均具有不同程度的提升，其中，生态制度建设方面的进步较大，但由于黑龙江原有的发展基础较薄弱，总体的提升水平较为有限。

黑龙江生态文明进步指数分布表

类别	得分	排名
生态文明进步指数	0.477	28
生态经济建设	0.165	24
生态环境建设	0.080	25
生态文化建设	0.189	24
生态社会建设	0.022	27
生态制度建设	0.022	9

黑龙江生态文明发展水平指数各级指标得分和排名表

指标	得分	排名
生态文明发展指数	0.339	28
1. 生态经济建设	0.087	27
人均 GDP	0.011	17
服务业增加值占 GDP 的比重	0.011	12
万元产值建设用地	0.012	28
人均建设用地面积	0.013	11
万元产值用电量	0.028	5
万元产值用水量	0.014	28
2. 生态环境建设	0.081	27
污染物排放强度	0.048	4
生活垃圾无害化处理率	0.006	29
建成区绿化覆盖率	0.022	24
人均公共绿地面积	0.004	14
3. 生态文化建设	0.048	30
教育经费支出占 GDP 比重	0.005	20
万人拥有中等学校教师数	0.010	18
人均教育经费	0.002	27
R&D 经费占 GDP 比例	0.015	19
居民文化娱乐消费支出占消费总支出的比重	0.016	26
4. 生态社会建设	0.084	19
城乡居民收入比	0.040	1
万人拥有医生数	0.014	9
养老保险覆盖面	0.009	26
人均用水量	0.021	28
5. 生态制度建设	0.040	26
财政收入占 GDP 比重	0.008	26
生态文明试点创建情况	0.032	25
生态文明建设规划完备情况	0.000	26

□ 上海生态文明指数评价报告

2012 年，上海市生态文明发展指数为 0.585，在全国 31 个省区市中排名第 3 位。上海市生态文明建设的基本特点是，生态经济建设、生态文化建设、生态社会建设和生态制度建设均处于 31 个省区市的领先水平，生态环境建设相对较为弱。

具体来看，在生态经济建设方面，人均 GDP 为 85373 元，居于全国第 3 位；服务业增加值占 GDP 比重的 60.4%，居于全国第 2 位；万元产值建设用地 14.4 平方米，居于第 30 位；人均建设用地面积 122.1 平方米，居于第 17 位；万元产值用电量 670.6 千瓦时，居于第 9 位；万元产值用水量 57.5 立方米，居于第 6 位。

在生态环境建设方面，污染物排放强度 113.1 吨 / 平方公里，居于第 31 位；生活垃圾无害化处理率 83.6%，居于第 20 位；建成区绿化覆盖率 38.3%，居于第 19 位；人均公共绿地面积 52.2 平方米，居于第 19 位。

在生态文化建设方面，教育经费支出占 GDP 比重的 3.5%，居于第 21 位；万人拥有中等学校教师数 21.7 人，居于第 31 位；人均教育经费 2985.8 元，居于第 2 位；R&D 经费占 GDP 比例的 1.84%，居于全国第 4 位；居民文化娱乐消费支出占消费总支出的比重的 14.2%，居于第 3 位。

在生态社会建设方面，城乡居民收入比 2.26，居于第 4 位；万人拥有医生数

二级指标贡献率饼图

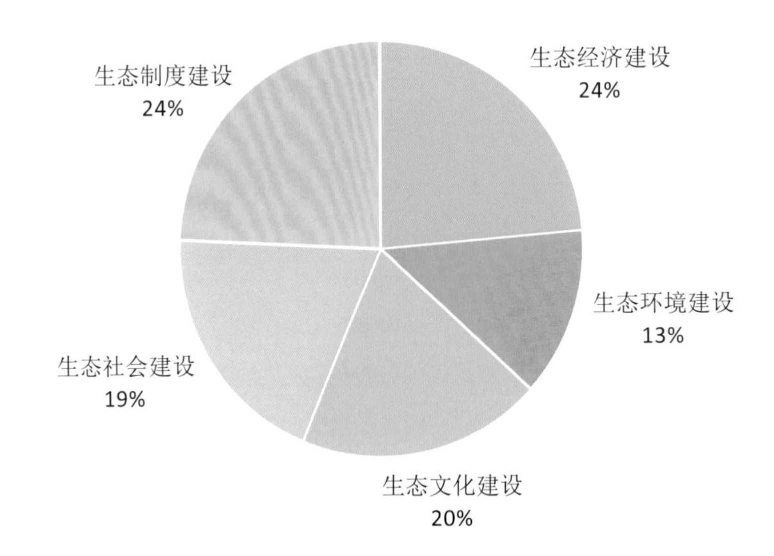

二级指标得分与最高、最低得分雷达图

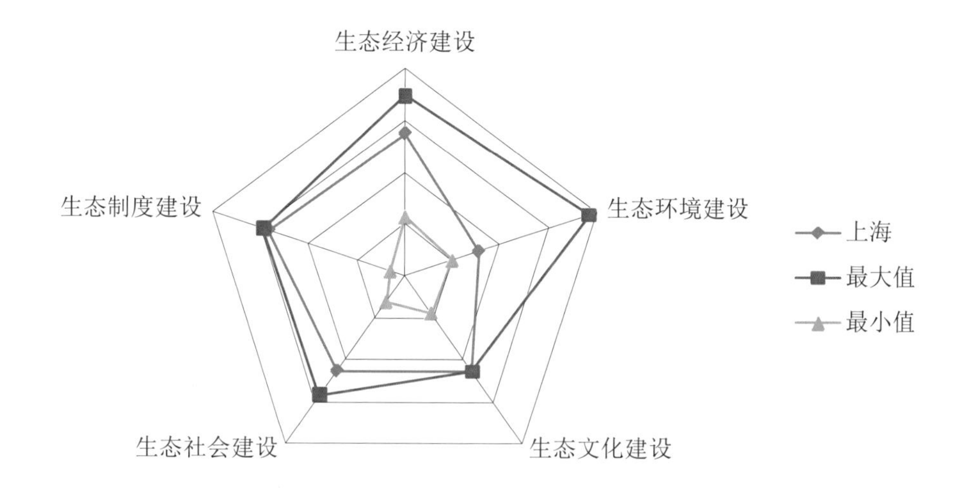

19.7，居于第 14 位；养老保险覆盖面 62.9%，居于第 6 位。

在生态制度建设方面，财政收入占 GDP 比重的 18.55%，居于全国首位；生态文明试点创建方面，上海市先后获得“生态文明建设试点地区”“国家级生态示范区”“全国生态示范区建设试点地区”“生态文明先行示范区”“生态文明示范工程试点”的称号，居于全国第 13 位。

与 2007 年相比，上海市的生态文明建设情况有一些进步，上海市生态文明进步指数得分为 0.262，在 31 省区市中排名第 30 位。分方面看，上海市在经济、环境、制度建设方面具有不同程度的提升，但由于上海市原有的发展基础较良好，总体的提升水平有限。

上海生态文明进步指数分布表

类别	得分	排名
生态文明进步指数	0.262	30
生态经济建设	0.057	31
生态环境建设	0.079	26
生态文化建设	0.149	26
生态社会建设	−0.028	31
生态制度建设	0.005	31

上海生态文明发展水平指数各级指标得分和排名表

指标	得分	排名
生态文明发展指数	0.585	3
1. 生态经济建设	0.138	5
人均 GDP	0.045	3
服务业增加值占 GDP 的比重	0.032	2
万元产值建设用地	0.006	30
人均建设用地面积	0.010	17
万元产值用电量	0.027	9
万元产值用水量	0.019	6
2. 生态环境建设	0.077	28
污染物排放强度	0.000	31
生活垃圾无害化处理率	0.043	20
建成区绿化覆盖率	0.031	19
人均公共绿地面积	0.003	19
3. 生态文化建设	0.114	3
教育经费支出占 GDP 比重	0.005	21
万人拥有中等学校教师数	0.000	31
人均教育经费	0.030	2
R&D 经费占 GDP 比例	0.046	4
居民文化娱乐消费支出占消费总支出的比重	0.032	3
4. 生态社会建设	0.114	4
城乡居民收入比	0.036	4
万人拥有医生数	0.013	14
养老保险覆盖面	0.039	6
人均用水量	0.026	19
5. 生态制度建设	0.142	2
财政收入占 GDP 比重	0.060	1
生态文明试点创建情况	0.032	13
生态文明建设规划完备情况	0.050	6

□ 江苏生态文明指数评价报告

2012年，江苏省生态文明发展指数为0.621，在31个省区市中排名第2位。江苏省生态文明建设的基本特点是，五项建设均居于全国的领先水平。

具体来看，在生态经济建设方面，人均GDP为68347元，居于全国第4位；服务业增加值占GDP比重的43.5%，居于第9位；万元产值建设用地6.84平方米，居于第8位；人均建设用地145.61平方米，居于第6位；万元产值用电量847.4千瓦时，居于第19位；万元产值用水量102.2立方米，居于第14位。

在生态环境建设方面，污染物排放强度28.4吨/平方公里，居于第26位；生活垃圾无害化处理率95.9%，居于第9位；建成区绿化覆盖率42.2%，人均公共绿地面积97.2平方米，均居于全国第4位。

在生态文化建设方面，教育经费支出占GDP比重的2.93%，居于第30位；万人拥有中等学校教师数35.3人，居于第23位；人均教育经费2005.3元，居于第10位；R&D经费占GDP的2.0%，居民文化娱乐消费支出占消费总支出比重的16.3%，均居于全国首位。

在生态社会建设方面，城乡居民收入比2.43，居于全国第7位；万人拥有医生数19.9，居于第13位；养老保险覆盖面60.3%，居于第12位。

二级指标贡献率饼图

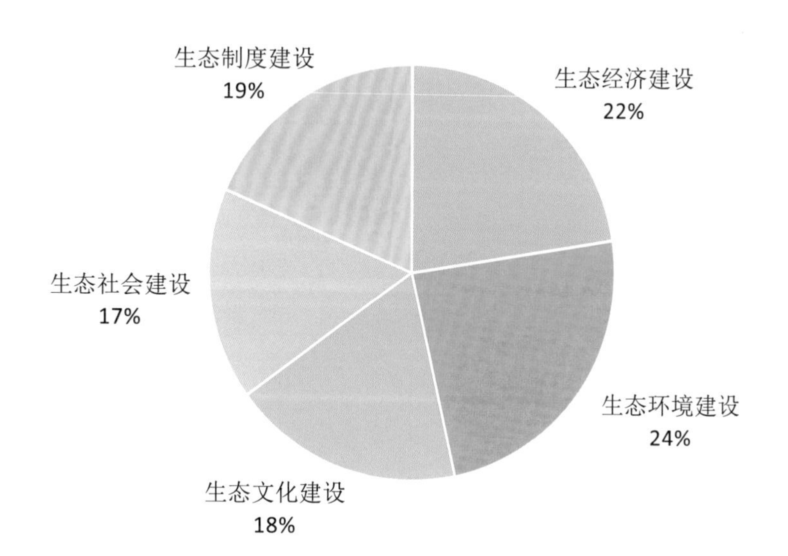

二级指标得分与最高、最低得分雷达图

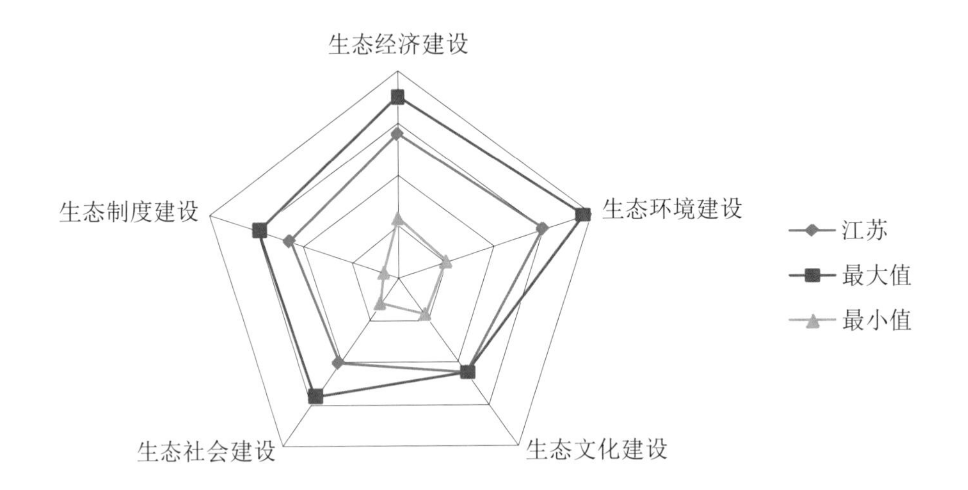

在生态制度建设方面，江苏省较为重视生态文明的建设，先后获得“国家生态文明建设示范区”“生态文明建设试点地区”“国家级生态示范区”“全国生态示范区建设试点地区”“生态文明先行示范区”“生态文明示范工程试点”的称号，居于第8位。在生态规划方面，2013年江苏省发布了《江苏省生态文明建设规划（2013—2022）》。

与2007年相比，江苏省的生态文明建设情况有较大进步，江苏省生态文明进步指数得分为0.827，在31个省区市中排名第18位。分方面看，5个方面均具有不同程度的提升，其中，生态社会建设方面的进步较为突出，在生态经济方面、生态环境方面、生态制度方面也有着较为长足的进步。

江苏生态文明进步指数分布表

类别	得分	排名
生态文明进步指数	0.827	18
生态经济建设	0.209	13
生态环境建设	0.077	13
生态文化建设	0.471	20
生态社会建设	0.056	6
生态制度建设	0.015	14

江苏生态文明发展水平指数各级指标得分和排名表

指标	得分	排名
生态文明发展指数	0.621	2
1. 生态经济建设	0.139	4
人均 GDP	0.033	4
服务业增加值占 GDP 的比重	0.014	9
万元产值建设用地	0.034	8
人均建设用地面积	0.015	6
万元产值用电量	0.025	19
万元产值用水量	0.018	14
2. 生态环境建设	0.150	6
污染物排放强度	0.038	26
生活垃圾无害化处理率	0.056	9
建成区绿化覆盖率	0.045	4
人均公共绿地面积	0.011	4
3. 生态文化建设	0.114	2
教育经费支出占 GDP 比重	0.001	30
万人拥有中等学校教师数	0.009	23
人均教育经费	0.014	10
R&D 经费占 GDP 比例	0.050	1
居民文化娱乐消费支出占消费总支出的比重	0.040	1
4. 生态社会建设	0.103	9
城乡居民收入比	0.032	7
万人拥有医生数	0.013	13
养老保险覆盖面	0.034	12
人均用水量	0.024	26
5. 生态制度建设	0.115	7
财政收入占 GDP 比重	0.020	15
生态文明试点创建情况	0.045	8
生态文明建设规划完备情况	0.050	4

□ 浙江生态文明指数评价报告

2012 年，浙江省生态文明发展指数为 0.572，在 31 个省区市中排名第 4 位。浙江省生态文明建设的基本特点是，五项生态建设均居于 31 个省区市领先水平。

具体来看，在生态经济建设方面，人均 GDP 为 63374 元，居于全国第 6 位；服务业增加值占 GDP 比重的 45.2%，居于第 8 位；万元产值建设用地 6.48 平方米，居于第 7 位；人均建设用地面积 157.1 平方米，居于第 4 位；万元产值用电量 926 千瓦时，居于第 21 位；万元产值用水量 57.1 立方米，居于第 4 位。

在生态环境建设方面，污染物排放强度 16.2 吨 / 平方公里，居于第 18 位；生活垃圾无害化处理率 99.0%，居于第 5 位；建成区绿化覆盖率 38.9%，居于第 12 位；人均公共绿地面积 85.79 平方米，居于第 8 位。

在生态文化建设方面，教育经费支出占 GDP 比重的 3.48%，居于第 22 位；万人拥有中等学校教师数 33.47 人，居于第 28 位；人均教育经费 2203.6 元，R&D 经费占 GDP 的 1.69%，均居于全国第 6 位；居民文化娱乐消费支出占消费总支出的 13.9%，居于第 4 位。

在生态社会建设方面，城乡居民收入比 2.37，居于第 6 位；养老保险覆盖面

二级指标贡献率饼图

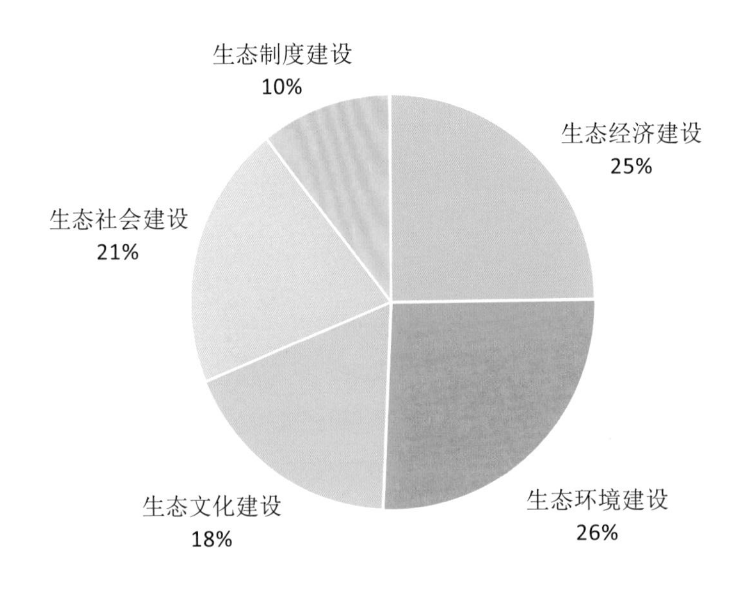

二级指标得分与最高、最低得分雷达图

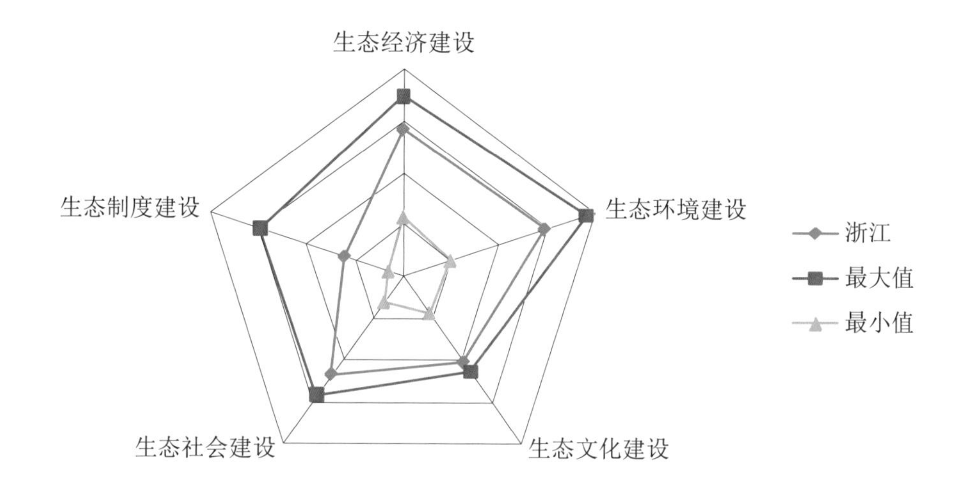

64.2%，万人拥有医生数 23.56，均居于全国第 4 位；人均用水量 362.2 立方米，居于第 13 位。

在生态制度建设方面，财政收入占 GDP 比重的 9.93%，居于第 19 位；在生态文明试点创建方面，浙江省先后获得“国家生态文明建设示范区”“生态文明建设试点地区”“国家级生态示范区”“全国生态示范区建设试点地区”“生态文明先行示范区”的称号，居于第 9 位。

与 2007 年相比，浙江省的生态文明建设情况有较大进步，浙江省生态文明进步指数得分为 0.749，在 31 个省区市中排名第 20 位。分方面看，5 个方面均具有不同程度的提升，其中，生态环境建设和生态经济建设方面的进步较大。

浙江生态文明进步指数分布表

类别	得分	排名
生态文明进步指数	0.749	20
生态经济建设	0.187	19
生态环境建设	0.165	16
生态文化建设	0.332	10
生态社会建设	0.057	22
生态制度建设	0.008	30

浙江生态文明发展水平指数各级指标得分和排名表

指标	得分	排名
生态文明发展指数	0.572	4
1. 生态经济建设	0.142	3
人均 GDP	0.030	6
服务业增加值占 GDP 的比重	0.016	8
万元产值建设用地	0.036	7
人均建设用地面积	0.018	4
万元产值用电量	0.024	21
万元产值用水量	0.019	4
2. 生态环境建设	0.148	7
污染物排放强度	0.043	18
生活垃圾无害化处理率	0.059	5
建成区绿化覆盖率	0.037	12
人均公共绿地面积	0.009	8
3. 生态文化建设	0.103	5
教育经费支出占 GDP 比重	0.005	22
万人拥有中等学校教师数	0.008	28
人均教育经费	0.017	6
R&D 经费占 GDP 比例	0.042	6
居民文化娱乐消费支出占消费总支出的比重	0.031	4
4. 生态社会建设	0.118	2
城乡居民收入比	0.033	6
万人拥有医生数	0.016	4
养老保险覆盖面	0.041	4
人均用水量	0.028	13
5. 生态制度建设	0.060	16
财政收入占 GDP 比重	0.016	19
生态文明试点创建情况	0.045	9
生态文明建设规划完备情况	0.000	16

□ 安徽生态文明指数评价报告

2012 年，安徽省生态文明发展指数为 0.515，在 31 个省区市中排名第 10 位。安徽省生态文明建设的基本特点是，生态社会建设和生态制度建设居于全国 31 个省区市的领先水平，生态环境建设和生态文化建设居于全国的中上游水平，生态经济建设水平较弱。

具体来看，在生态经济建设方面，人均 GDP 为 28792 元，居于全国第 26 位；服务业增加值占 GDP 比重的 32.7%，居于第 30 位；万元产值建设用地 9.7 平方米，居于第 24 位；人均建设用地面积 149.0 平方米，居于第 5 位；万元产值用电量 790.8 千瓦时，居于第 16 位；万元产值用水量 170.0 立方米，居于第 24 位。

在生态环境建设方面，生活垃圾无害化处理率 91.1%，居于第 13 位；建成区绿化覆盖率 38.8%，居于第 15 位；人均公共绿地面积 70.5 平方米，居于第 9 位。

在生态文化建设方面，教育经费支出占 GDP 比重的 4.74%，居于第 10 位；万人拥有中等学校教师数 38.8 人，居于第 14 位；人均教育经费 1364.7 元，居于第 23 位；R&D 经费占 GDP 比例 1.21%，居于第 7 位。

在生态社会建设方面，城乡居民收入比 2.93，居于第 20 位；万人拥有医生数 14.9，居于第 24 位；养老保险覆盖面 69.0%，居于全国第一位；人均用水量 489.5 立

二级指标贡献率饼图

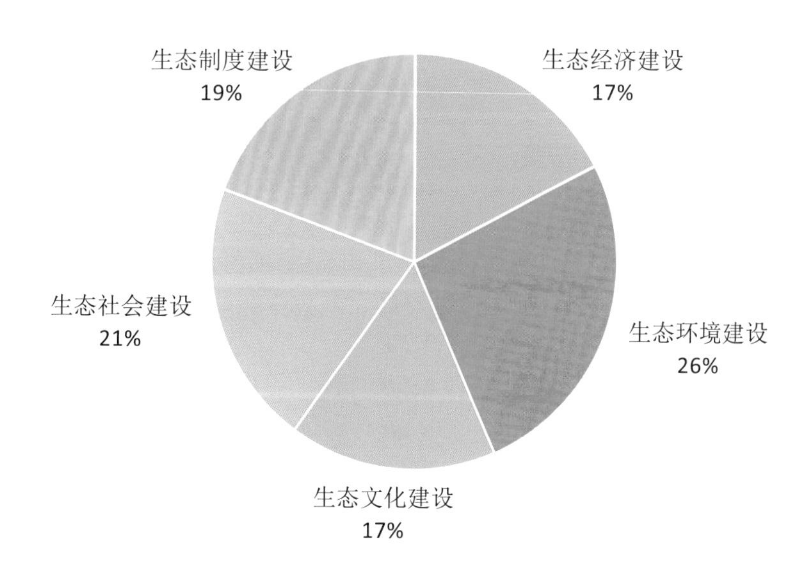

二级指标得分与最高、最低得分雷达图

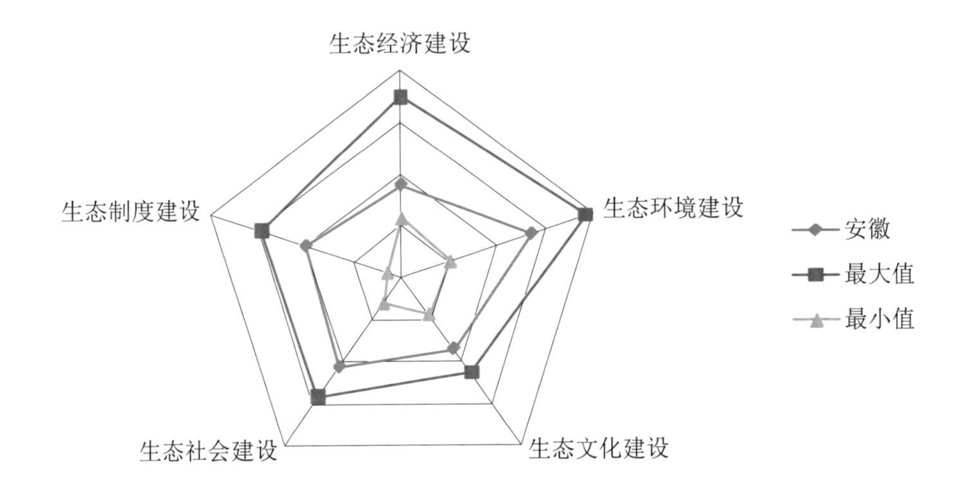

方米，居于第 18 位。

在生态制度建设方面，财政收入占 GDP 比重的 10.4%，居于第 17 位；在生态文明试点创建方面，安徽省先后获得“生态文明建设试点地区”“国家级生态示范区”“全国生态示范区建设试点地区”“生态文明先行示范区”的称号，居于第 20 位。在生态规划方面，2013 年安徽省实施了《安徽省林业推进生态文明建设规划（2013—2020 年）》。

与 2007 年相比，安徽省的生态文明建设情况有巨大的进步，安徽省生态文明进步指数得分为 1.224，在 31 个省区市中排名第 1 位。分方面看，5 个方面均具有较为突出的提升，其中，生态文化、生态社会、生态制度和经济建设方面的进步较大。

安徽生态文明进步指数分布表

类别	得分	排名
生态文明进步指数	1.224	1
生态经济建设	0.239	8
生态环境建设	0.208	13
生态文化建设	0.435	3
生态社会建设	0.317	4
生态制度建设	0.025	7

安徽生态文明发展水平指数各级指标得分和排名表

指标	得分	排名
生态文明发展指数	0.515	10
1. 生态经济建设	0.089	25
人均 GDP	0.006	26
服务业增加值占 GDP 的比重	0.002	30
万元产值建设用地	0.023	24
人均建设用地面积	0.016	5
万元产值用电量	0.026	16
万元产值用水量	0.016	24
2. 生态环境建设	0.134	11
污染物排放强度	0.044	16
生活垃圾无害化处理率	0.051	13
建成区绿化覆盖率	0.033	15
人均公共绿地面积	0.007	9
3. 生态文化建设	0.085	10
教育经费支出占 GDP 比重	0.013	10
万人拥有中等学校教师数	0.011	14
人均教育经费	0.003	23
R&D 经费占 GDP 比例	0.030	7
居民文化娱乐消费支出占消费总支出的比重	0.028	7
4. 生态社会建设	0.106	7
城乡居民收入比	0.021	20
万人拥有医生数	0.009	24
养老保险覆盖面	0.050	1
人均用水量	0.026	18
5. 生态制度建设	0.100	9
财政收入占 GDP 比重	0.018	17
生态文明试点创建情况	0.032	20
生态文明建设规划完备情况	0.050	10

□ 福建生态文明指数评价报告

2012年，福建省生态文明发展指数为0.497，在31个省区市中排名第11位。福建省生态文明建设的基本特点是，生态经济建设和生态环境建设居于全国领先水平，生态文化建设和生态社会建设居于全国的中上游水平，生态制度建设水平较弱。

具体来看，在生态经济建设方面，福建省人均GDP为52763元，居于第9位；服务业增加值占GDP的比重为39.3%，居于第16位；万元产值建设用地5.7平方米，居于第3位；人均建设用地面积137平方米，居于第9位；万元产值用电量801千瓦时，居于第17位；万元产值用水量101立方米，居于第13位。

在生态环境建设方面，污染物排放强度8.7吨/平方公里，居于第10位；生活垃圾无害化处理率96.4%，居于第8位；建成区绿化覆盖率42%，居于第6位；人均公共绿地面积66.4平方米，居于第10位。

在生态文化建设方面，教育经费支出占GDP比重的3.2%，居于第24位；万人拥有中等学校教师数39.7人，居于第10位；人均教育经费1692.9元，居于第16位；R&D经费占GDP1.2%，居于第8位；居民文化娱乐消费支出占消费总支出的11.3%，居于第13位。

在生态社会建设方面，城乡居民收入比2.81，居于全国第15位；万人拥有医生

二级指标贡献率饼图

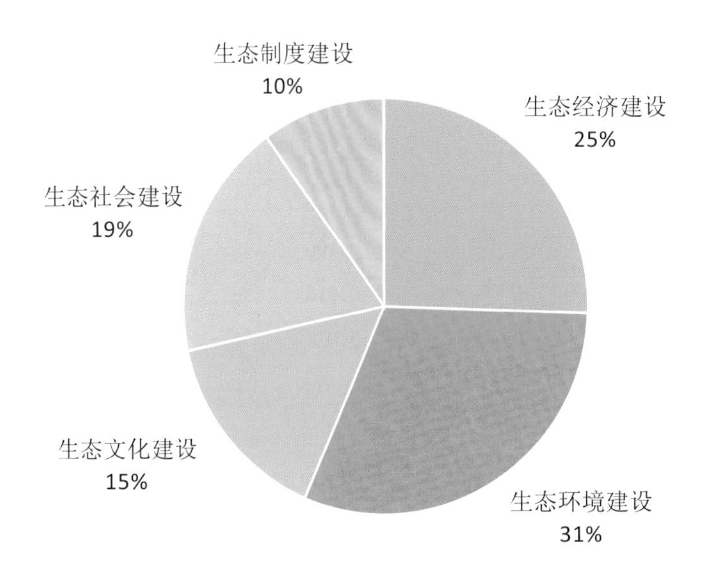

二级指标得分与最高、最低得分雷达图

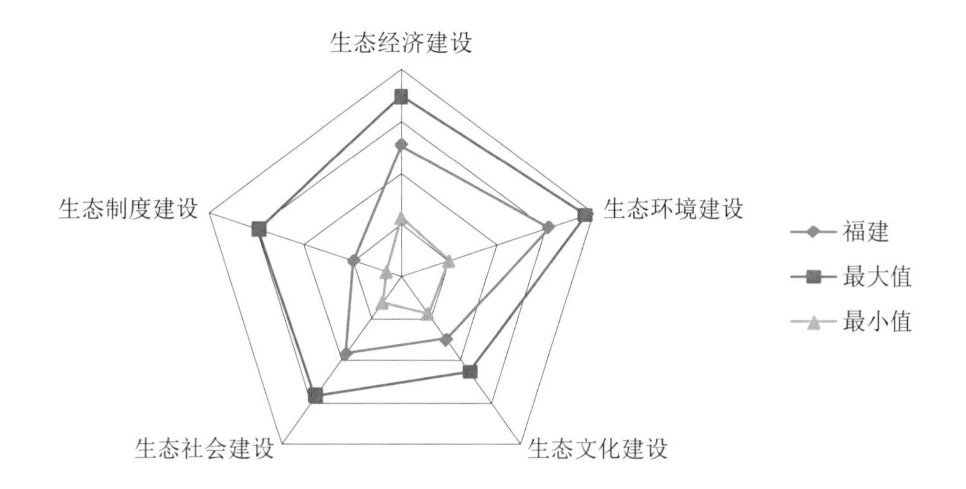

数 17.9，居于第 18 位；养老保险覆盖面 58.8%，居于全国第 16 位，人均用水量 535.8 立方米，居于全国第 23 位。

在生态制度建设方面，财政收入占 GDP 比重的 9.01%，居于第 23 位；在生态文明试点创建方面，先后获得“国家生态文明建设示范区”“生态文明建设试点地区”“国家级生态示范区”“全国生态示范区建设试点地区”的称号，居于第 12 位。

与 2007 年相比，福建省的生态文明建设情况有较大的进步，福建省生态文明进步指数得分为 0.339，在 31 个省区市中排名第 11 位。分方面看，5 个方面均具有不同程度的提升，其中，生态经济和生态社会建设方面的进步较大，但由于福建省原有的发展基础较薄弱，总体的提升水平有限。

福建生态文明进步指数分布表

类别	得分	排名
生态文明进步指数	0.339	11
生态经济建设	0.142	8
生态环境建设	0.043	13
生态文化建设	0.096	20
生态社会建设	0.040	6
生态制度建设	0.018	14

福建生态文明发展水平指数各级指标得分和排名表

指标	得分	排名
生态文明发展指数	0.497	11
1. 生态经济建设	0.127	6
人均 GDP	0.022	9
服务业增加值占 GDP 的比重	0.009	16
万元产值建设用地	0.039	3
人均建设用地面积	0.013	9
万元产值用电量	0.026	17
万元产值用水量	0.018	13
2. 生态环境建设	0.153	5
污染物排放强度	0.046	10
生活垃圾无害化处理率	0.056	8
建成区绿化覆盖率	0.044	6
人均公共绿地面积	0.006	10
3. 生态文化建设	0.075	16
教育经费支出占 GDP 比重	0.003	24
万人拥有中等学校教师数	0.011	10
人均教育经费	0.009	16
R&D 经费占 GDP 比例	0.029	8
居民文化娱乐消费支出占消费总支出的比重	0.022	13
4. 生态社会建设	0.092	14
城乡居民收入比	0.024	15
万人拥有医生数	0.011	18
养老保险覆盖面	0.032	16
人均用水量	0.026	23
5. 生态制度建设	0.049	21
财政收入占 GDP 比重	0.011	23
生态文明试点创建情况	0.038	12
生态文明建设规划完备情况	0.000	18

□ 江西生态文明指数评价报告

2012年，江西省生态文明发展指数为0.458，在31个省区市中排名第17位。江西省生态文明建设的基本特点是，生态环境建设居于全国31个省区市的领先水平，生态经济建设、生态文化建设、生态社会建设和生态制度建设居于全国的中上游水平。

具体来看，在生态经济建设方面，人均GDP为28800元，居于全国第25位；服务业增加值占GDP比重的34.6%，居于第27位；万元产值建设用地7.98平方米，居于第17位；人均建设用地面积124.6平方米，居于第16位；万元产值用电量670.1千瓦时，居于第8位；万元产值用水量187.3立方米，居于第25位。

在生态环境建设方面，污染物排放强度90吨/平方公里，居于第11位；生活垃圾无害化处理率89.1%，居于第15位；建成区绿化覆盖率46%，居于第2位；人均公共绿地面积56.5平方米，居于第15位。

在生态文化建设方面，教育经费支出占GDP比重的4.87%，居于全国第9位；万人拥有中等学校教师数37.97人，居于第16位；人均教育经费1400.5元，居于第21位；R&D经费占GDP的0.7%，居于第18位；居民文化娱乐消费支出占消费总支出的11.6%，居于第10位。

在生态社会建设方面，城乡居民收入比2.53，居于第9位；万人拥有医生数

二级指标贡献率饼图

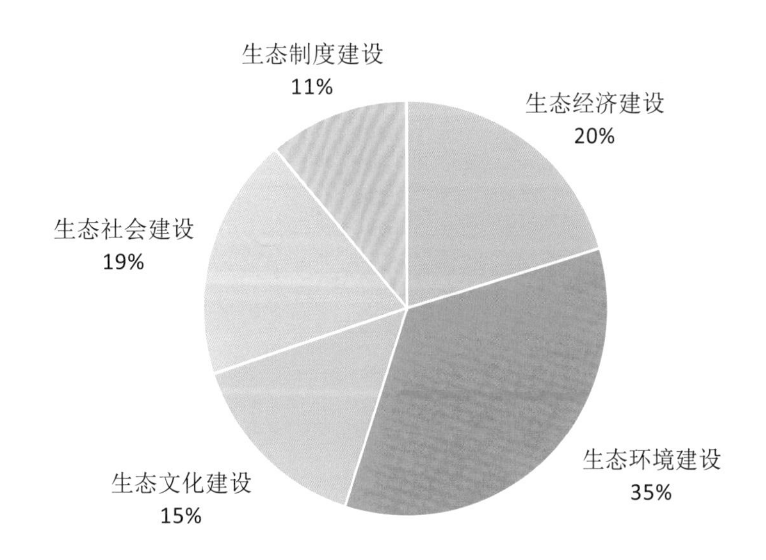

二级指标得分与最高、最低得分雷达图

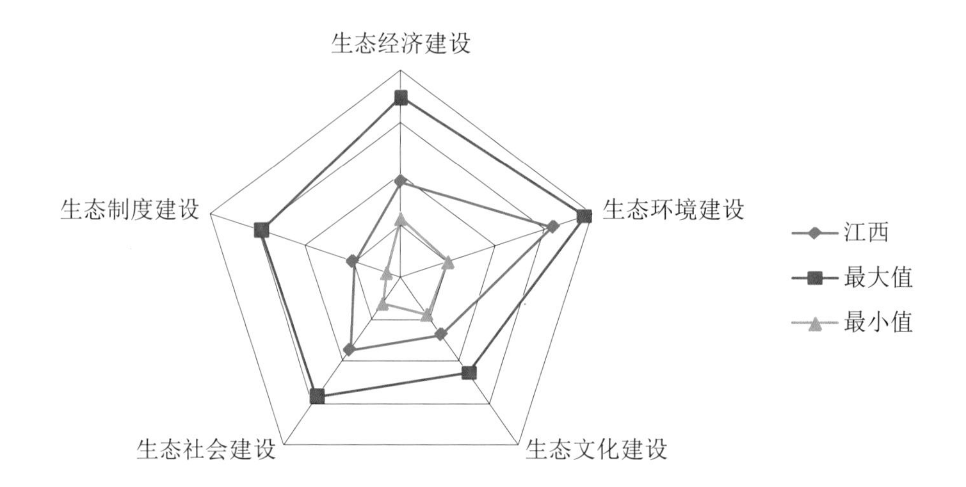

14.3，居于第 26 位；养老保险覆盖面 54.3%，居于第 20 位；人均用水量 539.4 立方米，居于第 24 位。

在生态制度建设方面，财政收入占 GDP 比重的 10.6%，居于第 16 位；在生态文明试点创建方面，江西省先后获得“国家级生态示范区”“全国生态示范区建设试点地区”“生态文明先行示范区建设”“生态文明示范工程试点”，居于第 19 位。

与 2007 年相比，江西省的生态文明建设情况有较大进步，江西省生态文明进步指数得分为 1.004，在全国 31 个省区市中排名第 8 位。分方面看，5 个方面均具有不同程度的提升，主要体现在生态制度、生态环境、生态文化建设方面的进步较为突出。

江西生态文明进步指数分布表

类别	得分	排名
生态文明进步指数	1.004	8
生态经济建设	0.223	11
生态环境建设	0.246	7
生态文化建设	0.342	9
生态社会建设	0.164	12
生态制度建设	0.030	3

江西生态文明发展水平指数各级指标得分和排名表

指标	得分	排名
生态文明发展指数	0.458	17
1. 生态经济建设	0.093	19
人均 GDP	0.006	25
服务业增加值占 GDP 的比重	0.004	27
万元产值建设用地	0.030	17
人均建设用地面积	0.010	16
万元产值用电量	0.027	8
万元产值用水量	0.016	25
2. 生态环境建设	0.159	3
污染物排放强度	0.046	11
生活垃圾无害化处理率	0.049	15
建成区绿化覆盖率	0.059	2
人均公共绿地面积	0.004	15
3. 生态文化建设	0.069	20
教育经费支出占 GDP 比重	0.014	9
万人拥有中等学校教师数	0.010	16
人均教育经费	0.004	21
R&D 经费占 GDP 比例	0.017	18
居民文化娱乐消费支出占消费总支出的比重	0.024	10
4. 生态社会建设	0.087	17
城乡居民收入比	0.030	9
万人拥有医生数	0.008	26
养老保险覆盖面	0.024	20
人均用水量	0.026	24
5. 生态制度建设	0.051	19
财政收入占 GDP 比重	0.019	16
生态文明试点创建情况	0.032	19
生态文明建设规划完备情况	0.000	21

□ 山东生态文明指数评价报告

2012 年，山东省生态文明发展指数为 0.515，在 31 个省区市中排名第 9 位。山东省生态文明建设的基本特点是，生态社会建设和生态环境建设居于全国领先水平，生态经济建设和生态文化建设居于全国中上游水平，生态制度建设水平相对较弱。

具体来看，在生态经济建设方面，人均 GDP 为 51768 元，居于全国第 10 位；服务业增加值占 GDP 比重的 40.0%，居于第 14 位；万元产值建设用地为 7.7 平方米，居于第 13 位；人均建设用地面积 140.8 平方米，居于第 8 位。

在生态环境建设方面，污染物排放强度 26.4 吨 / 平方公里，居于第 25 位；生活垃圾无害化处理率 98.1%，居于第 6 位；建成区绿化覆盖率 42.1%，居于第 5 位；人均公共绿地面积 64.4 平方米，居于第 12 位。

在生态文化建设方面，教育经费支出占 GDP 比重的 2.7%，居于第 31 位；万人拥有中等学校教师数 38.9 人，居于第 13 位；人均教育经费 1417.4 元，居于第 19 位；R&D 经费占 GDP 比重的 1.81%，居于第 5 位。

在生态社会建设方面，城乡居民收入比为 2.7，居于第 13 位；万人拥有医生数 21.5，居于第 7 位；养老保险覆盖面 66.7%，居于第 3 位；人均用水量 229.6 立方米，居于第 4 位。

二级指标贡献率饼图

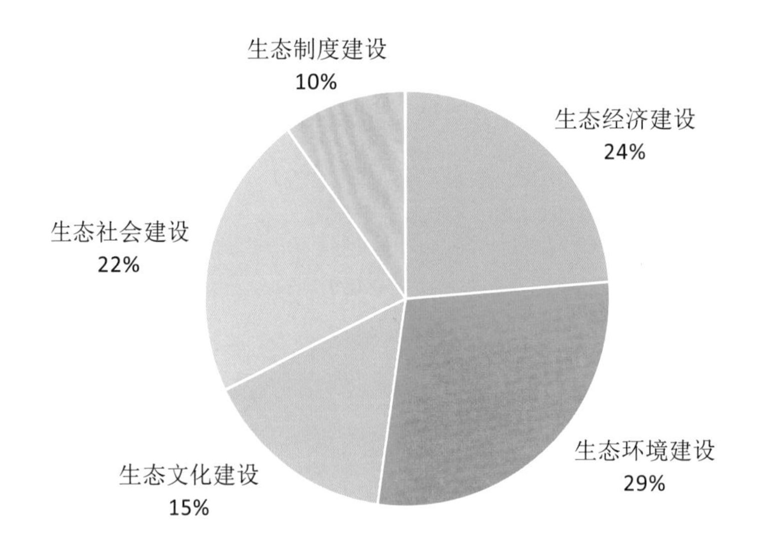

二级指标得分与最高、最低得分雷达图

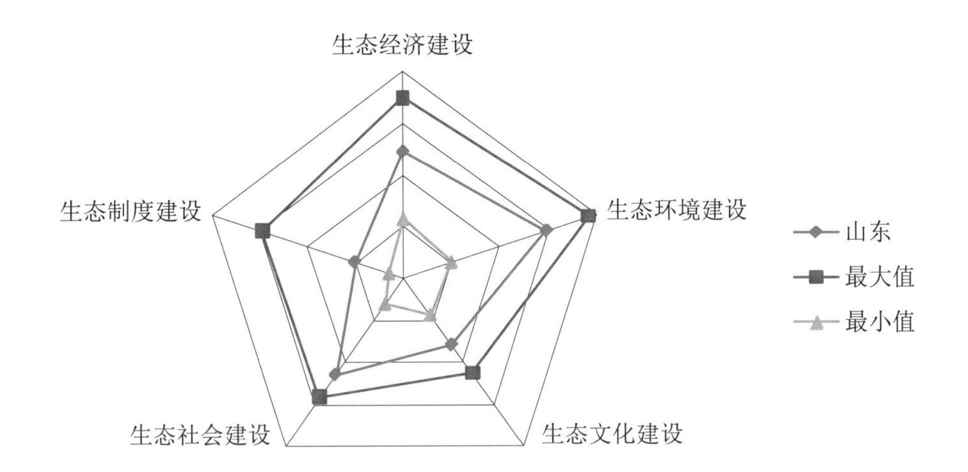

在生态制度建设方面，财政收入占 GDP 比重的 8.11%，居于第 28 位；在生态文明试点创建方面，先后获得“国家生态文明建设示范区”“生态文明建设试点地区”“国家级生态示范区名单 ”“全国生态示范区建设试点地区”“生态文明先行示范区建设”，居于第 10 位。

与 2007 年相比，山东省的生态文明建设情况有较大进步，山东省生态文明进步指数得分为 1.030，在全国 31 个省区市中排名第 6 位。分方面看，5 个方面均具有不同程度的提升，其中，生态文化建设方面的进步居于全国第一， 人均教育经费从 484.0 元提高到 1417.4 元，年均增长 24.0%；R&D 经费占 GDP 比例从 0.18% 提高到 1.8%，R&D 经费是 2007 年的 10 倍之多；居民文化娱乐消费支出占消费总支出比重的 6.36% 提高到 10.5%，提高了 4 个百分点。

山东生态文明进步指数分布表

类别	得分	排名
生态文明进步指数	1.030	6
生态经济建设	0.189	18
生态环境建设	0.097	22
生态文化建设	0.594	1
生态社会建设	0.135	15
生态制度建设	0.015	19

山东生态文明发展水平指数各级指标得分和排名表

指标	得分	排名
生态文明发展指数	0.515	9
1. 生态经济建设	0.122	10
人均 GDP	0.022	10
服务业增加值占 GDP 的比重	0.010	14
万元产值建设用地	0.031	13
人均建设用地面积	0.014	8
万元产值用电量	0.026	13
万元产值用水量	0.019	3
2. 生态环境建设	0.147	8
污染物排放强度	0.039	25
生活垃圾无害化处理率	0.058	6
建成区绿化覆盖率	0.045	5
人均公共绿地面积	0.006	12
3. 生态文化建设	0.080	14
教育经费支出占 GDP 比重	0.000	31
万人拥有中等学校教师数	0.011	13
人均教育经费	0.004	19
R&D 经费占 GDP 比例	0.045	5
居民文化娱乐消费支出占消费总支出的比重	0.020	23
4. 生态社会建设	0.115	3
城乡居民收入比	0.026	13
万人拥有医生数	0.014	7
养老保险覆盖面	0.046	3
人均用水量	0.029	4
5. 生态制度建设	0.051	20
财政收入占 GDP 比重	0.006	28
生态文明试点创建情况	0.045	10
生态文明建设规划完备情况	0.000	17

□ 河南生态文明指数评价报告

2012 年，河南省生态文明发展指数为 0.470，在全国 31 个省区市中排名第 16 位。河南省生态文明建设的基本特点是，生态社会建设和制度建设居于全国领先水平，生态环境建设居于 31 个省区市的中上游水平，生态经济建设水平较弱。

具体来看，在生态经济建设方面，人均 GDP 为 31499 元，居于第 23 位；服务业增加值占 GDP 比重的 30.9%，居于第 31 位；万元产值建设用地 7.03 平方米，居于全国第 9 位；人均建设用地面积为 111.8 平方米，居于第 22 位。

在生态环境建设方面，污染物排放强度 21.3 吨 / 平方公里，居于第 22 位；生活垃圾无害化处理率 86.4%，居于第 19 位；建成区绿化覆盖率 36.9%，居于第 22 位；人均公共绿地面积 41.3 平方米，居于第 23 位。

在生态文化建设方面，教育经费支出占 GDP 比重的 4.0%，居于第 17 位；万人拥有中等学校教师数 41.4 人，居于第 7 位；人均教育经费 1256.8 元，居于第 28 位；R&D 经费占 GDP 比例 0.84%，居于第 15 位；居民文化娱乐消费支出占消费总支出的 11.1%，居于第 18 位。

在生态社会建设方面，城乡居民收入比 2.7，居于第 12 位；万人拥有医生数 16.9，居于第 22 位；养老保险覆盖面 63.7%，居于第 5 位；人均用水量 253.9 立方米，

二级指标贡献率饼图

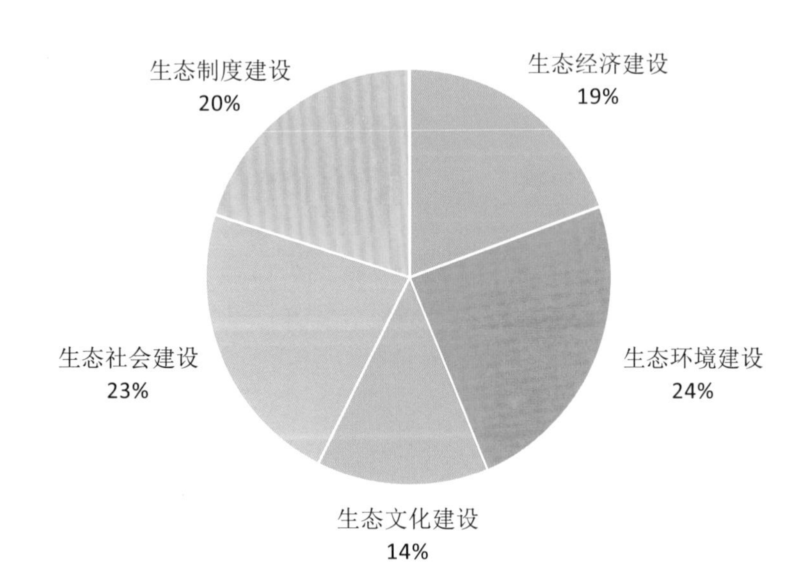

二级指标得分与最高、最低得分雷达图

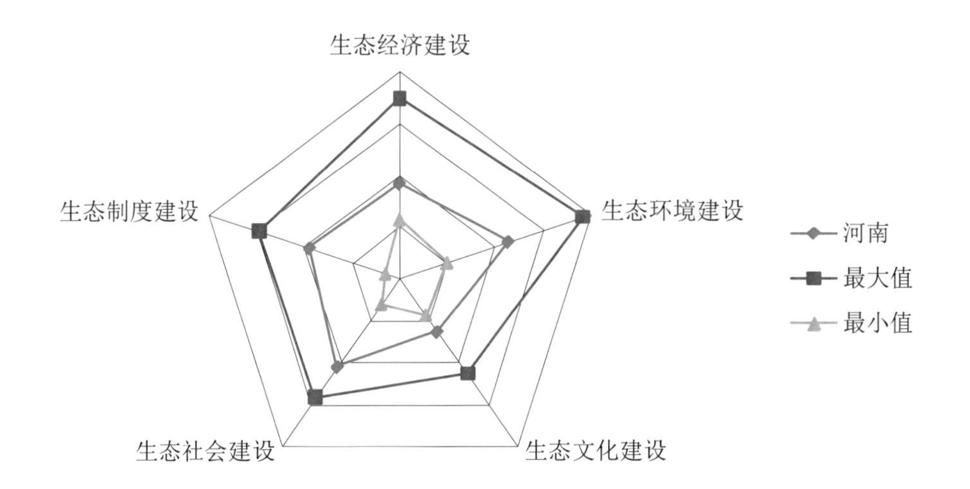

居于第 6 位。

在生态制度建设方面，财政收入占 GDP 的 6.89%，居于第 31 位；在生态文明试点创建方面，河南省先后获得了“国家生态文明建设示范区”“生态文明建设试点地区 ”“国家级生态示范区”“全国生态示范区建设试点地区”“生态文明先行示范区建设”的称号，居全国第 11 位；2013 年河南省颁布了《河南生态省建设规划纲要》。

与 2007 年相比，河南省的生态文明建设情况有较大进步，河南省生态文明进步指数得分为 1.008，在全国 31 个省区市中排名第 7 位。分方面看，5 个方面均具有不同程度的提升，其中，生态文化和生态社会建设方面的进步较大。

河南生态文明进步指数分布表

类别	得分	排名
生态文明进步指数	1.008	7
生态经济建设	0.179	22
生态环境建设	0.212	12
生态文化建设	0.360	7
生态社会建设	0.245	6
生态制度建设	0.012	27

河南生态文明发展水平指数各级指标得分和排名表

指标	得分	排名
生态文明发展指数	0.470	16
1. 生态经济建设	0.092	22
人均 GDP	0.008	23
服务业增加值占 GDP 的比重	0.000	31
万元产值建设用地	0.034	9
人均建设用地面积	0.007	22
万元产值用电量	0.024	22
万元产值用水量	0.018	12
2. 生态环境建设	0.114	19
污染物排放强度	0.041	22
生活垃圾无害化处理率	0.046	19
建成区绿化覆盖率	0.026	22
人均公共绿地面积	0.002	23
3. 生态文化建设	0.064	23
教育经费支出占 GDP 比重	0.008	17
万人拥有中等学校教师数	0.013	7
人均教育经费	0.002	28
R&D 经费占 GDP 比例	0.020	15
居民文化娱乐消费支出占消费总支出的比重	0.022	18
4. 生态社会建设	0.106	8
城乡居民收入比	0.026	12
万人拥有医生数	0.010	22
养老保险覆盖面	0.040	5
人均用水量	0.029	6
5. 生态制度建设	0.095	10
财政收入占 GDP 比重	0.000	31
生态文明试点创建情况	0.045	11
生态文明建设规划完备情况	0.050	5

□ 湖北生态文明指数评价报告

2012 年，湖北省生态文明发展指数为 0.485，在 31 个省区市中排名第 14 位。湖北省生态文明建设的基本特点是，生态制度建设居于全国领先水平，生态经济建设、社会建设居于全国的中上游水平。

具体来看，在生态经济建设方面，湖北省的人均 GDP 相对较高，达到人均 38572 元，居于全国第 13 位；服务业增加值占 GDP 的比重为 36.9%，居于全国第 20 位；万元产值用水量、用电量和建设用地分别是 134.5 立方米、677.7 千瓦时、9.56 平方米，分别居于全国的第 18 位、10 位和 23 位；人均建设用地面积 132.4 平方米 / 人，居于全国第 12 位。

在生态环境建设方面，湖北省污染物排放强度 10.6 吨 / 平方公里，居于全国第 14 位；生活垃圾无害化处理率达到 71.5%，居于第 26 位；建成区绿化覆盖率 38.9%，居于第 14 位；人均公共绿地面积 42.8 平方米，居于第 22 位。

在生态文化建设方面，湖北省教育经费占 GDP 比重的 3.07%，在全国居于第 29 位；万人拥有中等学校教师数 36.7 人，在全国居于第 19 位，人均教育经费 1184.3 元，居于 30 位；R&D 经费占 GDP 的 1.18%，居于第 9 位；居民文化娱乐消费支出占消费总支出的比重为 11.4%，居于第 12 位。

二级指标贡献率饼图

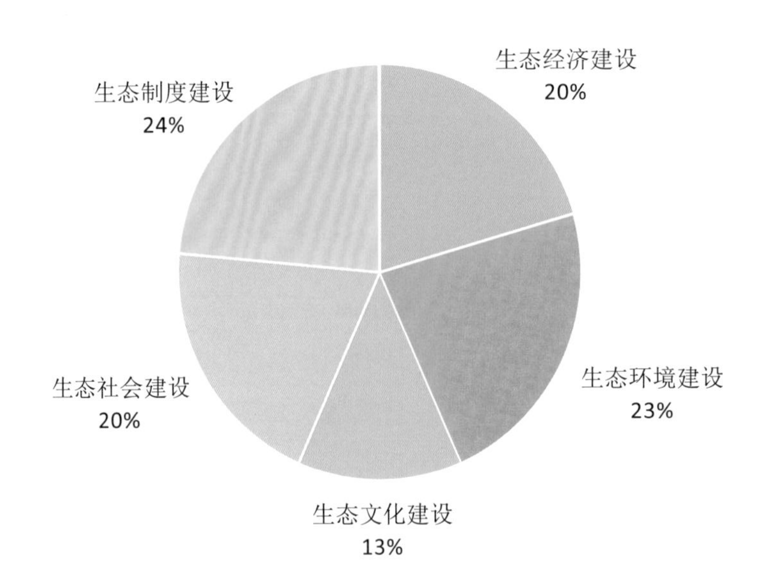

二级指标得分与最高、最低得分雷达图

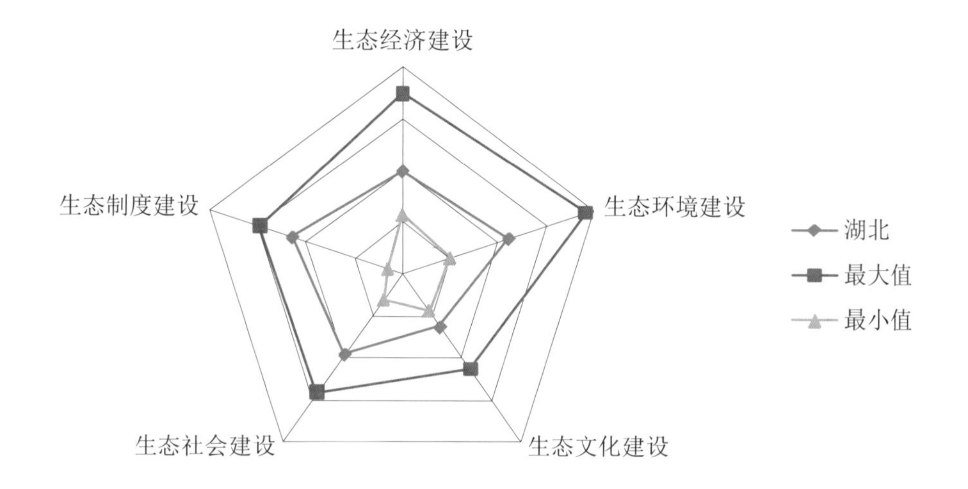

在生态社会建设方面，湖北省城乡居民收入比 2.65，居于全国第 11 位；万人拥有医生数 17.2 人，居于全国第 21 位；养老保险覆盖面达到 59.5%，居于全国第 13 位。

在生态制度建设方面，财政收入占 GDP 比重的 8.2%，居于全国第 27 位。近些年来，湖北省较为重视生态文明的建设，先后获得“生态文明建设试点地区”“国家级生态示范区”“全国生态示范区建设试点地区”“生态文明先行示范区”“生态文明示范工程试点”的称号，居于全国第 5 位。

与 2007 年相比，湖北省的生态文明建设情况有一些进步，湖北省生态文明进步指数得分为 0.950，在全国 31 个省区市中排名第 12 位。总体来说，湖北省在 5 个方面均具有不同程度的提升，最为突出的是生态经济建设方面，进步速度在全国居于第二位。

湖北生态文明进步指数分布表

类别	得分	排名
生态文明进步指数	0.950	12
生态经济建设	0.284	2
生态环境建设	0.169	15
生态文化建设	0.377	4
生态社会建设	0.105	18
生态制度建设	0.017	13

湖北生态文明发展水平指数各级指标得分和排名表

指标	得分	排名
生态文明发展指数	0.485	14
1. 生态经济建设	0.099	17
人均 GDP	0.013	13
服务业增加值占 GDP 的比重	0.007	20
万元产值建设用地	0.024	23
人均建设用地面积	0.012	12
万元产值用电量	0.027	10
万元产值用水量	0.017	18
2. 生态环境建设	0.111	22
污染物排放强度	0.046	14
生活垃圾无害化处理率	0.031	26
建成区绿化覆盖率	0.033	14
人均公共绿地面积	0.002	22
3. 生态文化建设	0.064	25
教育经费支出占 GDP 比重	0.002	29
万人拥有中等学校教师数	0.010	19
人均教育经费	0.000	30
R&D 经费占 GDP 比例	0.029	9
居民文化娱乐消费支出占消费总支出的比重	0.023	12
4. 生态社会建设	0.097	12
城乡居民收入比	0.027	11
万人拥有医生数	0.011	21
养老保险覆盖面	0.033	13
人均用水量	0.026	22
5. 生态制度建设	0.114	8
财政收入占 GDP 比重	0.007	27
生态文明试点创建情况	0.057	5
生态文明建设规划完备情况	0.050	3

□ 湖南生态文明指数评价报告

2012年，湖南省生态文明发展指数为0.439，在31个省区市中排名第20位。湖南省生态文明建设的基本特点是，生态社会建设居于全国领先水平，生态经济建设、环境建设、居于全国的中上游水平。

具体来看，在生态经济建设方面，湖南省的人均GDP相对较高，达到人均33480元，居于全国第20位；服务业增加值占GDP的比重为39.0%，居于全国第17位；万元产值用水量、用电量和建设用地分别是148.4立方米、607.2千瓦时、6.45平方米，分别居于全国的第22位、第6位和第6位；人均建设用地面积111.5平方米，居于全国第23位。

在生态环境建设方面，湖南省污染物排放强度8.04吨/平方公里，居于全国第7位；生活垃圾无害化处理率达到95%，居于第10位；建成区绿化覆盖率37%，居于第21位；人均公共绿地面积40.4平方米，居于第24位。

在生态文化建设方面，湖南省教育经费占GDP比重的3.6%，在全国居于第18位；万人拥有中等学校教师数35.8人，在全国居于第21位；人均教育经费1203.1元，居于第29位；R&D经费占GDP的1.03%，居于第12位；居民文化娱乐消费支出占消费总支出的比重为11.9%，居于第9位。

二级指标贡献率饼图

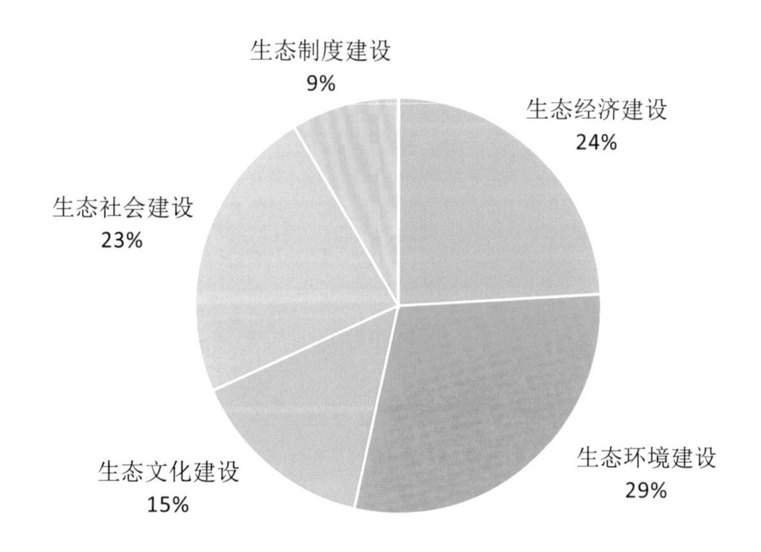

二级指标得分与最高、最低得分雷达图

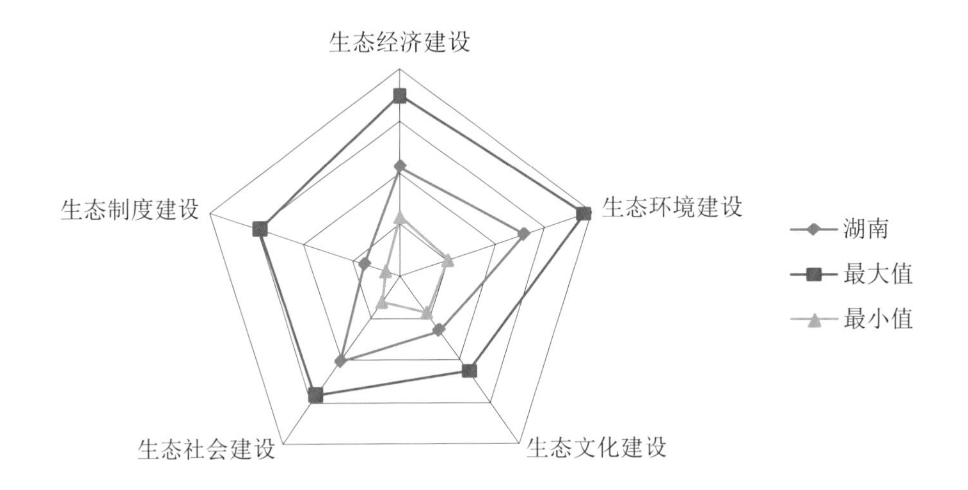

在生态社会建设方面，湖南省城乡居民收入比 2.86，居于全国第 17 位；万人拥有医生数 21 人，居于全国第 10 位；养老保险覆盖面达到 62.7%，居于全国第 7 位；人均用水量达到 496.9 立方米，居于全国第 20 位。

在生态制度建设方面，财政收入占 GDP 比重的 8.04%，居于全国第 29 位。近些年来，湖南省先后获得“国家级生态示范区”“全国生态示范区建设试点地区”“生态文明先行示范区”“生态文明示范工程试点”的称号，居于全国第 26 位。

与 2007 年相比，湖南省的生态文明建设情况有一些进步，生态文明进步指数得分为 1.053，在全国 31 个省区市中排名第 4 位。总体来说，湖南省在 5 个方面均具有不同程度的提升，最为突出的是生态环境建设方面，进步速度居于全国第三位。

湖南生态文明进步指数分布表

类别	得分	排名
生态文明进步指数	1.053	4
生态经济建设	0.219	12
生态环境建设	0.320	3
生态文化建设	0.326	11
生态社会建设	0.175	11
生态制度建设	0.013	23

湖南生态文明发展水平指数各级指标得分和排名表

指标	得分	排名
生态文明发展指数	0.439	20
1. 生态经济建设	0.106	14
人均 GDP	0.009	20
服务业增加值占 GDP 的比重	0.009	17
万元产值建设用地	0.036	6
人均建设用地面积	0.007	23
万元产值用电量	0.028	6
万元产值用水量	0.017	22
2. 生态环境建设	0.129	15
污染物排放强度	0.047	7
生活垃圾无害化处理率	0.055	10
建成区绿化覆盖率	0.026	21
人均公共绿地面积	0.001	24
3. 生态文化建设	0.065	22
教育经费支出占 GDP 比重	0.006	18
万人拥有中等学校教师数	0.009	21
人均教育经费	0.001	29
R&D 经费占 GDP 比例	0.025	12
居民文化娱乐消费支出占消费总支出的比重	0.024	9
4. 生态社会建设	0.102	10
城乡居民收入比	0.023	17
万人拥有医生数	0.014	10
养老保险覆盖面	0.039	7
人均用水量	0.026	20
5. 生态制度建设	0.038	27
财政收入占 GDP 比重	0.006	29
生态文明试点创建情况	0.032	26
生态文明建设规划完备情况	0.000	27

□ 广东生态文明指数评价报告

2012 年，广东省生态文明发展指数为 0.523，在 31 个省区市中排名第 8 位。广东省生态文明建设的基本特点是，生态经济建设、生态环境建设、生态文化建设居于全国领先水平，生态社会建设和生态制度建设居于全国的中上游水平。

具体来看，在生态经济建设方面，广东省的人均 GDP 相对较高，达到人均 54095 元，居于全国第 8 位；服务业增加值占 GDP 的比重为 46.5%，居于全国第 7 位；万元产值用水量、用电量和建设用地分别是 79.0 立方米、809.5 千瓦时、7.15 平方米，分别居于全国的第 11 位、第 18 位和第 10 位。

在生态环境建设方面，广东省污染物排放强度 13.5 吨 / 平方公里，居于全国第 15 位；生活垃圾无害化处理率达到 79.1%，居于第 24 位；建成区绿化覆盖率 41.2%，居于第 8 位；人均公共绿地面积 116.8 平方米，居于全国第 2 位。

在生态文化建设方面，广东省教育经费占 GDP 比重的 3.3%，在全国居于第 23 位；万人拥有中等学校教师数 39.2 人，在全国居于第 12 位；人均教育经费 1778.9 元，居于第 14 位；R&D 经费占 GDP 的 1.89%，居于第 3 位；居民文化娱乐消费支出占消费总支出的比重为 13.2%，居于第 6 位。

在生态社会建设方面，广东省城乡居民收入比 2.86，居于全国第 18 位；万人拥

二级指标贡献率饼图

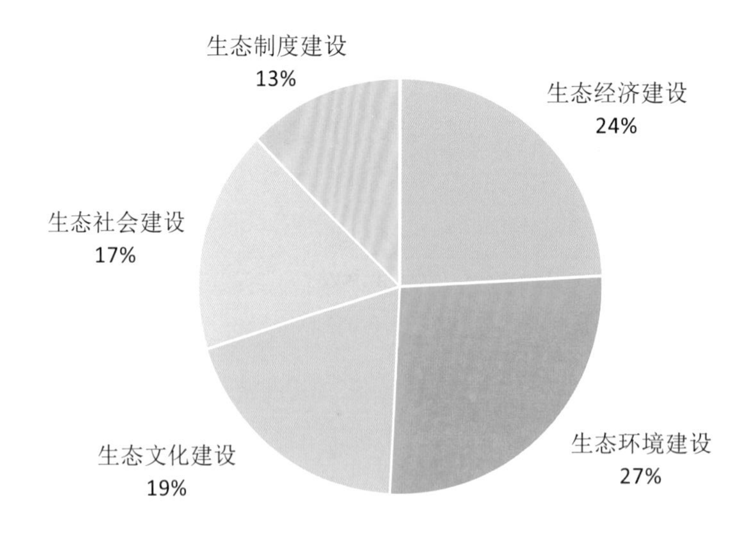

二级指标得分与最高、最低得分雷达图

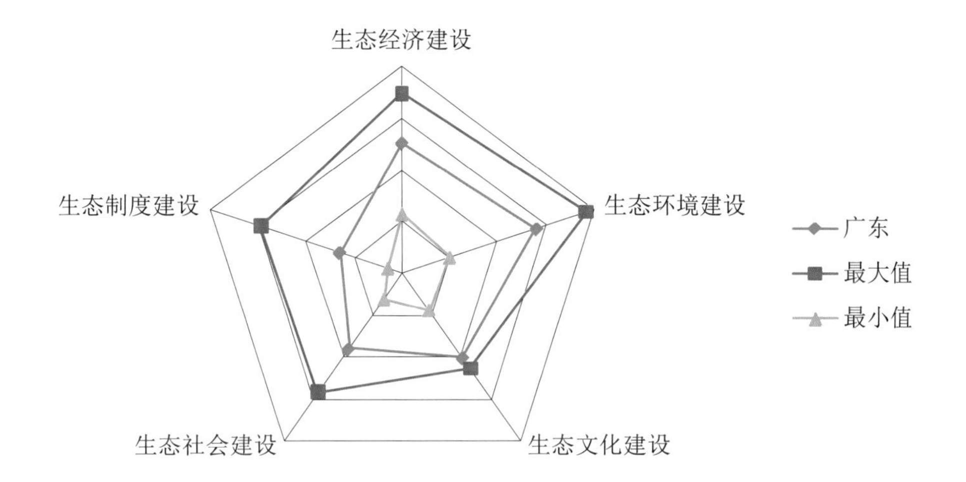

有医生数 14.9 人，居于全国第 25 位；养老保险覆盖面达到 59.4%，居于全国第 14 位。

在生态制度建设方面，财政收入占 GDP 比重的 10.9%，居于全国第 14 位。近些年来，广东省先后获得“国家生态文明建设示范区”“生态文明建设试点地区”“国家级生态示范区”“全国生态示范区建设试点地区”“生态文明先行示范区”的称号，居于全国第 7 位。

与 2007 年相比，广东省的生态文明建设情况有一些进步，广东省生态文明进步指数得分为 0.671，在全国 31 个省区市中排名第 22 位。总体来说，广东省在 5 个方面均具有不同程度的提升，最为突出的是生态文化建设方面，但由于总体基础较为良好，总体的提升水平有限。

广东生态文明进步指数分布表

类别	得分	排名
生态文明进步指数	0.671	22
生态经济建设	0.157	26
生态环境建设	0.113	20
生态文化建设	0.345	8
生态社会建设	0.042	25
生态制度建设	0.013	24

广东生态文明发展水平指数各级指标得分和排名表

指标	得分	排名
生态文明发展指数	0.523	8
1. 生态经济建设	0.126	8
人均 GDP	0.023	8
服务业增加值占 GDP 的比重	0.017	7
万元产值建设用地	0.033	10
人均建设用地面积	0.009	19
万元产值用电量	0.026	18
万元产值用水量	0.018	11
2. 生态环境建设	0.139	10
污染物排放强度	0.044	15
生活垃圾无害化处理率	0.039	24
建成区绿化覆盖率	0.041	8
人均公共绿地面积	0.015	2
3. 生态文化建设	0.101	6
教育经费支出占 GDP 比重	0.004	23
万人拥有中等学校教师数	0.011	12
人均教育经费	0.010	14
R&D 经费占 GDP 比例	0.047	3
居民文化娱乐消费支出占消费总支出的比重	0.029	6
4. 生态社会建设	0.091	15
城乡居民收入比	0.023	18
万人拥有医生数	0.009	25
养老保险覆盖面	0.033	14
人均用水量	0.027	14
5. 生态制度建设	0.065	15
财政收入占 GDP 比重	0.021	14
生态文明试点创建情况	0.045	7
生态文明建设规划完备情况	0.000	15

□ 广西生态文明指数评价报告

2012 年，广西生态文明发展指数为 0.385，在 31 个省区市中排名第 25 位。广西生态文明建设的基本特点是，生态环境建设居于全国领先水平，生态经济建设、环境建设、文化建设和制度建设均居于全国的中下游水平。

具体来看，在生态经济建设方面，广西的人均 GDP 为 27952 元，居于全国第 27 位；服务业增加值占 GDP 的比重为 35.4%，居于全国第 23 位；万元产值用水量、用电量和建设用地分别是 232.5 立方米、884.9 千瓦时、7.89 平方米，分别居于全国的第 27 位、第 20 位和第 16 位；人均建设用地面积 135.9 平方米，居于全国第 10 位。

在生态环境建设方面，广西污染物排放强度 5.5 吨 / 平方公里，居于全国第 5 位；生活垃圾无害化处理率达到 98%，居于第 7 位；建成区绿化覆盖率 37.5%，居于第 20 位；人均公共绿地面积 88.4 平方米，居于第 5 位。

在生态文化建设方面，广西教育经费占 GDP 比重的 4.56%，在全国居于第 12 位；万人拥有中等学校教师数 34.6 人，在全国居于第 24 位；人均教育经费 1268.4 元，居于第 26 位；R&D 经费占 GDP 的 0.54%，居于第 24 位；居民文化娱乐消费支出占消费总支出的比重为 11.4%，居于第 11 位。

在生态社会建设方面，广西城乡居民收入比 3.5，居于全国第 27 位；万人拥有医

二级指标贡献率饼图

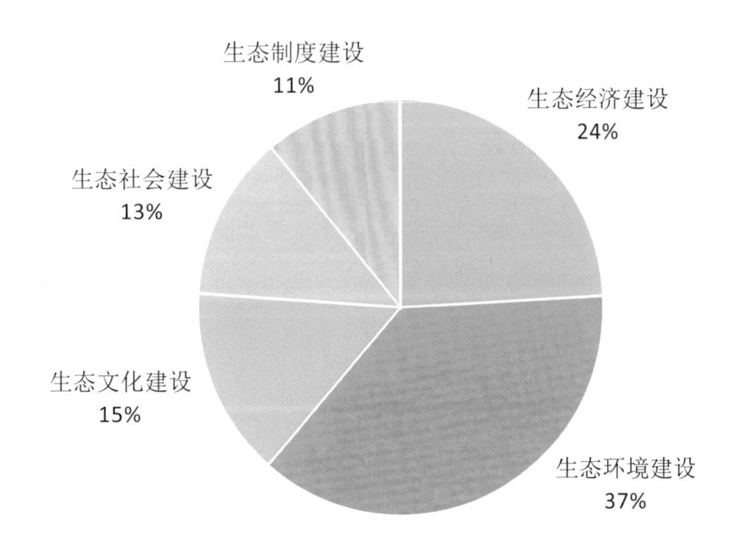

二级指标得分与最高、最低得分雷达图

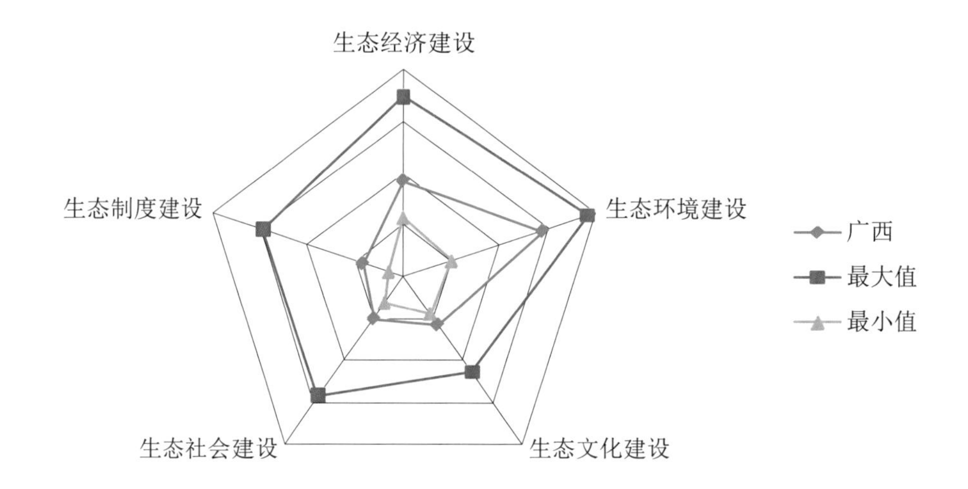

生数 17.4 人，居于全国第 20 位；养老保险覆盖面达到 44.5%，居于全国第 29 位；人均用水量达到 649.8 立方米，居于全国第 25 位。

在生态制度建设方面，财政收入占 GDP 比重的 8.94%，居于全国第 24 位。近些年来，广西先后获得“国家级生态示范区”“全国生态示范区建设试点地区”“生态文明先行示范区”“生态文明示范工程试点”的称号，居于全国第 23 位。

与 2007 年相比，广西的生态文明建设情况有巨大的进步，生态文明进步指数得分为 1.053，在全国 31 个省区市中排名第 3 位。总体来说，广西在 5 个方面均具有不同程度的提升，最为突出的是生态环境建设、生态经济建设和生态社会建设方面，其中生态环境建设的进步速度居于全国第一位。

广西生态文明进步指数分布表

类别	得分	排名
生态文明进步指数	1.053	3
生态经济建设	0.242	7
生态环境建设	0.344	1
生态文化建设	0.208	22
生态社会建设	0.242	7
生态制度建设	0.016	17

广西生态文明发展水平指数各级指标得分和排名表

指标	得分	排名
生态文明发展指数	0.385	25
1. 生态经济建设	0.093	20
人均 GDP	0.006	27
服务业增加值占 GDP 的比重	0.005	23
万元产值建设用地	0.030	16
人均建设用地面积	0.013	10
万元产值用电量	0.025	20
万元产值用水量	0.014	27
2. 生态环境建设	0.144	9
污染物排放强度	0.048	5
生活垃圾无害化处理率	0.058	7
建成区绿化覆盖率	0.028	20
人均公共绿地面积	0.010	5
3. 生态文化建设	0.057	27
教育经费支出占 GDP 比重	0.012	12
万人拥有中等学校教师数	0.008	24
人均教育经费	0.002	26
R&D 经费占 GDP 比例	0.012	24
居民文化娱乐消费支出占消费总支出的比重	0.023	11
4. 生态社会建设	0.050	28
城乡居民收入比	0.009	27
万人拥有医生数	0.011	20
养老保险覆盖面	0.006	29
人均用水量	0.024	25
5. 生态制度建设	0.042	24
财政收入占 GDP 比重	0.011	24
生态文明试点创建情况	0.032	23
生态文明建设规划完备情况	0.000	24

□ 海南生态文明指数评价报告

2012年，海南省生态文明发展指数为0.562，在31个省区市中排名第5位。海南省生态文明建设的基本特点是，生态环境建设和生态制度建设居于全国领先水平，生态经济建设居于全国的中上游水平。

具体来看，在生态经济建设方面，海南省的人均GDP为32377元，居于全国第22位；服务业增加值占GDP的比重为46.9%，居于全国第6位；万元产值用水量、用电量和建设用地分别是158.7立方米、728.7千瓦时、8.87平方米，分别居于全国的第23位、第11位和第21位；人均建设用地面积129.9平方米，居于全国第13位。

在生态环境建设方面，海南省污染物排放强度0.75吨/平方公里，居于全国第1位；生活垃圾无害化处理率达到99.9%，居于第1位；建成绿化覆盖率41.2%，居于第7位；人均公共绿地面积259.8平方米，居于第1位。

在生态文化建设方面，海南省教育经费占GDP比重的6.1%，在全国居于第7位；万人拥有中等学校教师数40.5人，在全国居于第9位；人均教育经费1952.9元，居于第11位；R&D经费占GDP的0.27%，居于第30位；居民文化娱乐消费支出占消费总支出的比重为9.12%，居于第28位。

在生态社会建设方面，海南省城乡居民收入比2.82，居于全国第16位；万人拥

二级指标贡献率饼图

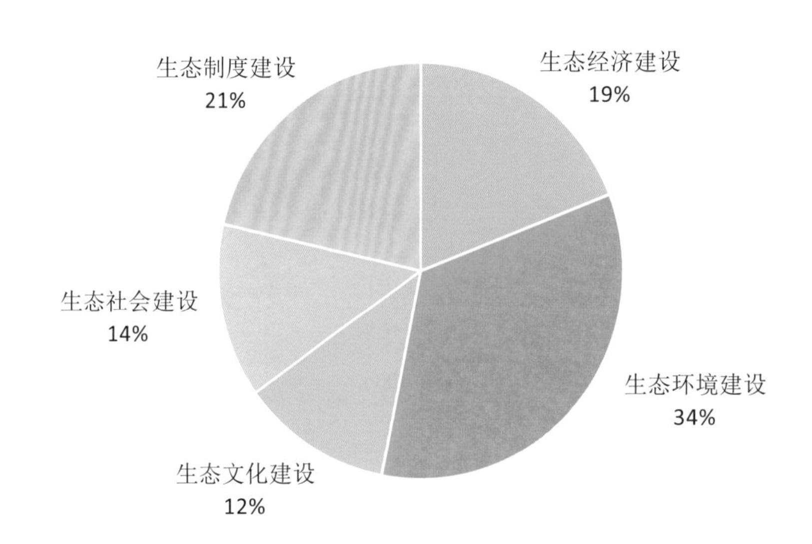

二级指标得分与最高、最低得分雷达图

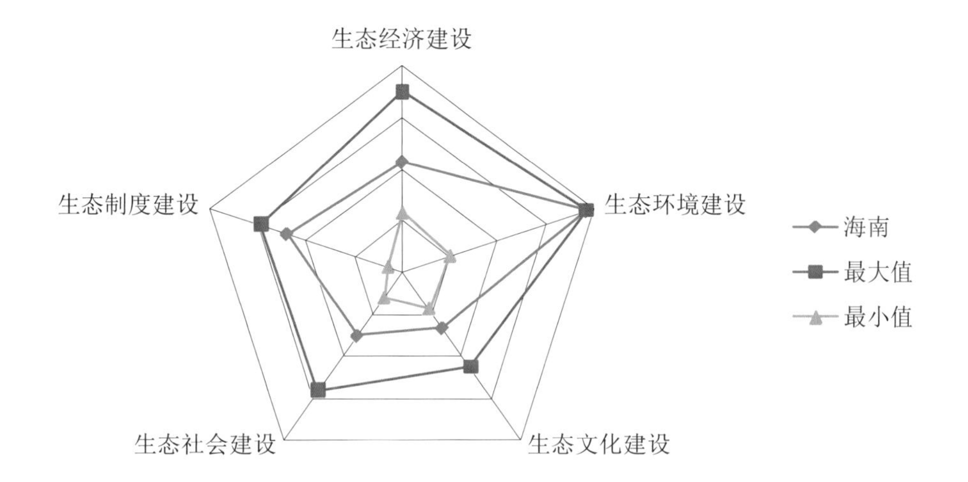

有医生数 8.08 人，居于全国第 29 位；养老保险覆盖面达到 54.5%，居于全国第 19 位；人均用水量达到 514.0 立方米，居于全国第 21 位。

在生态制度建设方面，财政收入占 GDP 比重的 14.4%，居于全国第 5 位。近些年来，海南省先后获得“国家级生态示范区”“全国生态示范区建设试点地区”“生态文明先行示范区”“生态文明示范工程试点”的称号，居于全国第 16 位。

与 2007 年相比，海南省的生态文明建设情况有一些进步，生态文明进步指数得分为 0.818，在全国 31 个省区市中排名第 19 位。总体来说，海南省在 5 个方面均具有不同程度的提升，最为突出的是生态制度建设、生态经济建设和生态环境建设方面，但总体发展的速度还有待于进一步提高。

海南生态文明进步指数分布表

类别	得分	排名
生态文明进步指数	0.818	19
生态经济建设	0.245	6
生态环境建设	0.247	6
生态文化建设	0.221	19
生态社会建设	0.069	20
生态制度建设	0.037	2

海南生态文明发展水平指数各级指标得分和排名表

指标	得分	排名
生态文明发展指数	0.562	5
1. 生态经济建设	0.107	12
人均 GDP	0.009	22
服务业增加值占 GDP 的比重	0.018	6
万元产值建设用地	0.027	21
人均建设用地面积	0.011	13
万元产值用电量	0.026	11
万元产值用水量	0.016	23
2. 生态环境建设	0.191	1
污染物排放强度	0.050	1
生活垃圾无害化处理率	0.060	1
建成区绿化覆盖率	0.041	7
人均公共绿地面积	0.040	1
3. 生态文化建设	0.067	21
教育经费支出占 GDP 比重	0.022	7
万人拥有中等学校教师数	0.012	9
人均教育经费	0.013	11
R&D 经费占 GDP 比例	0.005	30
居民文化娱乐消费支出占消费总支出的比重	0.015	28
4. 生态社会建设	0.076	23
城乡居民收入比	0.024	16
万人拥有医生数	0.003	29
养老保险覆盖面	0.024	19
人均用水量	0.026	21
5. 生态制度建设	0.120	6
财政收入占 GDP 比重	0.038	5
生态文明试点创建情况	0.032	16
生态文明建设规划完备情况	0.050	9

□ 重庆生态文明指数评价报告

2012年，重庆市生态文明发展指数为0.547，在31个省区市中排名第7位。重庆市生态文明建设的基本特点是，生态环境建设、生态制度建设居于全国领先水平，生态经济建设、文化建设和社会建设均居于全国的中上游水平。

具体来看，在生态经济建设方面，重庆市的人均GDP为38914元，居于全国第12位；服务业增加值占GDP的比重为39.4%，居于全国第15位；万元产值用水量、用电量和建设用地分别是72.6立方米、633.7千瓦时、7.53平方米，分别居于全国的第9位、第7位和第11位；人均建设用地面积95.4平方米，居于全国第30位。

在生态环境建设方面，重庆市污染物排放强度13.7吨/平方公里，居于全国第17位；生活垃圾无害化处理率达到99.3%，居于第3位；建成区绿化覆盖率42.9%，居于第3位；人均公共绿地面积52.4平方米，居于第18位。

在生态文化建设方面，重庆市教育经费占GDP比重的4.4%，在全国居于第14位；万人拥有中等学校教师数38.2人，在全国居于第15位；人均教育经费1711.2元，居于第15位；R&D经费占GDP的1.02%，居于第13位；居民文化娱乐消费支出占消费总支出的比重为8.87%，居于第30位。

在生态社会建设方面，重庆市城乡居民收入比3.11，居于全国第22位；万人拥

二级指标贡献率饼图

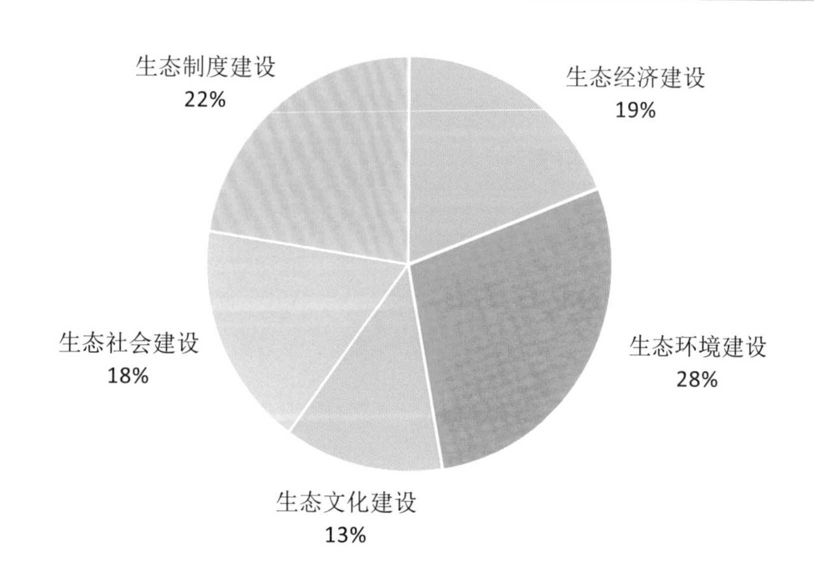

二级指标得分与最高、最低得分雷达图

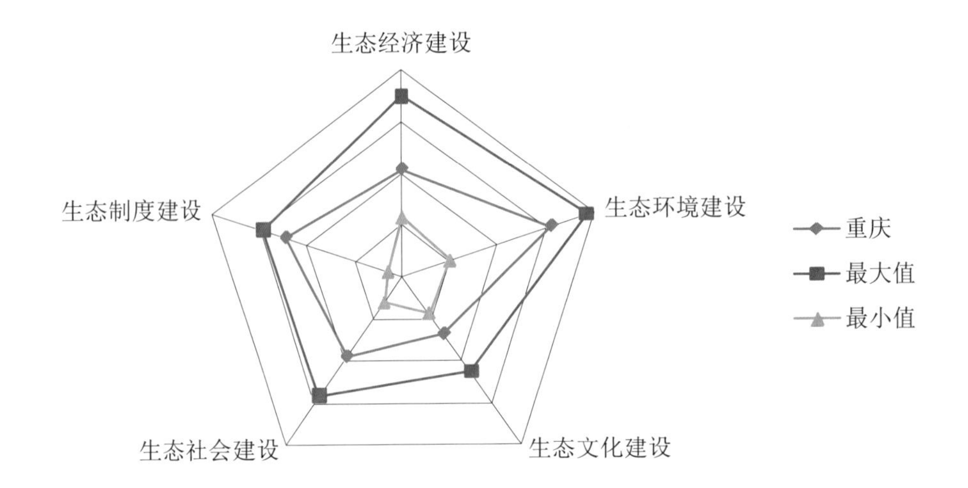

有医生数17.6人，居于全国第19位；养老保险覆盖面达到62.7%，居于全国第8位；人均用水量达到282.9立方米，居于全国第8位。

在生态制度建设方面，财政收入占GDP比重的14.9%，居于全国第3位。近些年来，重庆市先后获得“国家级生态示范区”“全国生态示范区建设试点地区”“生态文明先行示范区”“生态文明示范工程试点”的称号，居于全国第15位。

与2007年相比，重庆市的生态文明建设情况有一些进步，重庆市生态文明进步指数得分为1.003，在全国31个省区市中排名第9位。总体来说，重庆市在5个方面均具有不同程度的提升，最为突出的是生态经济建设、生态环境建设和生态制度建设方面。

重庆生态文明进步指数分布表

类别	得分	排名
生态文明进步指数	1.003	9
生态经济建设	0.251	5
生态环境建设	0.246	8
生态文化建设	0.306	12
生态社会建设	0.176	10
生态制度建设	0.023	8

重庆生态文明发展水平指数各级指标得分和排名表

指标	得分	排名
生态文明发展指数	0.547	7
1. 生态经济建设	0.104	15
人均 GDP	0.013	12
服务业增加值占 GDP 的比重	0.009	15
万元产值建设用地	0.032	11
人均建设用地面积	0.003	30
万元产值用电量	0.027	7
万元产值用水量	0.019	9
2. 生态环境建设	0.155	4
污染物排放强度	0.044	17
生活垃圾无害化处理率	0.059	3
建成区绿化覆盖率	0.048	3
人均公共绿地面积	0.004	18
3. 生态文化建设	0.069	19
教育经费支出占 GDP 比重	0.011	14
万人拥有中等学校教师数	0.011	15
人均教育经费	0.009	15
R&D 经费占 GDP 比例	0.025	13
居民文化娱乐消费支出占消费总支出的比重	0.014	30
4. 生态社会建设	0.096	13
城乡居民收入比	0.018	22
万人拥有医生数	0.011	19
养老保险覆盖面	0.039	8
人均用水量	0.029	8
5. 生态制度建设	0.123	5
财政收入占 GDP 比重	0.041	3
生态文明试点创建情况	0.032	15
生态文明建设规划完备情况	0.050	8

□ 四川生态文明指数评价报告

2012 年，四川省生态文明发展指数为 0.451，在 31 个省区市中居于第 19 位。四川省生态文明建设的基本特点是，生态环境建设和生态制度建设居于全国的中上游水平，生态文化建设水平较弱。

具体来看，在生态经济建设方面，人均 GDP 为 29608 元，居于第 24 位；服务业增加值占 GDP 比重的 34.5%，居于第 28 位；万元产值建设用地 7.78 平方米，居于第 14 位；人均建设用地面积 112.9 平方米，居于第 21 位；万元产值用电量 766.8 千瓦时，居于第 15 位；万元产值用水量 103.1 立方米，居于第 15 位。

在生态环境建设方面，四川省污染物排放强度 9.4 吨 / 平方公里，居于第 12 位；生活垃圾无害化处理率 88.3%，居于第 17 位；建成区绿化覆盖率 38.7%，居于第 16 位；人均公共绿地面积 50.6 平方米，居于第 20 位。

在生态文化建设方面，教育经费支出占 GDP 比重的 4.29%，居于第 15 位；万人拥有中等学校教师数 35.9 人，居于第 20 位；人均教育经费 1268.5 元，居于第 25 位；R&D 经费占 GDP 比例 0.59%，居于第 22 位；居民文化娱乐消费支出占消费总支出的比重为 10.5%，居于第 22 位。

在生态社会建设方面，城乡居民收入比 2.9，居于第 19 位；万人拥有医生数 18.4

二级指标贡献率饼图

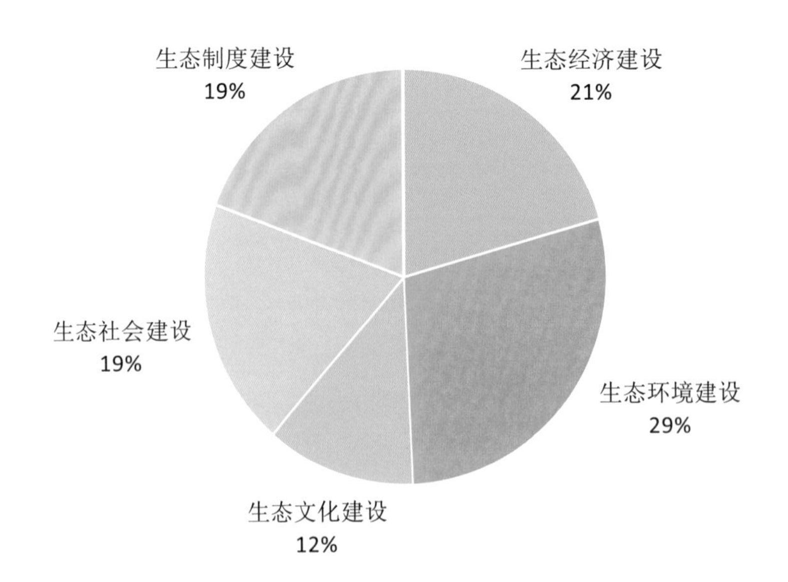

二级指标得分与最高、最低得分雷达图

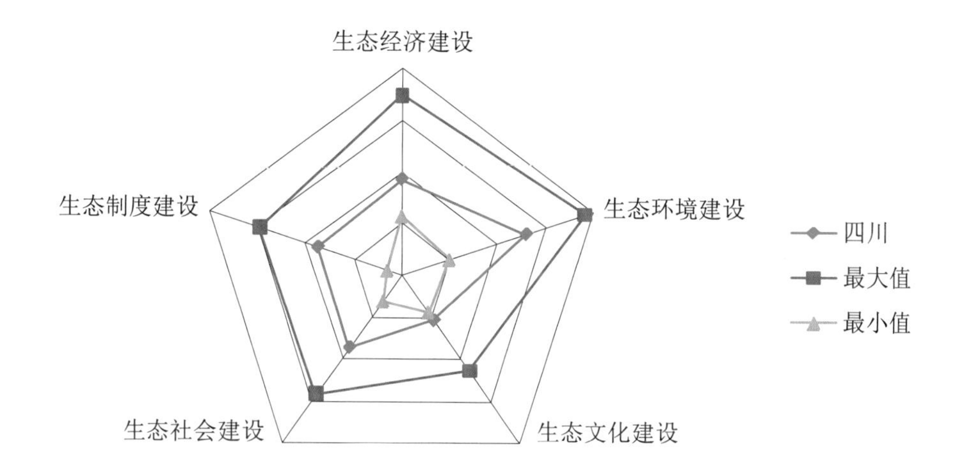

人，居于第 17 位；养老保险覆盖面 55.0%，居于第 18 位；人均用水量 305 立方米，居于第 10 位。

在生态制度建设方面，财政收入占 GDP 比重的 10.1%，居于第 18 位；生态试点创建方面，先后获得“国家生态文明建设示范区”“生态文明建设试点地区”“国家级生态示范区”“全国生态示范区建设试点地区”“生态文明先行示范区”“生态文明示范工程试点”的称号居于第 1 位。

与 2007 年相比，四川省的生态文明建设情况有较大进步，生态文明进步指数得分为 0.339，在 31 个省区市中排名第 11 位。分方面看，5 个方面均具有不同程度的提升，其中，生态经济和生态社会建设方面的进步较大，但由于四川省原有的发展基础较薄弱，总体的提升水平有限。

四川生态文明进步指数分布表

类别	得分	排名
生态文明进步指数	0.339	11
生态经济建设	0.142	8
生态环境建设	0.043	13
生态文化建设	0.096	20
生态社会建设	0.040	6
生态制度建设	0.018	14

四川生态文明发展水平指数各级指标得分和排名表

指标	得分	排名
生态文明发展指数	0.451	19
1. 生态经济建设	0.093	21
人均 GDP	0.007	24
服务业增加值占 GDP 的比重	0.004	28
万元产值建设用地	0.031	14
人均建设用地面积	0.007	21
万元产值用电量	0.026	15
万元产值用水量	0.018	15
2. 生态环境建设	0.130	14
污染物排放强度	0.046	12
生活垃圾无害化处理率	0.048	17
建成区绿化覆盖率	0.032	16
人均公共绿地面积	0.003	20
3. 生态文化建设	0.054	28
教育经费支出占 GDP 比重	0.010	15
万人拥有中等学校教师数	0.009	20
人均教育经费	0.002	25
R&D 经费占 GDP 比例	0.014	22
居民文化娱乐消费支出占消费总支出的比重	0.020	22
4. 生态社会建设	0.087	18
城乡居民收入比	0.022	19
万人拥有医生数	0.012	17
养老保险覆盖面	0.025	18
人均用水量	0.028	10
5. 生态制度建设	0.087	12
财政收入占 GDP 比重	0.017	18
生态文明试点创建情况	0.070	1
生态文明建设规划完备情况	0.000	12

□ 贵州生态文明指数评价报告

2012 年，贵州省生态文明发展指数为 0.454，在 31 个省区市中排名第 18 位。贵州省生态文明建设的基本特点是，生态制度建设居于全国领先水平，生态文化建设居于全国的中上游水平，生态环境建设、生态经济建设以及生态社会建设仍需要进一步提高。

具体来看，在生态经济建设方面，贵州省的人均 GDP 为 19710 元，居于全国第 31 位；服务业增加值占 GDP 的比重为 47.9%，居于全国第 4 位；万元产值用水量、用电量和建设用地分别是 147.1 立方米、1527.6 千瓦时、8.10 平方米，分别居于全国的第 20 位、第 28 位和第 19 位。

在生态环境建设方面，贵州省污染物排放强度 36.9 吨 / 平方公里，居于全国第 27 位；生活垃圾无害化处理率达到 91.9%，居于第 11 位；建成区绿化覆盖率 32.8%，居于第 28 位；人均公共绿地面积 64.1 平方米，居于第 13 位。

在生态文化建设方面，贵州省教育经费占 GDP 比重的 6.6%，在全国居于第 3 位；万人拥有中等学校教师数 44.8 人，在全国居于第 6 位；人均教育经费 1294.6 元，居于第 24 位；R&D 经费占 GDP 的 0.5%，居于第 26 位；居民文化娱乐消费支出占消费总支出的比重为 11.1%，居于第 19 位。

二级指标贡献率饼图

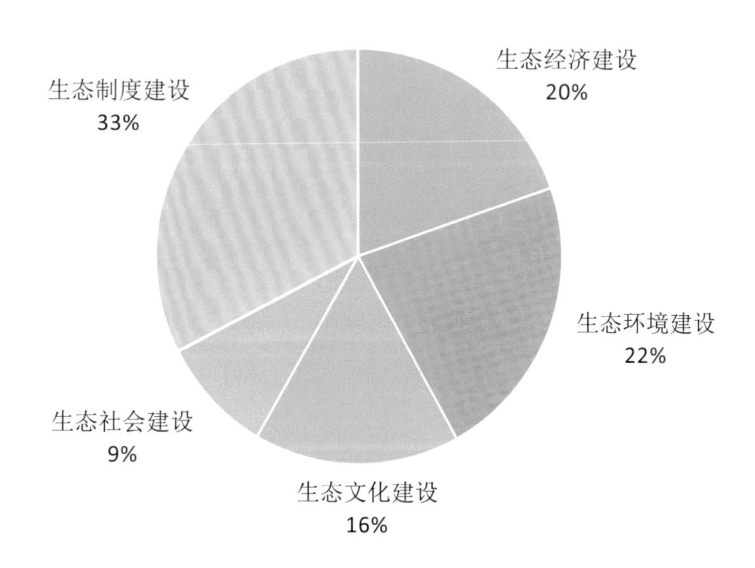

二级指标得分与最高、最低得分雷达图

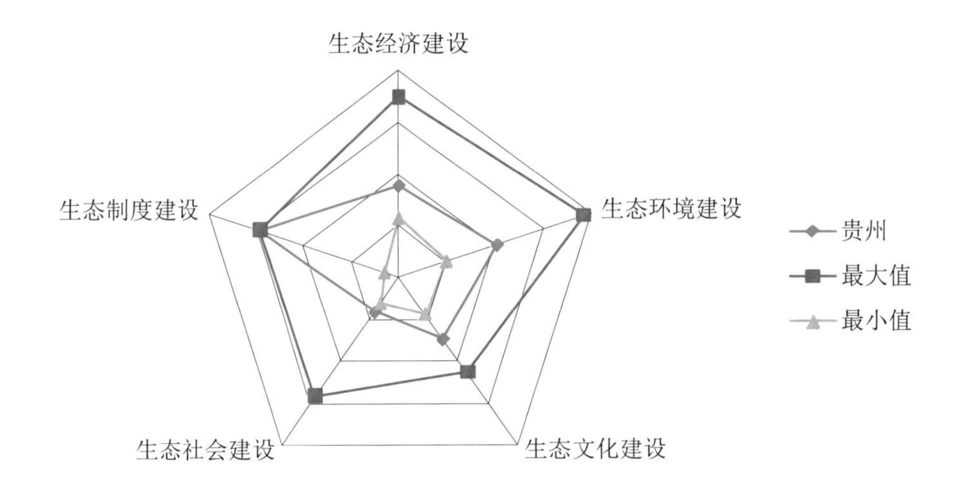

在生态社会建设方面，贵州省城乡居民收入比 3.9，居于全国第 31 位；养老保险覆盖面达到 45.6%，居于全国第 27 位；人均用水量达到 290 立方米，居于全国第 9 位。

在生态制度建设方面，财政收入占GDP比重的14.8%，居于全国第4位。近些年来，贵州省较为重视生态文明的建设，先后获得“生态文明建设试点地区”“国家级生态示范区”“全国生态示范区建设试点地区”“生态文明先行示范区”“生态文明示范工程试点”的称号，居于全国第 2 位。

与 2007 年相比，贵州省的生态文明建设情况有一些进步，贵州省生态文明进步指数得分为 0.865，在全国 31 个省区市中排名第 16 位。总体来说，贵州省在 5 个方面均具有不同程度的提升，最为突出的是生态经济建设、生态社会建设和生态制度建设方面，但总体发展的速度还有待于进一步提高。

贵州生态文明进步指数分布表

类别	得分	排名
生态文明进步指数	0.865	16
生态经济建设	0.261	3
生态环境建设	0.123	19
生态文化建设	0.124	28
生态社会建设	0.333	3
生态制度建设	0.025	6

贵州生态文明发展水平指数各级指标得分和排名表

指标	得分	排名
生态文明发展指数	0.454	18
1. 生态经济建设	0.089	26
人均GDP	0.000	31
服务业增加值占GDP的比重	0.019	4
万元产值建设用地	0.030	19
人均建设用地面积	0.006	24
万元产值用电量	0.018	28
万元产值用水量	0.017	20
2. 生态环境建设	0.102	24
污染物排放强度	0.034	27
生活垃圾无害化处理率	0.052	11
建成区绿化覆盖率	0.010	28
人均公共绿地面积	0.006	13
3. 生态文化建设	0.074	17
教育经费支出占GDP比重	0.025	3
万人拥有中等学校教师数	0.015	6
人均教育经费	0.002	24
R&D经费占GDP比例	0.010	26
居民文化娱乐消费支出占消费总支出的比重	0.022	19
4. 生态社会建设	0.041	30
城乡居民收入比	0.000	31
万人拥有医生数	0.006	28
养老保险覆盖面	0.007	27
人均用水量	0.029	9
5. 生态制度建设	0.148	1
财政收入占GDP比重	0.041	4
生态文明试点创建情况	0.057	2
生态文明建设规划完备情况	0.050	1

□ 云南生态文明指数评价报告

2012 年，云南省生态文明发展指数为 0.478，在 31 个省区市中排名第 15 位。云南省生态文明建设的基本特点是，生态制度建设居于全国领先水平，生态环境建设居于全国的中上游水平。

具体来看，在生态经济建设方面，云南省的人均 GDP 为 22195 元，居于全国第 29 位；服务业增加值占 GDP 的比重为 41.1%，居于全国第 11 位；万元产值用水量、用电量和建设用地分别是 147.3 立方米、1276.4 千瓦时、8.21 平方米，分别居于全国的第 21 位、第 25 位和第 20 位。

在生态环境建设方面，云南省污染物排放强度 8.09 吨 / 平方公里，居于全国第 8 位；生活垃圾无害化处理率达到 82.7%，居于第 21 位；建成区绿化覆盖率 39.3%，居于第 13 位；人均公共绿地面积 53.8 平方米，居于第 17 位。

在生态文化建设方面，云南省教育经费占 GDP 比重的 6.38%，在全国居于第 5 位；万人拥有中等学校教师数 35.6 人，在全国居于第 22 位；人均教育经费 1412 元，居于第 20 位；R&D 经费占 GDP 的 0.37%，居于第 28 位。

在生态社会建设方面，云南省城乡居民收入比 3.89，居于全国第 30 位；万人拥有医生数 13.1 人，居于全国第 27 位；养老保险覆盖面达到 53.0%，居于全国第 21 位；

二级指标贡献率饼图

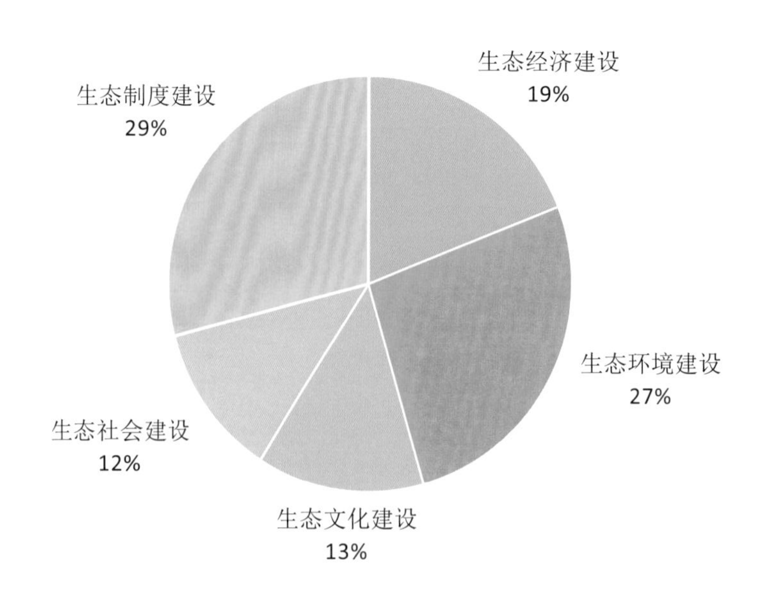

二级指标得分与最高、最低得分雷达图

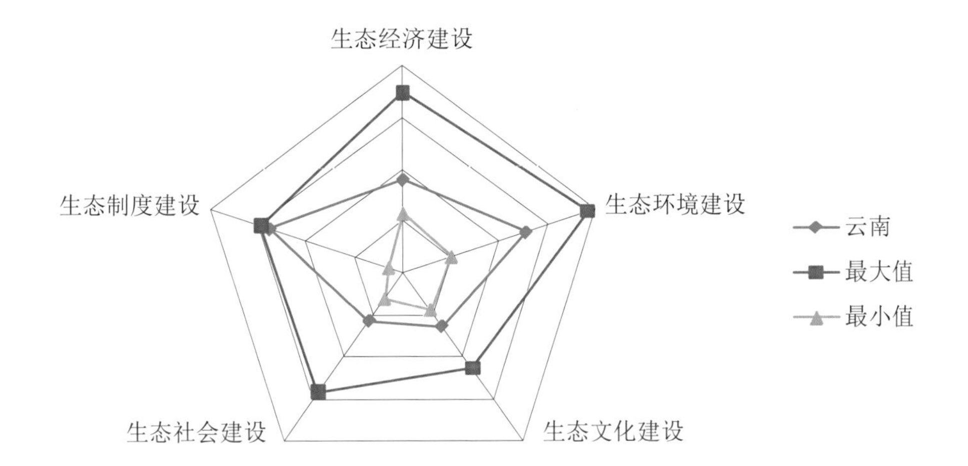

人均用水量达到 326.9 立方米，居于全国第 12 位。

在生态制度建设方面，财政收入占 GDP 比重的 12.9%，居于全国第 7 位。近些年来，云南省先后获得"生态文明建设试点地区""国家级生态示范区""全国生态示范区建设试点地区""生态文明先行示范区""生态文明示范工程试点"的称号，居于全国第 3 位。在生态规划方面，2009 年云南省发布了《七彩云南生态文明建设规划纲要（2009—2020 年）》，居于全国第 2 位。

与 2007 年相比，云南省的生态文明建设情况有一些进步，云南省生态文明进步指数得分为 0.908，在全国 31 个省区市中排名第 13 位。总体来说，云南省在 5 个方面均具有不同程度的提升，最为突出的是生态社会建设，进步速度居于全国第 2 位，但由于云南发展基础较为薄弱，发展速度还有待于进一步提高。

云南生态文明进步指数分布表

类别	得分	排名
生态文明进步指数	0.908	13
生态经济建设	0.180	21
生态环境建设	0.178	14
生态文化建设	0.190	23
生态社会建设	0.343	2
生态制度建设	0.016	18

云南生态文明发展水平指数各级指标得分和排名表

指标	得分	排名
生态文明发展指数	0.478	15
1. 生态经济建设	0.090	23
人均 GDP	0.002	29
服务业增加值占 GDP 的比重	0.011	11
万元产值建设用地	0.029	20
人均建设用地面积	0.011	14
万元产值用电量	0.021	25
万元产值用水量	0.017	21
2. 生态环境建设	0.127	17
污染物排放强度	0.047	8
生活垃圾无害化处理率	0.042	21
建成区绿化覆盖率	0.034	13
人均公共绿地面积	0.004	17
3. 生态文化建设	0.064	24
教育经费支出占 GDP 比重	0.024	5
万人拥有中等学校教师数	0.009	22
人均教育经费	0.004	20
R&D 经费占 GDP 比例	0.008	28
居民文化娱乐消费支出占消费总支出的比重	0.019	24
4. 生态社会建设	0.057	27
城乡居民收入比	0.001	30
万人拥有医生数	0.007	27
养老保险覆盖面	0.021	21
人均用水量	0.028	12
5. 生态制度建设	0.139	4
财政收入占 GDP 比重	0.031	7
生态文明试点创建情况	0.057	3
生态文明建设规划完备情况	0.050	2

□ 西藏生态文明指数评价报告

2012 年，西藏生态文明发展指数为 0.398，在 31 个省区市中排名第 24 位。西藏生态文明建设的基本特点是，生态社会建设居于全国领先水平，生态经济建设、文化建设居于全国的中上游水平。

具体来看，在生态经济建设方面，西藏的人均 GDP 相对较低，达到人均 22936 元，居于全国第 28 位；服务业增加值占 GDP 的比重为 53.9%，居于全国第 3 位；万元产值用水量、用电量和建设用地分别是 425.3 立方米、395.9 千瓦时、15.8 平方米，分别居于全国的第 30 位、第 1 位和第 31 位；人均建设用地面积 336.9 平方米 / 人，居于全国第 1 位。

在生态环境建设方面，西藏污染物排放强度 1.86 吨 / 平方公里，居于全国第 2 位；建成区绿化覆盖率 32.4%，居于第 30 位；人均公共绿地面积 104.1 平方米，居于第 3 位。

在生态文化建设方面，西藏教育经费占 GDP 比重的 11.8%，在全国居于第 1 位；万人拥有中等学校教师数 41.0 人，在全国居于第 8 位；人均教育经费 2682.1 元，居于第 5 位；R&D 经费占 GDP 的 0.08%，居于第 31 位；居民文化娱乐消费支出占消费总支出的比重为 4.9%，居于第 31 位。

在生态社会建设方面，西藏城乡居民收入比 3.15，居于全国第 23 位；万人拥有

二级指标贡献率饼图

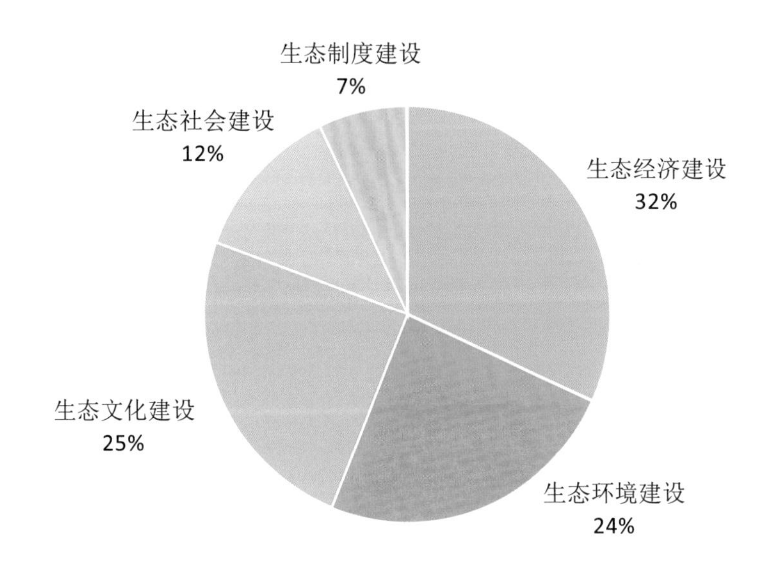

二级指标得分与最高、最低得分雷达图

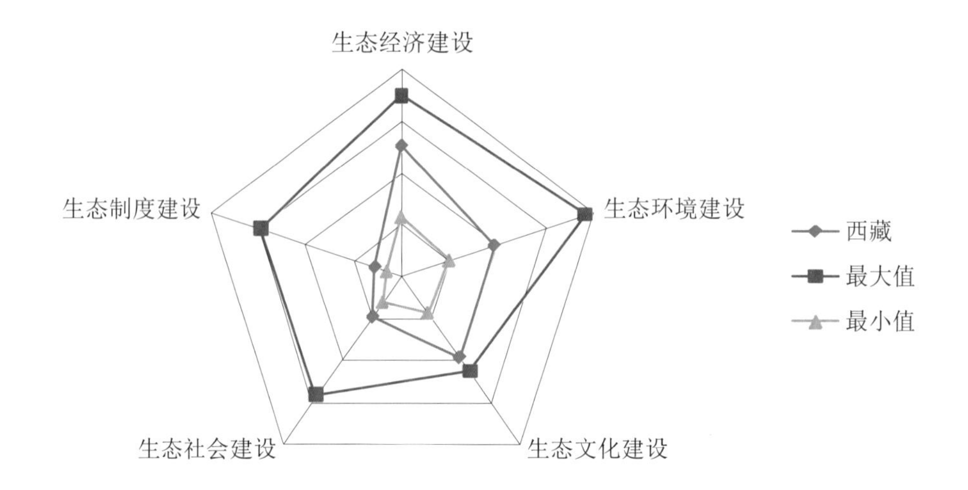

医生数 5.0 人，居于全国第 31 位；养老保险覆盖面达到 47.8%，居于全国第 25 位；人均用水量达到 975.9 立方米，居于全国第 29 位。

在生态制度建设方面，财政收入占 GDP 比重的 12.4%，居于全国第 10 位。近些年来，西藏获得“全国生态示范区建设试点地区”“生态文明先行示范区”“生态文明示范工程试点”的称号，居于全国第 30 位。

与 2007 年相比，西藏生态文明建设情况有一些进步，生态文明进步指数得分为 0.973，在全国 31 个省区市中排名第 10 位。总体来说，西藏在 5 个方面均具有不同程度的提升，最为突出的是生态制度建设、生态社会建设方面，但由于原有的发展基础较薄弱，总体的提升水平有限。

西藏生态文明进步指数分布表

类别	得分	排名
生态文明进步指数	0.973	10
生态经济建设	0.074	30
生态环境建设	0.018	29
生态文化建设	0.066	31
生态社会建设	0.749	1
生态制度建设	0.066	1

西藏生态文明发展水平指数各级指标得分和排名表

指标	得分	排名
生态文明发展指数	0.398	24
1. 生态经济建设	0.127	7
人均 GDP	0.002	28
服务业增加值占 GDP 的比重	0.025	3
万元产值建设用地	0.000	31
人均建设用地面积	0.060	1
万元产值用电量	0.030	1
万元产值用水量	0.009	30
2. 生态环境建设	0.097	25
污染物排放强度	0.050	2
生活垃圾无害化处理率	0.026	28
建成区绿化覆盖率	0.009	30
人均公共绿地面积	0.013	3
3. 生态文化建设	0.098	7
教育经费支出占 GDP 比重	0.060	1
万人拥有中等学校教师数	0.012	8
人均教育经费	0.025	5
R&D 经费占 GDP 比例	0.000	31
居民文化娱乐消费支出占消费总支出的比重	0.000	31
4. 生态社会建设	0.049	29
城乡居民收入比	0.017	23
万人拥有医生数	0.000	31
养老保险覆盖面	0.012	25
人均用水量	0.020	29
5. 生态制度建设	0.028	30
财政收入占 GDP 比重	0.028	10
生态文明试点创建情况	0.000	30
生态文明建设规划完备情况	0.000	30

陕西生态文明指数评价报告

2012 年，陕西省生态文明发展指数为 0.495，在 31 个省区市中排名第 12 位。陕西省生态文明建设的基本特点是，生态经济建设、环境建设、文化建设、社会建设和制度建设均居于全国的中上游水平。

具体来看，在生态经济建设方面，陕西省的人均 GDP 为 38564 元，居于全国第 14 位；服务业增加值占 GDP 的比重为 34.7%，居于全国第 26 位；万元产值用水量、用电量和建设用地分别是 60.9 立方米、738.1 千瓦时、5.4 平方米，分别居于于全国的第 8 位、第 12 位和第 1 位；人均建设用地面积 99.2 平方米，居于全国第 27 位。

在生态环境建设方面，陕西省污染物排放强度 10.3 吨 / 平方公里，居于全国第 13 位；生活垃圾无害化处理率达到 88.5%，居于第 16 位；建成绿化覆盖率 40.4%，居于第 10 位；人均公共绿地面积 39.6 平方米，居于第 25 位。

在生态文化建设方面，陕西省教育经费占 GDP 比重的 4.7%，在全国居于第 11 位；万人拥有中等学校教师数 44.9 人，在全国居于第 5 位；人均教育经费 1822.1 元，居于第 12 位；R&D 经费占 GDP 的 0.82%，居于第 16 位；居民文化娱乐消费支出占消费总支出的比重为 13.6%，居于第 5 位。

在生态社会建设方面，陕西省城乡居民收入比 3.6，居于全国第 28 位；万人拥有

二级指标贡献率饼图

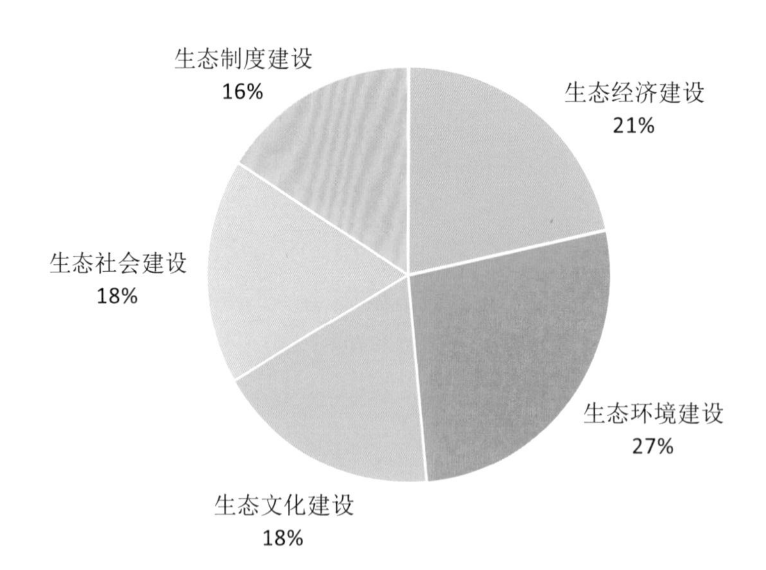

二级指标得分与最高、最低得分雷达图

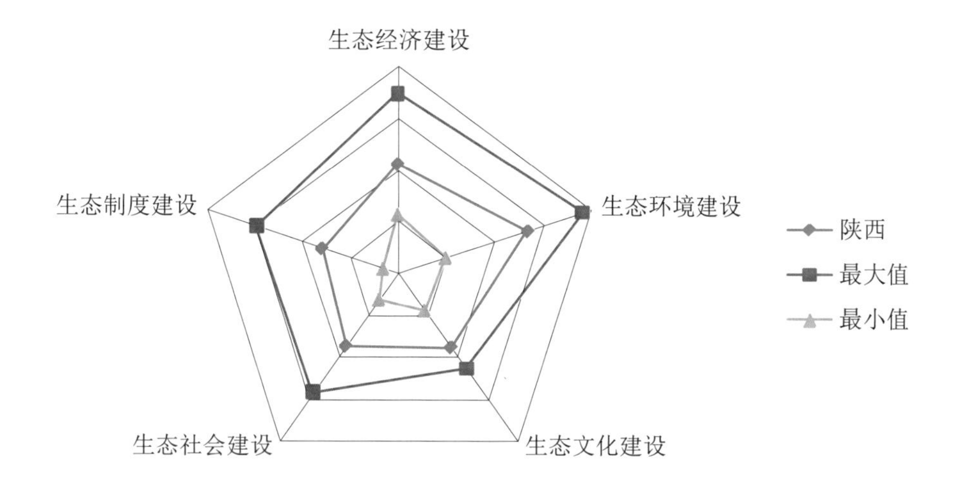

医生数 19.3 人，居于全国第 16 位；养老保险覆盖面达到 62.6%，居于全国第 9 位；人均用水量达到 234.9 立方米，居于全国第 5 位。

在生态制度建设方面，财政收入占 GDP 比重的 11.1%，居于全国第 13 位。近些年来，陕西省先后获得“生态文明建设试点地区”“国家级生态示范区”“全国生态示范区建设试点地区”“生态文明先行示范区”“生态文明示范工程试点”的称号，居于全国第 4 位。

与 2007 年相比，陕西省的生态文明建设情况有巨大的进步，生态文明进步指数得分为 1.107，在全国 31 个省区市中排名第 2 位。总体来说，陕西省在 5 个方面均具有不同程度的提升，最为突出的是生态经济建设、生态环境建设和生态社会建设方面。

陕西生态文明进步指数分布表

类别	得分	排名
生态文明进步指数	1.107	2
生态经济建设	0.252	4
生态环境建设	0.334	2
生态文化建设	0.296	14
生态社会建设	0.208	8
生态制度建设	0.016	15

陕西生态文明发展水平指数各级指标得分和排名表

指标	得分	排名
生态文明发展指数	0.495	12
1. 生态经济建设	0.106	13
人均 GDP	0.013	14
服务业增加值占 GDP 的比重	0.004	26
万元产值建设用地	0.040	1
人均建设用地面积	0.004	27
万元产值用电量	0.026	12
万元产值用水量	0.019	8
2. 生态环境建设	0.134	12
污染物排放强度	0.046	13
生活垃圾无害化处理率	0.048	16
建成区绿化覆盖率	0.039	10
人均公共绿地面积	0.001	25
3. 生态文化建设	0.089	9
教育经费支出占 GDP 比重	0.013	11
万人拥有中等学校教师数	0.015	5
人均教育经费	0.011	12
R&D 经费占 GDP 比例	0.019	16
居民文化娱乐消费支出占消费总支出的比重	0.030	5
4. 生态社会建设	0.087	16
城乡居民收入比	0.007	28
万人拥有医生数	0.012	16
养老保险覆盖面	0.038	9
人均用水量	0.029	5
5. 生态制度建设	0.079	13
财政收入占 GDP 比重	0.022	13
生态文明试点创建情况	0.057	4
生态文明建设规划完备情况	0.000	13

□ 甘肃生态文明指数评价报告

2012 年，甘肃省生态文明发展指数为 0.308，在 31 个省份中排名第 31 位。甘肃省生态文明建设的基本特点是，生态文化建设居于全国的中上游水平，生态经济建设、生态环境建设均排名较靠后，还需要进一步加大投入。

具体来看，在生态经济建设方面，甘肃省的人均 GDP 为 21978 元，居于全国第 30 位；服务业增加值占 GDP 的比重为 40.2%，居于全国第 13 位；万元产值用水量、用电量和建设用地分别是 217.8 立方米、1760.2 千瓦时、11.4 平方米，分别居于全国的第 26 位、第 29 位和第 26 位；人均建设用地面积 125.6 平方米，居于全国第 15 位。

在生态环境建设方面，甘肃省污染物排放强度 3.01 吨 / 平方公里，居于全国第 3 位；生活垃圾无害化处理率达到 41.7%，居于第 31 位；建成区绿化覆盖率 30%，居于第 31 位；人均公共绿地面积 36.3 平方米，居于第 30 位。

在生态文化建设方面，甘肃省教育经费占 GDP 比重的 6.4%，在全国居于第 4 位；万人拥有中等学校教师数 48.4 人，在全国居于第 3 位；人均教育经费 1399.6 元，居于第 22 位；R&D 经费占 GDP 的 0.59%，居于第 21 位；居民文化娱乐消费支出占消费总支出的比重为 10.8%，居于第 20 位。

二级指标贡献率饼图

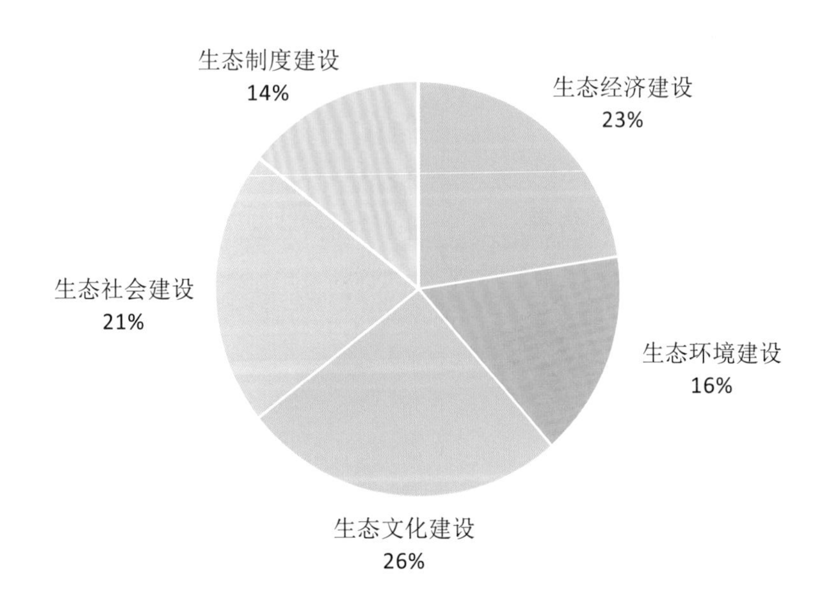

二级指标得分与最高、最低得分雷达图

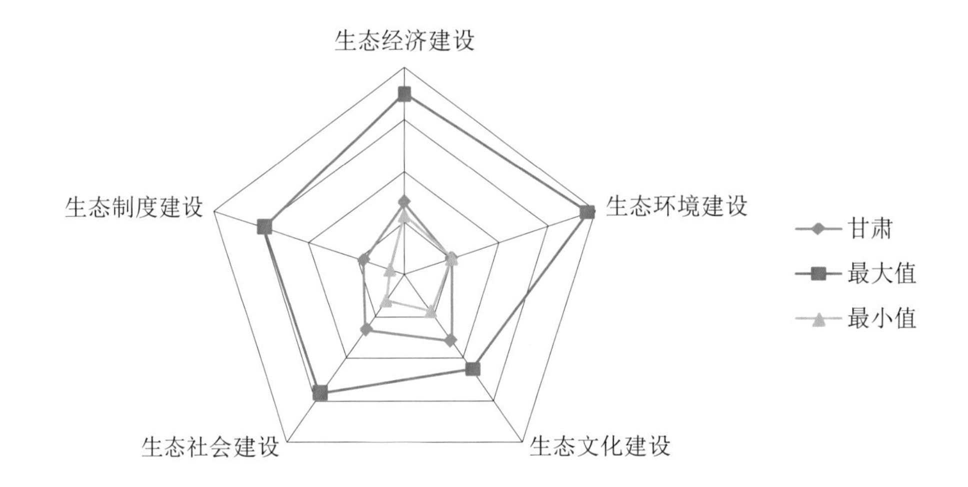

在生态社会建设方面，甘肃省城乡居民收入比 3.8，居于全国第 29 位；万人拥有医生数 16.3 人，居于全国第 23 位；养老保险覆盖面达到 56.4%，居于全国第 17 位；人均用水量达到 478.7 立方米，居于全国第 16 位。

在生态制度建设方面，财政收入占 GDP 比重的 9.21%，居于全国第 22 位。近些年来，甘肃省先后获得“国家级生态示范区”“全国生态示范区建设试点地区”“生态文明先行示范区”“生态文明示范工程试点”的称号，居于全国第 22 位。

与 2007 年相比，甘肃省的生态文明建设情况有一些进步，生态文明进步指数得分为 0.899，在全国 31 个省区市中排名第 15 位。总体来说，甘肃省在 5 个方面均具有不同程度的提升，最为突出的是生态社会建设，但总体发展的速度还有待于进一步提高。

甘肃生态文明进步指数分布表

类别	得分	排名
生态文明进步指数	0.899	15
生态经济建设	0.198	15
生态环境建设	0.225	11
生态文化建设	0.189	25
生态社会建设	0.270	5
生态制度建设	0.018	12

甘肃生态文明发展水平指数各级指标得分和排名表

指标	得分	排名
生态文明发展指数	0.308	31
1. 生态经济建设	0.069	28
人均 GDP	0.002	30
服务业增加值占 GDP 的比重	0.010	13
万元产值建设用地	0.017	26
人均建设用地面积	0.010	15
万元产值用电量	0.015	29
万元产值用水量	0.015	26
2. 生态环境建设	0.050	31
污染物排放强度	0.049	3
生活垃圾无害化处理率	0.000	31
建成区绿化覆盖率	0.000	31
人均公共绿地面积	0.001	30
3. 生态文化建设	0.079	15
教育经费支出占 GDP 比重	0.024	4
万人拥有中等学校教师数	0.017	3
人均教育经费	0.004	22
R&D 经费占 GDP 比例	0.014	21
居民文化娱乐消费支出占消费总支出的比重	0.021	20
4. 生态社会建设	0.066	25
城乡居民收入比	0.003	29
万人拥有医生数	0.010	23
养老保险覆盖面	0.027	17
人均用水量	0.026	16
5. 生态制度建设	0.044	23
财政收入占 GDP 比重	0.012	22
生态文明试点创建情况	0.032	22
生态文明建设规划完备情况	0.000	23

□ 青海生态文明指数评价报告

2012 年，青海省生态文明发展指数为 0.342，在 31 个省区市中排名第 27 位。青海省生态文明建设的基本特点是，生态文化建设居于全国领先水平，生态经济建设、环境建设、社会建设和制度建设均居于全国的中下游水平。

具体来看，在生态经济建设方面，青海省的人均 GDP 为 33181 元，居于全国第 21 位；服务业增加值占 GDP 的比重为 33.0%，居于全国第 29 位；万元产值用水量、用电量和建设用地分别是 144.7 立方米、 3180.4 千瓦时、6.44 平方米，分别居于全国的第 19 位、第 31 位和第 5 位；人均建设用地面积 98.2 平方米，居于全国第 29 位。

在生态环境建设方面，青海省污染物排放强度 56.9 吨 / 平方公里，居于全国第 29 位；生活垃圾无害化处理率达到 89.2%，居于第 14 位；建成区绿化覆盖率 32.5%，居于第 29 位；人均公共绿地面积 32.5 平方米，居于第 31 位。

在生态文化建设方面，青海省教育经费占 GDP 比重的 8.2%，在全国居于第 2 位；万人拥有中等学校教师数 39.3 人，在全国居于第 11 位；人均教育经费 2709.4 元，居于第 4 位；R&D 经费占 GDP 的 0.44%，居于第 27 位；居民文化娱乐消费支出占消费总支出的比重为 8.9%，居于第 29 位。

在生态社会建设方面，青海城乡居民收入比 3.27，居于全国第 26 位；万人拥有

二级指标贡献率饼图

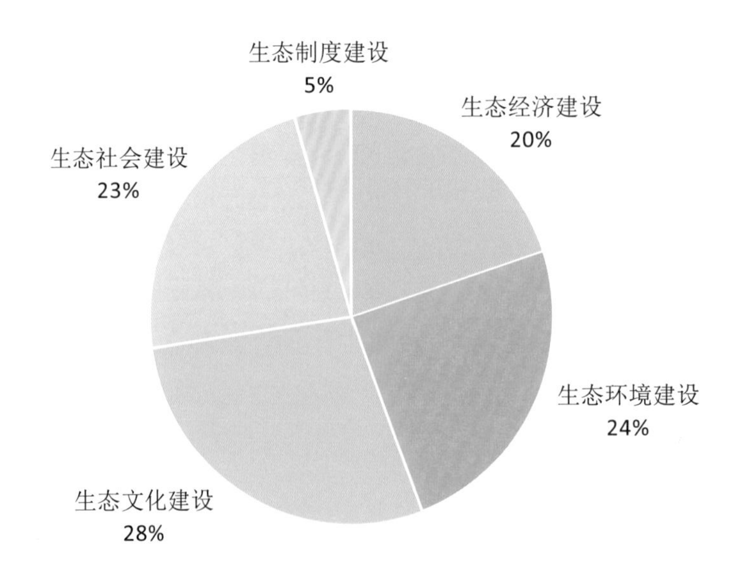

二级指标得分与最高、最低得分雷达图

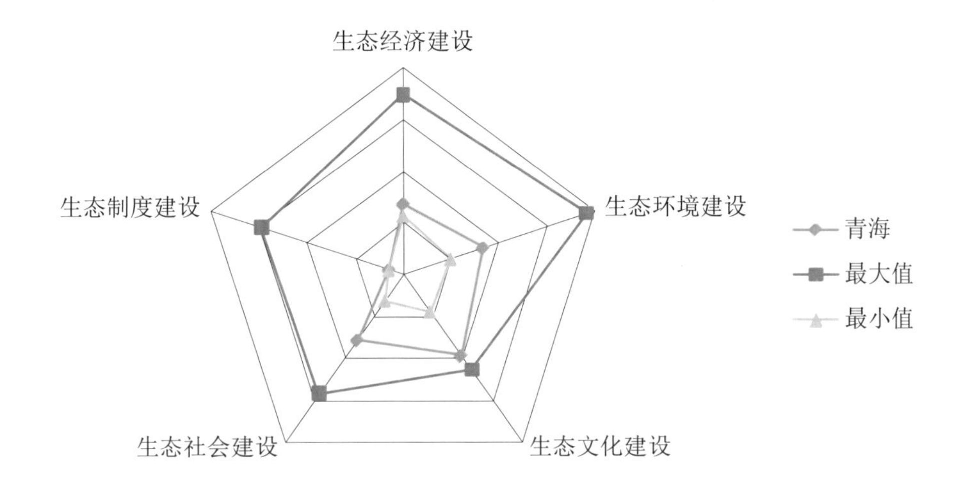

医生数 28.4 人，居于全国第 3 位；养老保险覆盖面达到 50.9%，居于全国第 22 位；人均用水量达到 480.3 立方米，居于全国第 17 位。

在生态制度建设方面，财政收入占 GDP 比重的 9.8%，居于全国第 20 位。近些年来，青海省先后获得“全国生态示范区建设试点地区”“生态文明先行示范区”“生态文明示范工程试点”的称号，居于全国第 31 位。

与 2007 年相比，青海省的生态文明建设情况有一些进步，生态文明进步指数得分为 0.505，在全国 31 个省区市中排名第 27 位。总体来说，青海省在生态经济建设、生态文化建设、生态社会建设和生态制度建设方面具有不同程度的提升，但总体发展的速度还有待于进一步提高。

青海生态文明进步指数分布表

类别	得分	排名
生态文明进步指数	0.505	27
生态经济建设	0.156	27
生态环境建设	−0.027	31
生态文化建设	0.212	21
生态社会建设	0.142	14
生态制度建设	0.022	11

青海生态文明发展水平指数各级指标得分和排名表

指标	得分	排名
生态文明发展指数	0.342	27
1. 生态经济建设	0.068	29
人均 GDP	0.009	21
服务业增加值占 GDP 的比重	0.002	29
万元产值建设用地	0.036	5
人均建设用地面积	0.004	29
万元产值用电量	0.000	31
万元产值用水量	0.017	19
2. 生态环境建设	0.083	26
污染物排放强度	0.025	29
生活垃圾无害化处理率	0.049	14
建成区绿化覆盖率	0.009	29
人均公共绿地面积	0.000	31
3. 生态文化建设	0.097	8
教育经费支出占 GDP 比重	0.036	2
万人拥有中等学校教师数	0.011	11
人均教育经费	0.026	4
R&D 经费占 GDP 比例	0.010	27
居民文化娱乐消费支出占消费总支出的比重	0.014	29
4. 生态社会建设	0.078	21
城乡居民收入比	0.014	26
万人拥有医生数	0.020	3
养老保险覆盖面	0.018	22
人均用水量	0.026	17
5. 生态制度建设	0.015	31
财政收入占 GDP 比重	0.015	20
生态文明试点创建情况	0.000	31
生态文明建设规划完备情况	0.000	31

□ 宁夏生态文明指数评价报告

2012 年，宁夏生态文明发展指数为 0.369，在 31 个省区市中排名第 26 位。宁夏生态文明建设的基本特点是，生态文化建设和生态制度建设居于全国的中上游水平，生态经济建设的水平仍需要进一步的提高。

具体来看，在生态经济建设方面，宁夏的人均 GDP 为 36394 元，居于全国第 16 位；服务业增加值占 GDP 的比重为 42.0%，居于全国第 10 位；万元产值用水量、用电量和建设用地分别是 296.2 立方米、3168.3 千瓦时、14.2 平方米，分别居于全国的第 29 位、第 30 位和第 29 位；人均建设用地面积 145.4 平方米，居于全国第 7 位。

在生态环境建设方面，宁夏污染物排放强度 17.2 吨 / 平方公里，居于全国第 19 位；生活垃圾无害化处理率达到 70.6%，居于第 27 位；建成区绿化覆盖率 38.4%，居于第 18 位；人均公共绿地面积 86.6 平方米，居于第 7 位。

在生态文化建设方面，宁夏教育经费占 GDP 比重的 5.6%，在全国居于第 8 位；万人拥有中等学校教师数 45.0 人，在全国居于第 4 位；人均教育经费 2030.7 元，居于第 8 位；R&D 经费占 GDP 的 0.6%，居于第 20 位；居民文化娱乐消费支出占消费总支出的比重为 10.7%，居于第 21 位。

在生态社会建设方面，宁夏城乡居民收入比 3.2，居于全国第 24 位；万人拥有医

二级指标贡献率饼图

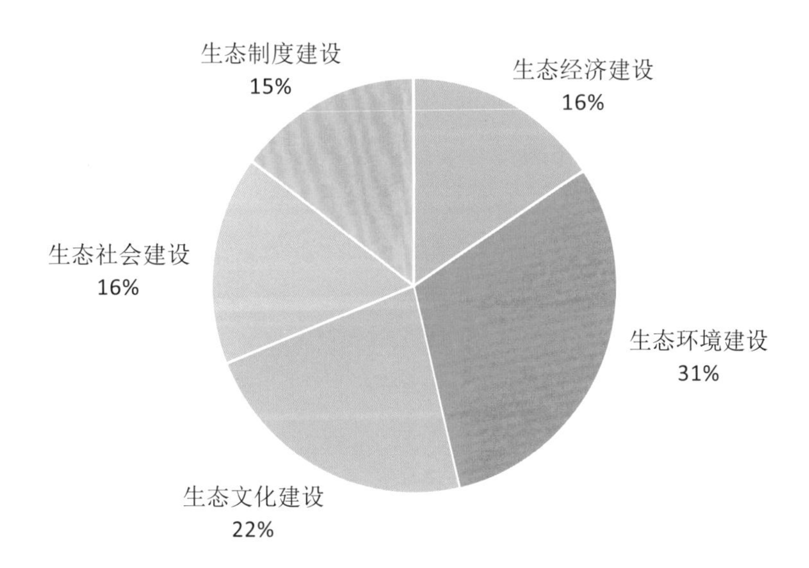

二级指标得分与最高、最低得分雷达图

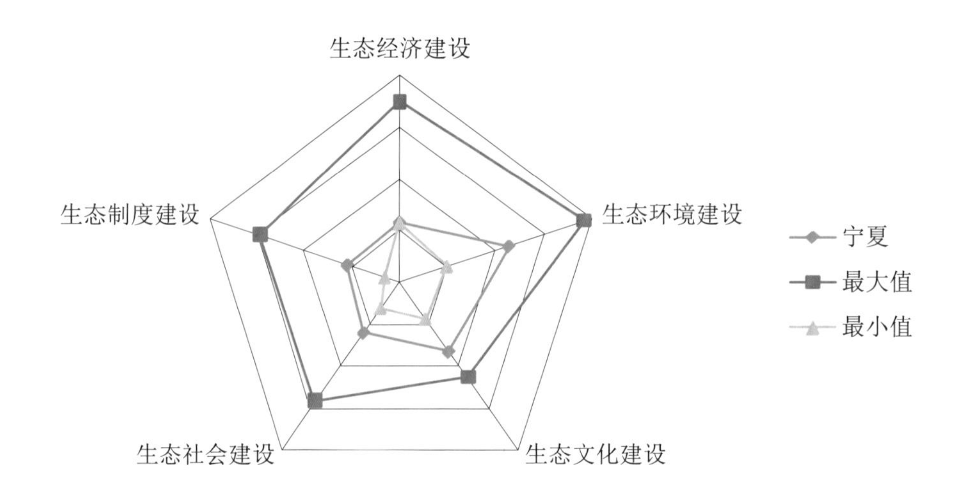

生数 20.2 人，居于全国第 11 位；养老保险覆盖面达到 48.2%，居于全国第 24 位；人均用水量达到 1078.0 立方米，居于全国第 30 位。

在生态制度建设方面，财政收入占 GDP 比重的 11.3%，居于全国第 12 位。近些年来，宁夏较为重视生态文明的建设，先后获得“国家级生态示范区”“全国生态示范区建设试点地区”“生态文明先行示范区”“生态文明示范工程试点”的称号，居于全国第 18 位。

与 2007 年相比，宁夏回族自治区的生态文明建设情况有一些进步，生态文明进步指数得分为 0.540，在全国 31 个省区市中排名第 25 位。总体来说，宁夏在 5 个方面均具有不同程度的提升，但由于宁夏原有的发展基础较薄弱，总体的提升水平有限。

宁夏生态文明进步指数分布表

类别	得分	排名
生态文明进步指数	0.540	25
生态经济建设	0.224	10
生态环境建设	0.095	23
生态文化建设	0.107	29
生态社会建设	0.099	19
生态制度建设	0.015	20

宁夏生态文明发展水平指数各级指标得分和排名表

指标	得分	排名
生态文明发展指数	0.369	26
1. 生态经济建设	0.058	31
人均 GDP	0.011	16
服务业增加值占 GDP 的比重	0.012	10
万元产值建设用地	0.006	29
人均建设用地面积	0.015	7
万元产值用电量	0.000	30
万元产值用水量	0.013	29
2. 生态环境建设	0.113	20
污染物排放强度	0.043	19
生活垃圾无害化处理率	0.030	27
建成区绿化覆盖率	0.031	18
人均公共绿地面积	0.010	7
3. 生态文化建设	0.083	11
教育经费支出占 GDP 比重	0.019	8
万人拥有中等学校教师数	0.015	4
人均教育经费	0.014	8
R&D 经费占 GDP 比例	0.014	20
居民文化娱乐消费支出占消费总支出的比重	0.020	21
4. 生态社会建设	0.060	26
城乡居民收入比	0.016	24
万人拥有医生数	0.013	11
养老保险覆盖面	0.013	24
人均用水量	0.019	30
5. 生态制度建设	0.054	18
财政收入占 GDP 比重	0.023	12
生态文明试点创建情况	0.032	18
生态文明建设规划完备情况	0.000	20

□ 新疆生态文明指数评价报告

2012 年，新疆生态文明发展指数为 0.308，在 31 个省区市中排名第 30 位。新疆生态文明建设的基本特点是，生态文化建设、制度建设居于全国的中上游水平，生态社会建设的水平相对较弱。

具体来看，在生态经济建设方面，新疆的人均 GDP 为 33794 元，居于全国第 18 位；服务业增加值占 GDP 的比重 36%，居于全国第 21 位；万元产值用水量、用电量和建设用地分别是 786.3 立方米、1453.4 千瓦时、12.7 平方米，分别居于全国的第 31 位、第 26 位和第 27 位；人均建设用地面积 167.2 平方米，居于全国第 3 位。

在生态环境建设方面，新疆污染物排放强度 107.4 吨 / 平方公里，居于全国第 30 位；生活垃圾无害化处理率达到 78.7%，居于第 25 位；建成区绿化覆盖率 35.9%，居于第 25 位；人均公共绿地面积 86.8 平方米，居于第 6 位。

在生态文化建设方面，新疆教育经费占 GDP 比重的 6.1%，在全国居于第 6 位；万人拥有中等学校教师数 52.9 人，在全国居于第 1 位；人均教育经费 2062.6 元，居于第 7 位；R&D 经费占 GDP 的 0.36%，居于第 29 位；居民文化娱乐消费支出占消费总支出的比重为 9.21%，居于第 27 位。

在生态社会建设方面，新疆城乡居民收入比 2.8 ，居于全国第 14 位；万人拥有

二级指标贡献率饼图

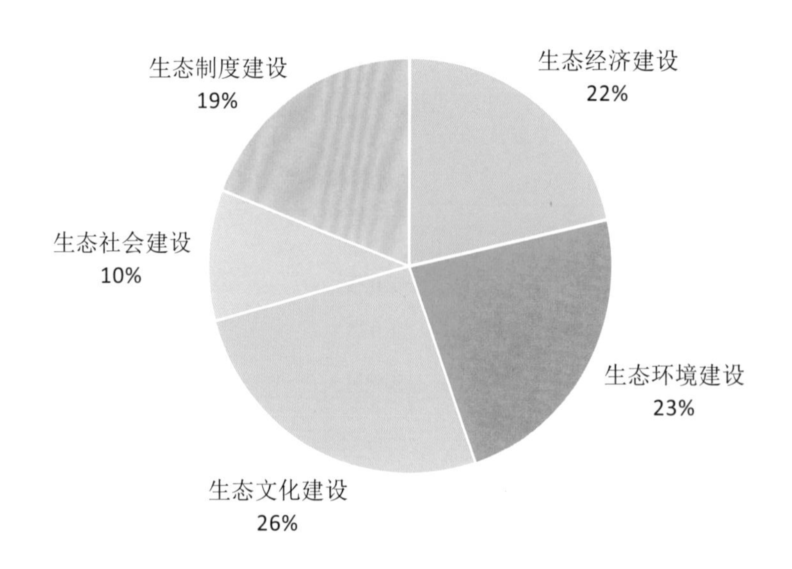

二级指标得分与最高、最低得分雷达图

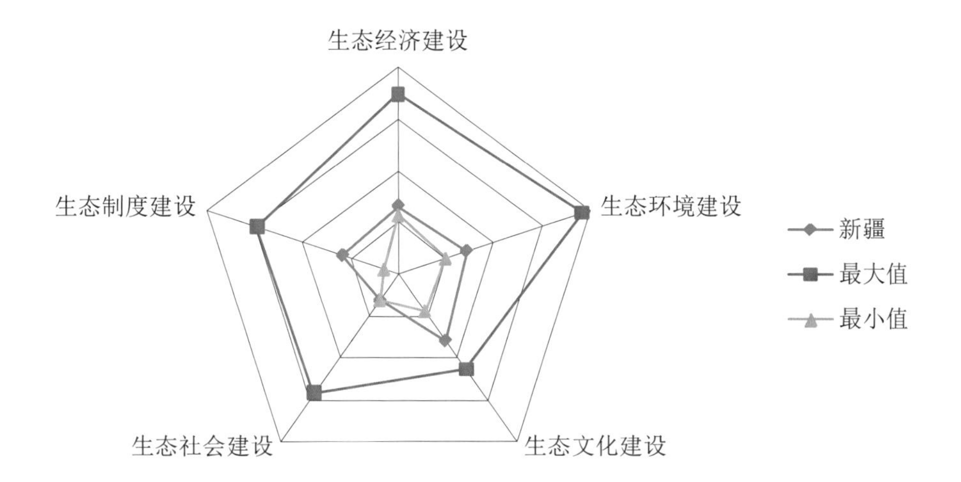

医生数 5.9 人，居于全国第 30 位；养老保险覆盖面达到 44.7%，居于全国第 28 位。

在生态制度建设方面，财政收入占 GDP 比重的 12.1%，居于全国第 11 位。近些年来，新疆先后获得“国家级生态示范区”“全国生态示范区建设试点地区”“生态文明先行示范区”“生态文明示范工程试点”的称号，居于全国第 17 位。

与 2007 年相比，新疆的生态文明建设情况有一些进步，生态文明进步指数得分为 0.463，在全国 31 个省区市中排名第 29 位。总体来说，新疆在 5 个方面均具有不同程度的提升，最为突出的是生态制度建设，但总体发展的速度还有待于进一步提高。

新疆生态文明进步指数分布表

类别	得分	排名
生态文明进步指数	0.463	29
生态经济建设	0.136	28
生态环境建设	0.110	21
生态文化建设	0.144	27
生态社会建设	0.044	24
生态制度建设	0.030	4

新疆生态文明发展水平指数各级指标得分和排名表

指标	得分	排名
生态文明发展指数	0.308	30
1. 生态经济建设	0.066	30
人均 GDP	0.010	18
服务业增加值占 GDP 的比重	0.006	21
万元产值建设用地	0.012	27
人均建设用地面积	0.020	3
万元产值用电量	0.019	26
万元产值用水量	0.000	31
2. 生态环境建设	0.072	29
污染物排放强度	0.003	30
生活垃圾无害化处理率	0.038	25
建成区绿化覆盖率	0.022	25
人均公共绿地面积	0.010	6
3. 生态文化建设	0.080	13
教育经费支出占 GDP 比重	0.023	6
万人拥有中等学校教师数	0.020	1
人均教育经费	0.015	7
R&D 经费占 GDP 比例	0.008	29
居民文化娱乐消费支出占消费总支出的比重	0.015	27
4. 生态社会建设	0.032	31
城乡居民收入比	0.024	14
万人拥有医生数	0.001	30
养老保险覆盖面	0.007	28
人均用水量	0.000	31
5. 生态制度建设	0.059	17
财政收入占 GDP 比重	0.027	11
生态文明试点创建情况	0.032	17
生态文明建设规划完备情况	0.000	19

Part

4

Evaluation of Ecological Civilization Development in 35 major cities of China

35 个大中城市生态文明建设评估 >

Ranking of indexes for ecological civilization development in 35 major cities

35 个大中城市生态文明发展指数排名

□ 生态文明发展指数评价结果

指数得分与排名

根据中国生态文明评价体系和数学模型，课题组对中国 35 个大中城市进行了评价分析。下表列出了 2012 年 35 个大中城市中国生态文明发展指数的排位和得分情况。中国 35 个大中城市生态文明发展指数排名最高的 10 个城市分别是北京、深圳、上海、宁波、天津、南京、杭州、贵阳、大连和厦门。

35 个大中城市中国生态文明发展指数以及分项指数得分和排名

城市	中国生态文明发展指数	排名	生态经济建设	排名	生态环境建设	排名	生态文化建设	排名	生态社会建设	排名	生态制度建设	排名
北京	0.759	1	0.175	1	0.168	1	0.153	1	0.088	3	0.175	2
深圳	0.639	2	0.172	2	0.157	3	0.080	7	0.094	1	0.137	6
上海	0.612	3	0.151	5	0.087	33	0.137	2	0.061	16	0.175	1
宁波	0.544	4	0.125	15	0.128	18	0.076	10	0.089	2	0.125	10
天津	0.543	5	0.136	8	0.106	29	0.100	4	0.068	7	0.133	7
南京	0.535	6	0.136	9	0.141	9	0.078	8	0.039	31	0.140	4
杭州	0.532	7	0.134	10	0.139	11	0.066	16	0.086	4	0.107	12
贵阳	0.498	8	0.068	33	0.135	15	0.091	5	0.055	19	0.150	3
大连	0.492	9	0.146	6	0.125	20	0.072	13	0.067	9	0.083	17
厦门	0.486	10	0.122	16	0.140	10	0.068	15	0.063	13	0.093	15
重庆	0.485	11	0.076	32	0.143	7	0.081	6	0.045	29	0.139	5
西安	0.483	12	0.105	22	0.134	16	0.061	17	0.057	18	0.125	9
长沙	0.473	13	0.131	12	0.123	21	0.057	19	0.063	15	0.100	14
沈阳	0.472	14	0.127	13	0.142	8	0.048	27	0.072	6	0.084	16
青岛	0.464	15	0.137	7	0.156	4	0.047	28	0.067	11	0.057	21
武汉	0.463	16	0.127	14	0.112	26	0.045	30	0.048	28	0.131	8
成都	0.428	17	0.112	18	0.136	13	0.043	32	0.068	8	0.068	19

（续表）

城市	中国生态文明发展指数	排名	生态经济建设	排名	生态环境建设	排名	生态文化建设	排名	生态社会建设	排名	生态制度建设	排名
郑州	0.422	18	0.099	25	0.082	34	0.056	20	0.065	12	0.120	11
广州	0.420	19	0.161	4	0.119	23	0.077	9	0.052	23	0.010	32
乌鲁木齐	0.417	20	0.110	19	0.114	24	0.057	18	0.063	14	0.073	18
南昌	0.417	21	0.094	26	0.126	19	0.046	29	0.049	27	0.101	13
昆明	0.403	22	0.088	30	0.153	5	0.071	14	0.059	17	0.031	27
福州	0.387	23	0.112	17	0.109	27	0.049	24	0.052	24	0.064	20
太原	0.383	24	0.089	28	0.119	22	0.074	12	0.067	10	0.034	24
合肥	0.374	25	0.101	23	0.138	12	0.076	11	0.044	30	0.016	30
石家庄	0.363	26	0.090	27	0.129	17	0.043	31	0.052	25	0.050	22
长春	0.360	27	0.108	20	0.092	32	0.055	22	0.055	20	0.050	23
南宁	0.355	28	0.077	31	0.166	2	0.049	23	0.030	35	0.034	25
呼和浩特	0.346	29	0.162	3	0.112	25	0.030	35	0.036	33	0.006	34
银川	0.345	30	0.099	24	0.135	14	0.038	34	0.054	21	0.018	29
哈尔滨	0.344	31	0.106	21	0.101	31	0.056	21	0.050	26	0.032	26
济南	0.341	32	0.132	11	0.107	28	0.039	33	0.054	22	0.009	33
海口	0.337	33	0.088	29	0.148	6	0.048	25	0.039	32	0.014	31
西宁	0.311	34	0.059	35	0.058	35	0.101	3	0.073	5	0.021	28
兰州	0.252	35	0.062	34	0.105	30	0.048	26	0.034	34	0.003	35

从整体的排名情况看，排名靠前的城市大多集中于东部沿海地区，经济发展水平较高，而排名靠后的城市则更多集中在经济发展水平相对欠发达地区，这主要是由于地区之间因经济社会发展基础、环保投入、技术水平等方面存在较大差异而造成的发展“鸿沟”。但值得注意的是，贵阳从2007年起大力开展生态文明建设，近年来在相关领域进展迅速。

水平分级情况

根据中国35个大中城市生态文明发展指数得分的差异程度，可将35个城市分为4个级别，分别代表4个不同的发展水平。

与31个省区市的分布情况类似，由35个大中城市生态文明发展指数分级情况图可以发现，长尾效应也非常明显。第一级别内的城市得分情况远远高于其他城市。而第二、三、四级别间的水平差距较小，这同时体现在各组内标准差的数值上。

35个大中城市中国生态文明发展指数分级情况图

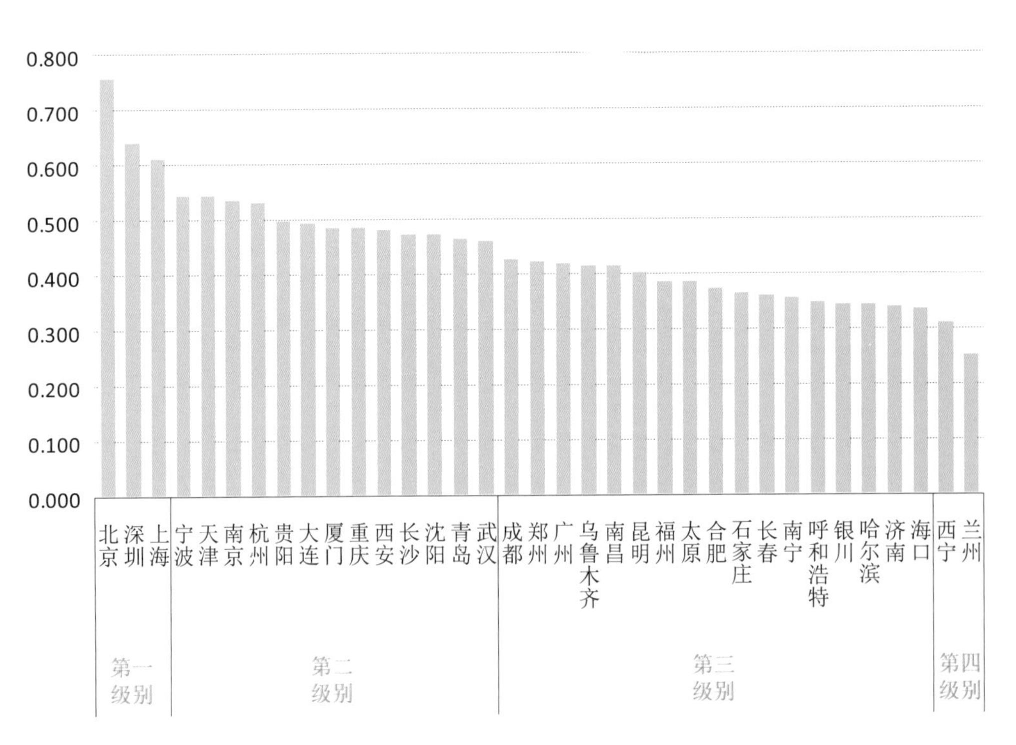

□ 生态文明进步指数评价结果

35 个大中城市中国生态文明进步指数以及分项指数得分和排名

城市	生态文明进步指数	排名	生态经济建设	排名	生态环境建设	排名	生态文化建设	排名	生态社会建设	排名	生态制度建设	排名
西宁	0.571	1	0.277	1	−0.019	33	0.188	3	0.112	1	0.012	21
重庆	0.489	2	0.182	3	0.121	1	0.133	9	0.029	8	0.023	10
西安	0.441	3	0.160	5	0.061	10	0.165	5	0.030	7	0.025	7
乌鲁木齐	0.434	4	0.114	18	0.118	3	0.161	6	0.016	15	0.024	8
昆明	0.391	5	0.117	17	0.015	20	0.199	2	0.041	5	0.020	12
长沙	0.388	6	0.167	4	0.077	6	0.101	18	0.045	3	−0.002	33
南宁	0.359	7	0.136	12	0.070	7	0.123	10	0.006	24	0.024	9
成都	0.351	8	0.113	19	0.065	8	0.110	13	0.056	2	0.007	28
合肥	0.350	9	0.131	13	−0.011	32	0.250	1	−0.004	29	−0.016	35
武汉	0.339	10	0.197	2	0.027	19	0.068	28	0.019	13	0.028	4
贵阳	0.339	11	0.142	8	0.043	13	0.096	20	0.040	6	0.018	14
深圳	0.320	12	0.087	28	0.116	4	0.090	23	0.016	16	0.011	23
天津	0.312	13	0.149	7	0.035	15	0.103	16	0.007	22	0.017	16
长春	0.308	14	0.141	9	0.009	25	0.112	12	0.004	25	0.043	1
济南	0.289	15	0.098	26	0.006	26	0.169	4	−0.002	28	0.018	15
福州	0.285	16	0.138	11	0.013	23	0.109	14	0.011	20	0.013	20

（续表）

城市	生态文明进步指数	排名	生态经济建设	排名	生态环境建设	排名	生态文化建设	排名	生态社会建设	排名	生态制度建设	排名
太原	0.281	17	0.078	31	0.052	11	0.102	17	0.029	9	0.019	13
大连	0.269	18	0.125	14	0.004	28	0.137	8	–0.013	33	0.015	18
杭州	0.256	19	0.102	25	0.038	14	0.093	22	0.013	18	0.009	25
哈尔滨	0.254	20	0.112	21	0.031	17	0.094	21	–0.010	32	0.026	6
南昌	0.250	21	0.113	20	–0.024	34	0.143	7	0.001	26	0.016	17
上海	0.248	22	0.059	34	0.093	5	0.070	27	0.020	12	0.005	30
厦门	0.247	23	0.060	33	0.121	2	0.045	33	0.015	17	0.007	27
南京	0.242	24	0.112	22	0.000	30	0.123	11	0.007	23	0.001	32
沈阳	0.241	25	0.108	24	0.010	24	0.065	30	0.027	11	0.031	2
海口	0.238	26	0.140	10	–0.005	31	0.088	24	0.028	10	–0.013	34
广州	0.234	27	0.087	29	0.014	21	0.085	25	0.042	4	0.006	29
石家庄	0.230	28	0.097	27	0.014	22	0.097	19	–0.006	31	0.029	3
青岛	0.227	29	0.108	23	0.031	18	0.078	26	–0.002	27	0.011	22
兰州	0.218	30	0.117	16	0.065	9	0.038	35	–0.004	30	0.003	31
银川	0.217	31	0.158	6	–0.043	35	0.063	31	0.012	19	0.027	5
郑州	0.217	32	0.082	30	0.005	27	0.108	15	0.008	21	0.014	19
北京	0.205	33	0.077	32	0.044	12	0.056	32	0.018	14	0.010	24
呼和浩特	0.172	34	0.124	15	0.001	29	0.068	29	–0.043	35	0.022	11
宁波	0.116	35	0.052	35	0.033	16	0.041	34	–0.019	34	0.009	26

生态文明发展指数是由相对评价法得出，所反映的是 35 个大中城市的相对排名的不同，而进步指数则是基于三级指标原始数据以及指标权重，加权计算而出，能够客观准确地反映各城市生态文明建设的成效及变化。

从 35 个大中城市生态文明进步指数的排名看，西宁、重庆、西安、乌鲁木齐、昆明、长沙、南宁、成都、合肥、武汉分列前十位，其中多个城市的生态文明发展指数得分和排名较低，由此推断，从 2007 年以来，35 个大中城市中的生态文明建设水平呈现地区收敛的态势，城市间在生态文明建设方面的差距在逐渐缩小。

生态文明发展指数区域分析

基于东中西东北划分视角

按照传统的东部、中部、西部和东北的划分标准，将 35 个大中城市进行归类。

35 个大中城市区域划分情况

区域	城市	个数
东部	深圳、天津、济南、福州、杭州、上海、厦门、南京、海口、广州、石家庄、青岛、北京、宁波	14
中部	长沙、合肥、武汉、太原、南昌、郑州	6
西部	西宁、重庆、西安、乌鲁木齐、昆明、南宁、成都、贵阳、兰州、银川、呼和浩特	11
东北	长春、大连、哈尔滨、沈阳	4

从各区域的排名分布情况看，东部 14 个城市中，有 3 个城市排名在第一级别，第二级别的城市有 6 个，第三级别的城市有 5 个；中部城市中，第二级别的城市有 2 个，第三级别的城市有 4；西部城市中，第二级别的城市有 3 个，第三级别的城市有 6 个，而两个第四级别的城市均在西部地区；东北城市中，第二级别的城市有 2 个，第三级别的城市有 2 个。

由此可见，35 个大中城市的生态文明发展水平存在差异，东部地区总体水平较高，西部地区则相对靠后。

35 个大中城市生态文明发展指数区域排名情况图

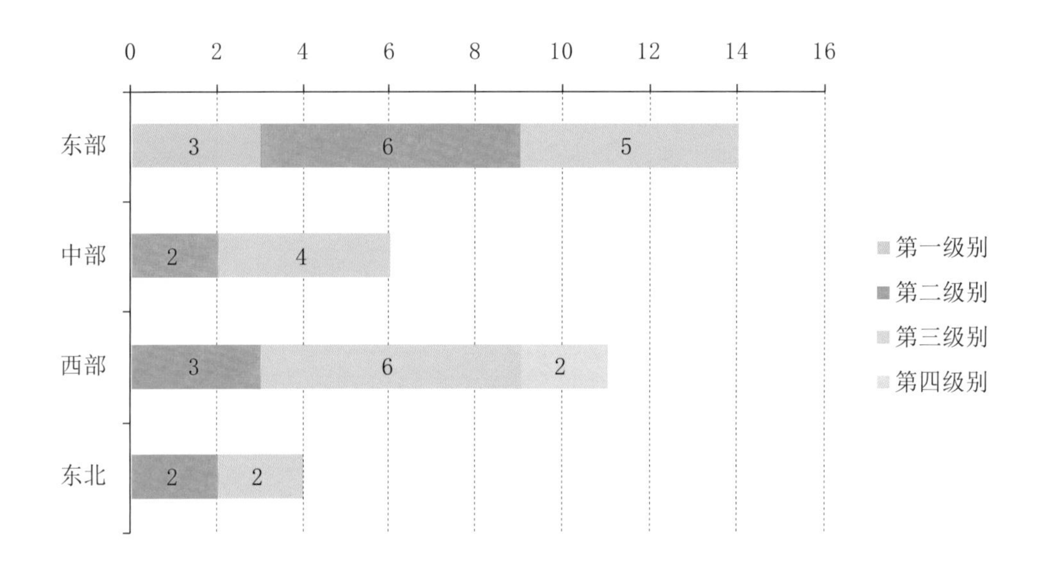

基于经济区划分视角

考虑到 35 个城市所在地区的经济发展水平存在较大差异，为进一步分析这些城市生态文明发展情况的区域特征，结合地理和经济条件将我国划分为华东地区、华南地区、华中地区、华北地区、东北地区、西北地区和西南地区 7 个区域，并将 35 个城市分布划归这些区域中。

35 个大中城市经济区域划分情况

区域	城市	个数
华东地区	济南、青岛、南京、合肥、杭州、宁波、福州、厦门、上海	9
华南地区	广州、深圳、南宁、海口	4
华中地区	武汉、长沙、郑州、南昌	4
华北地区	北京、天津、石家庄、太原、呼和浩特	5
东北地区	长春、大连、哈尔滨、沈阳	4
西北地区	银川、乌鲁木齐、西宁、西安、兰州	5
西南地区	重庆、昆明、贵阳、成都	4

从各区域生态文明发展指数的整体情况看，华北和华东地区生态文明的建设水平较高，华南和华中地区紧随其后，西北和西南地区的平均得分最低。

经济区域生态文明发展指数平均水平比较图

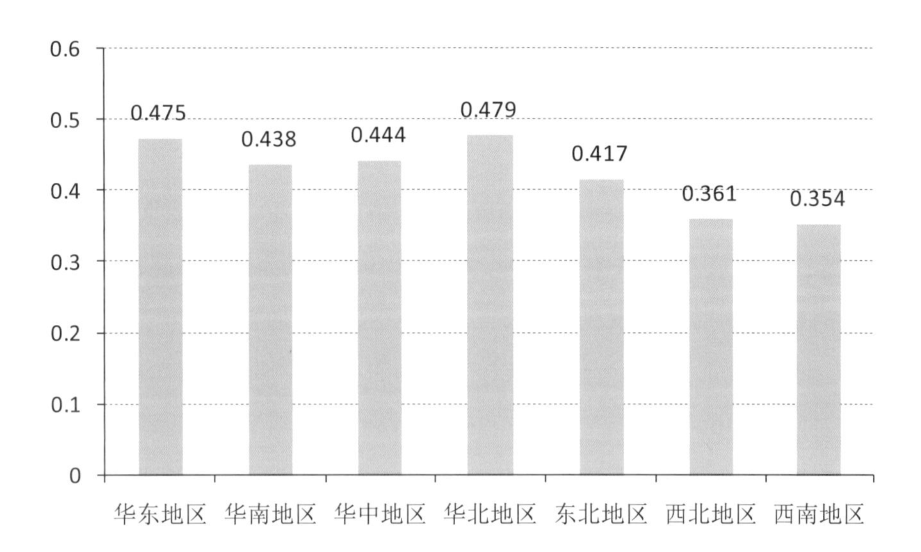

□ 生态文明发展指数和进步指数组合分析

本报告通过生态文明发展指数和进步指数两个维度，对中国 35 个大中城市进行组合分析，两轴四象限图能直观地将各城市所处的位置与水平进行区分，有利于分析城市当前生态文明建设的现状与近年的进展情况。

结合各城市生态文明发展指数和进步指数的得分情况，分别以平均值 0.442 和 0.295 作为象限划分的坐标轴，得出 35 个大中城市的四象限分布格局。

在生态文明发展指数和进步指数均高于平均值的第一象限里，共有深圳、天津、贵阳、长沙、武汉、西安和重庆 7 个城市。这些城市在近些年来从不同方面加强生态文明建设，也取得了较好的发展成效。其中，以贵阳为例，2007 年 12 月 29 日，在党的十七大召开两个月后，贵阳市委八届四次全会通过关于建设生态文明城市的决定，在全国率先提出建设生态文明城市的目标。2007 年以来，贵阳市把建设生态文明城市作为贯彻落实科学发展观的切入点和总抓手，统筹推进经济、政治、文化、社会、生态文明建设，初步形成了生态文明城市建设体系，为建设全国生态文明示范城市奠定了坚实基础。2012 年贵阳市环境空气质量优良天数为 351 天，优良率为 95.9%，其中，空气质量为一级（优）的天数达到 108 天，二级（良）的天数为 243 天，空气质量 API 指数平均值为 61。2009 年，由全国政协人口资源环境委员会、北京大学和贵阳市委、市政府共同发起举办生态文明贵阳会议，此后于 2009 年、2010 年、2011 年、2012 年连续成功举办 4 届。2013 年经党中央和国务院批准，生态文明贵阳会议升格为生态文明贵阳国际论坛。这是中国目前唯一以生态文明为主题的国家级国际性论坛。

在生态文明发展指数较高但进步指数较低的第二象限里，共有北京、上海、杭州、南京、宁波、大连、厦门、沈阳和青岛 9 个城市。这 9 个城市全部为东部和东北的城市。与此相对的是，在生态文明发展指数较低但进步指数较高的第三象限里，共有西宁、乌鲁木齐、昆明、成都、南宁、合肥和长春 7 个城市，除了中部的合肥与东北的长春外，剩余全部是西部城市。

而在生态文明发展指数和进步指数均较低的第四象限里，共有兰州、呼和浩特、郑州、银川、石家庄、广州、太原、南昌、福州、海口、哈尔滨、济南 12 个城市。

35 个大中城市生态文明发展指数和进步指数象限分布图

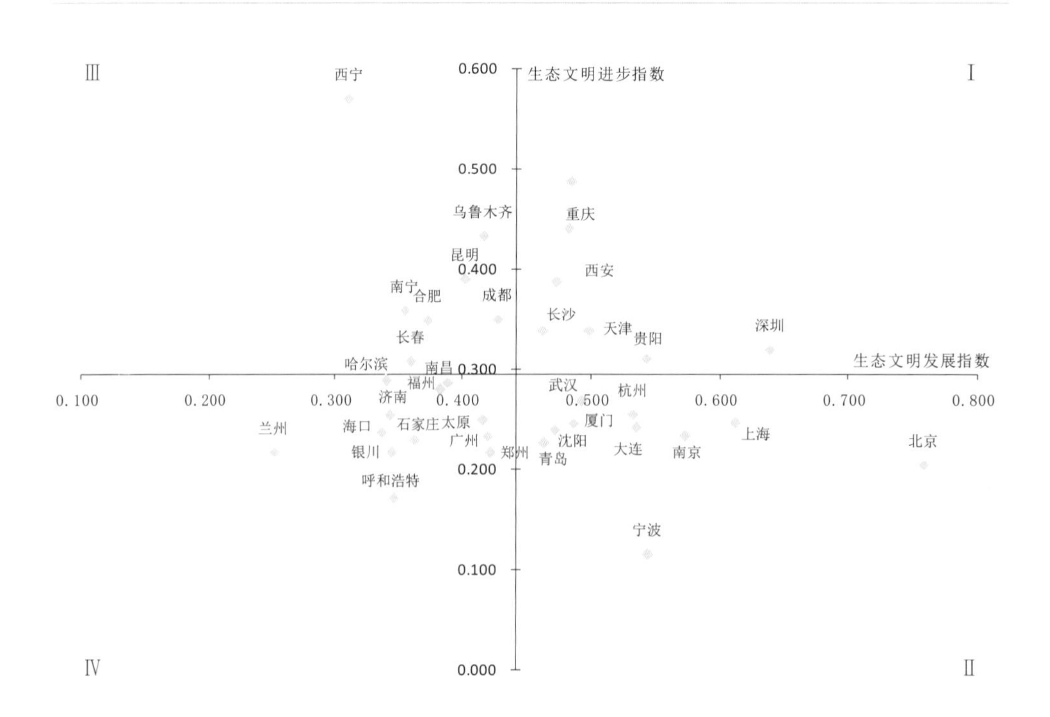

Breakdown analysis of indexes for ecological civilization development in 35 major cities

35 个大中城市生态文明发展指数分领域分析

□ 生态文明发展指数二级指标贡献率

为了更好地分析各二级指标对于一级指标生态文明发展指数的贡献作用，通过构建二级指标贡献率图来进行直观反映。由图中可以发现，生态环境建设对于生态文明发展指数的贡献率最高，平均贡献率达到 28%；其次是生态经济建设，其平均贡献率为 26%；生态制度建设的平均贡献率为 18%；生态文化建设和生态社会建设的平均贡献率分别为 15% 和 13%。因此各地区在加强生态文明建设的过程中，需要特别关注生态环境和生态经济建设，当然也不能忽视生态制度、生态文化和生态社会建设的相关工作。

35 个大中城市分领域二级指标贡献率图

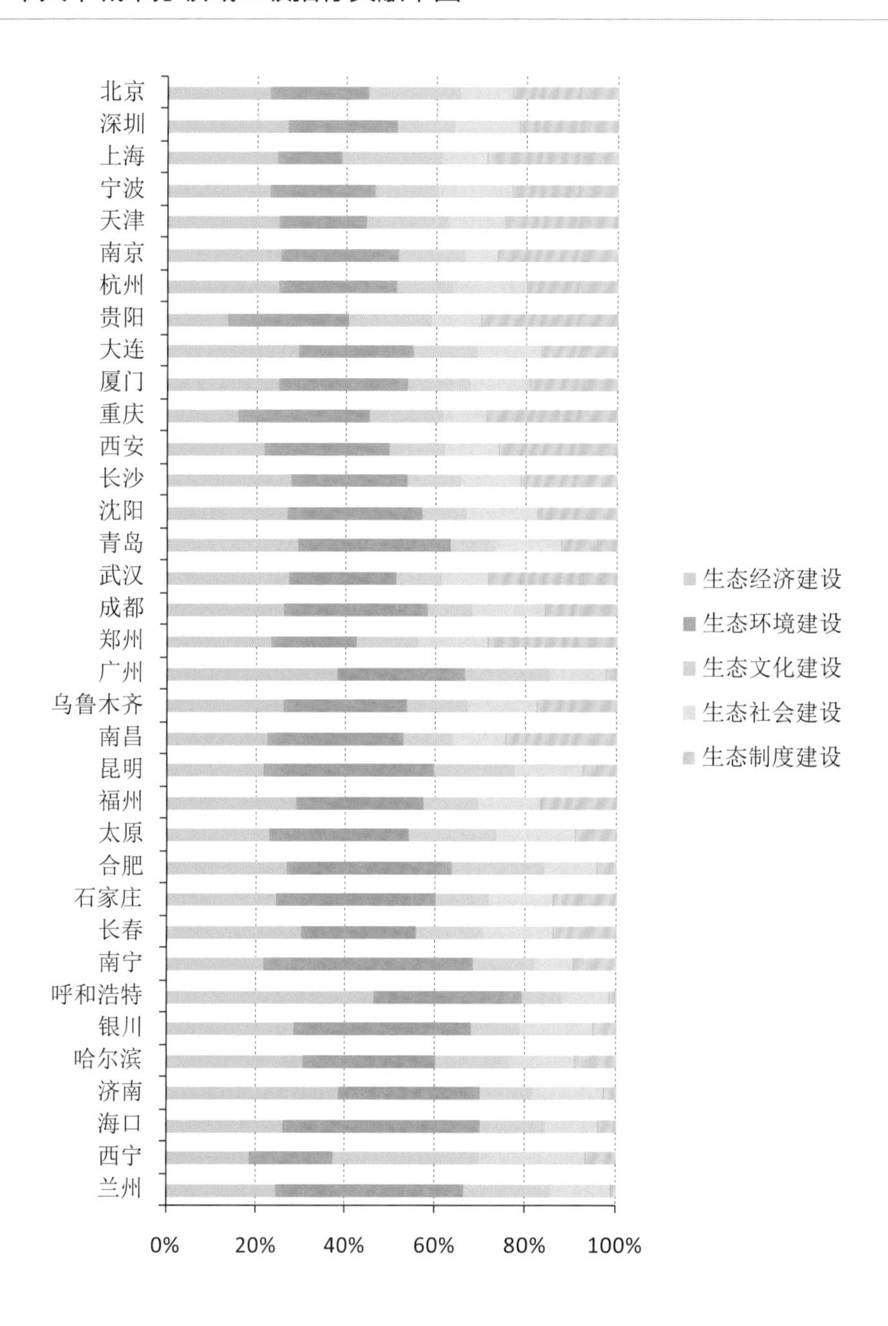

□ 生态经济建设评价结果

根据相关统计图表可知，35 个大中城市中，2012 年生态经济建设得分排在前十位的城市分别是北京、深圳、呼和浩特、广州、上海、大连、青岛、天津、南京、杭州。

35 个城市中，最高得分为 0.175，最低得分为 0.059，平均分为 0.115。

为了更加直观地比较分析 35 个大中城市生态经济建设方面的情况，课题组进一步构建了展示生态经济建设三级指标的贡献率比较图。各三级指标平均贡献率比较结果显示，万元建设用地这一指标的贡献率排在第一位，体现出土地集约使用在加强生态经济建设中的重要作用。

35 个大中城市生态经济建设得分情况

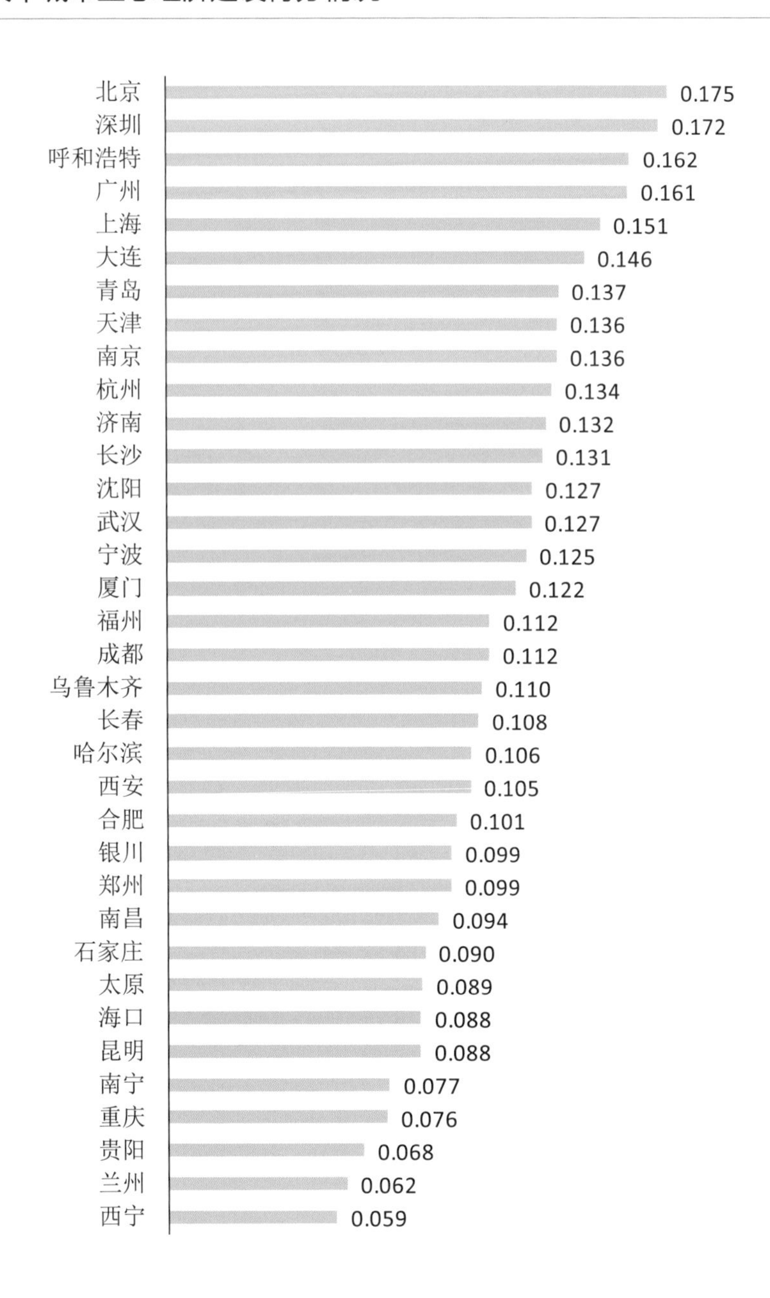

35 个大中城市生态经济建设三级指标得分贡献率

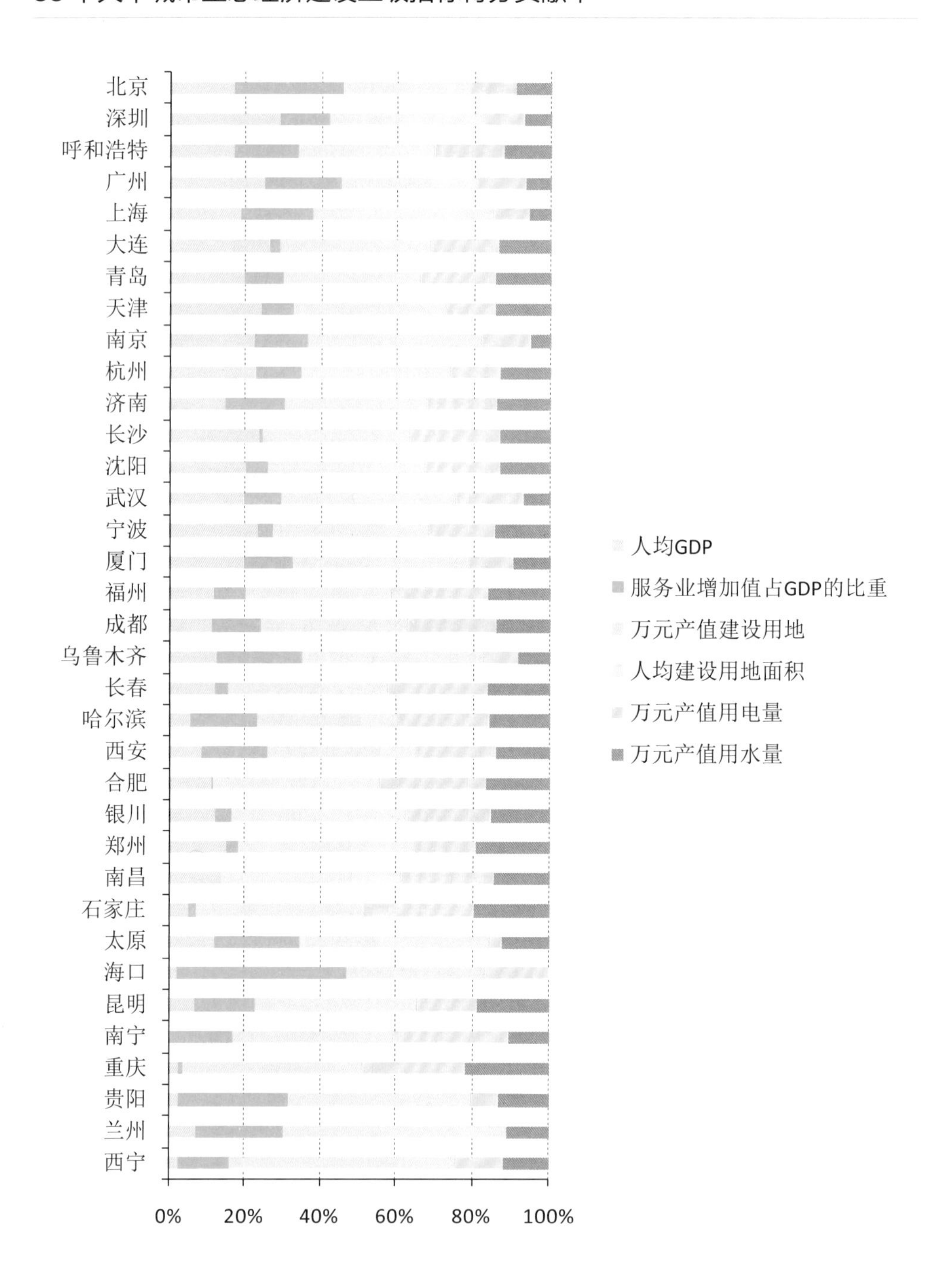

□ 生态环境建设评价结果

根据相关统计图表可知，35 个大中城市中，2012 年生态环境建设得分排在前十位的城市分别是北京、南宁、深圳、青岛、昆明、海口、重庆、沈阳、南京、厦门。35 个城市中，最高得分为 0.168，最低得分为 0.058，平均分为 0.125，高于平均分的有 20 个城市。

35 个大中城市各三级指标平均贡献率比较结果显示，生活垃圾无害化处理率与污染物排放强度这一正一逆两个指标的贡献率排在前两位。

35 个大中城市生态环境建设得分情况

城市	得分
北京	0.168
南宁	0.166
深圳	0.157
青岛	0.156
昆明	0.153
海口	0.148
重庆	0.143
沈阳	0.142
南京	0.141
厦门	0.140
杭州	0.139
合肥	0.138
成都	0.136
银川	0.135
贵阳	0.135
西安	0.134
石家庄	0.129
宁波	0.128
南昌	0.126
大连	0.125
长沙	0.123
太原	0.119
广州	0.119
乌鲁木齐	0.114
呼和浩特	0.112
武汉	0.112
福州	0.109
济南	0.107
天津	0.106
兰州	0.105
哈尔滨	0.101
长春	0.092
上海	0.087
郑州	0.082
西宁	0.058

35 个大中城市生态环境建设三级指标得分贡献率

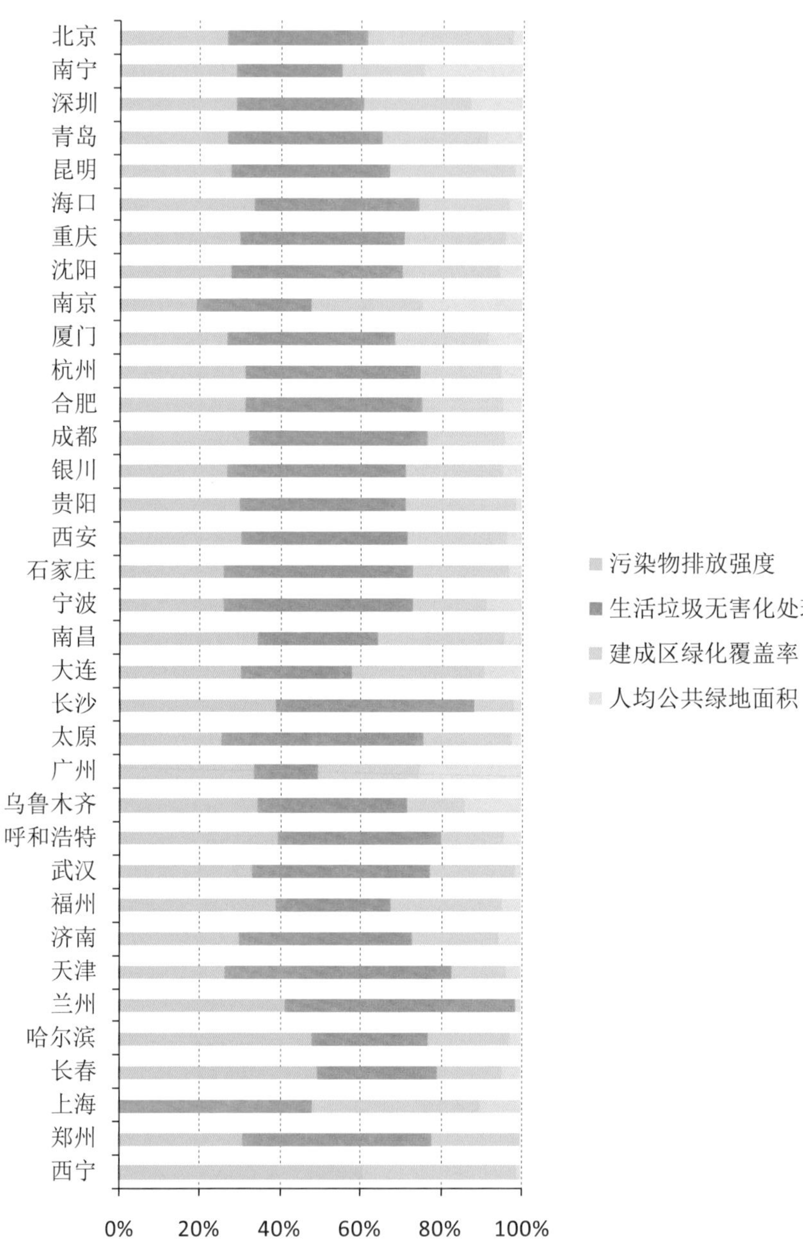

□ 生态文化建设评价结果

根据相关统计图表可知，35 个大中城市中，2012 年生态文化建设得分排在前十位的城市分别是北京、上海、西宁、天津、贵阳、重庆、深圳、南京、广州、宁波。35 个城市中，最高得分为 0.153，最低得分为 0.030，平均分为 0.066，高于平均分的有 16 个城市。

35 个大中城市生态文化建设得分情况

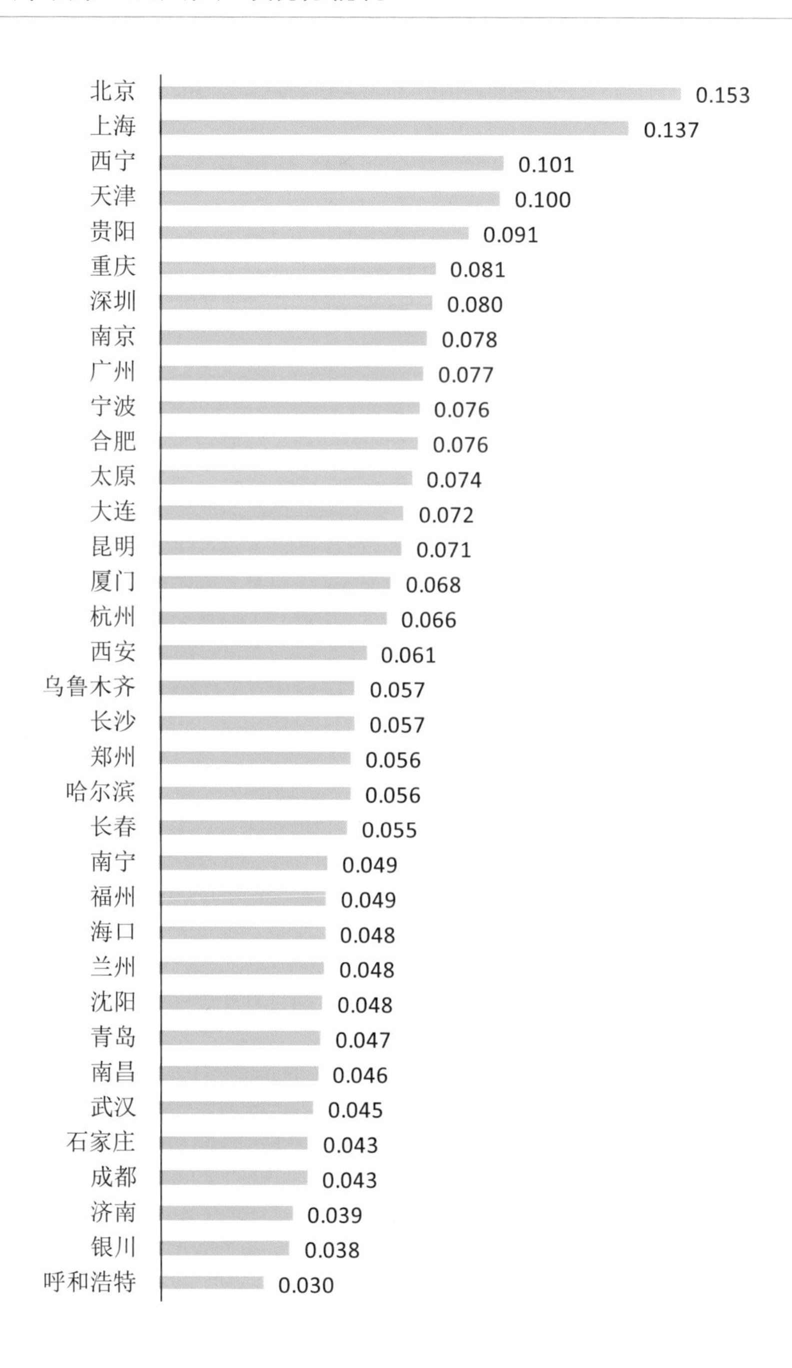

35 个大中城市各三级指标平均贡献率比较结果显示，教育经费支出占 GDP 比重与居民文化娱乐消费支出占消费总支出比重这两个指标的贡献率并列排在第一位。

35 个大中城市生态文化建设三级指标得分贡献率

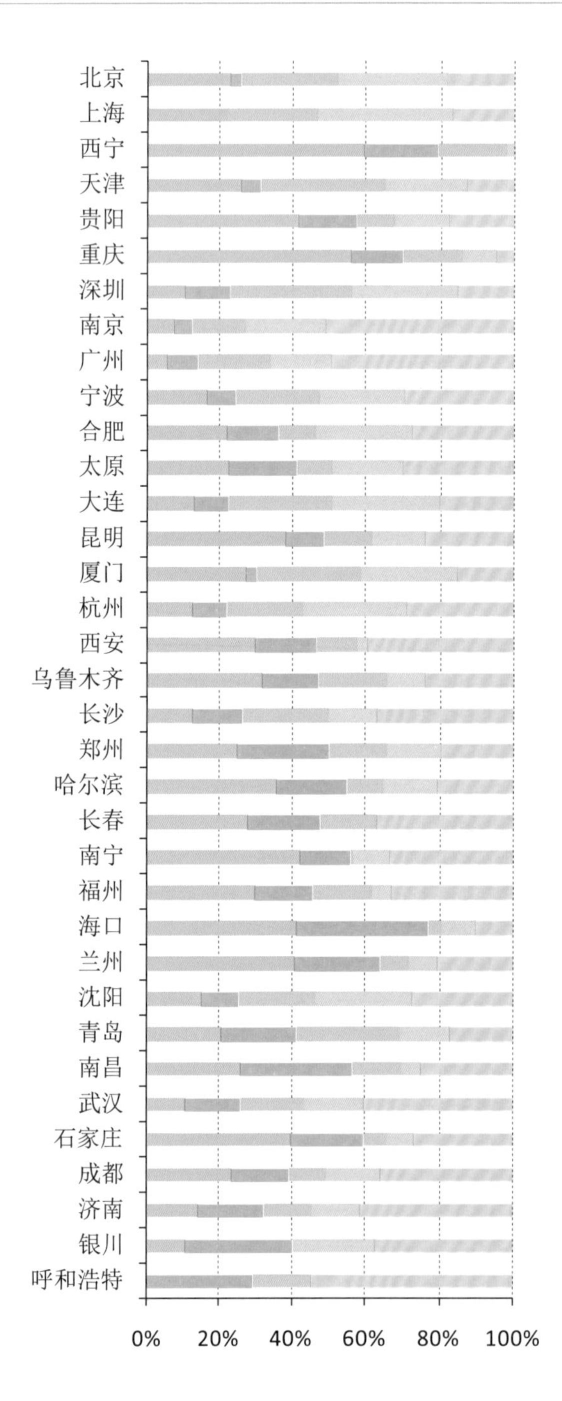

□ 生态社会建设评价结果

根据相关统计图表可知，35 个大中城市中，2012 年生态社会建设得分排在前十位的城市分别是深圳、宁波、北京、杭州、西宁、沈阳、天津、成都、大连、太原。35 个城市中，最高得分为 0.094，最低得分为 0.030，平均分为 0.059。

35 个大中城市生态社会建设得分情况

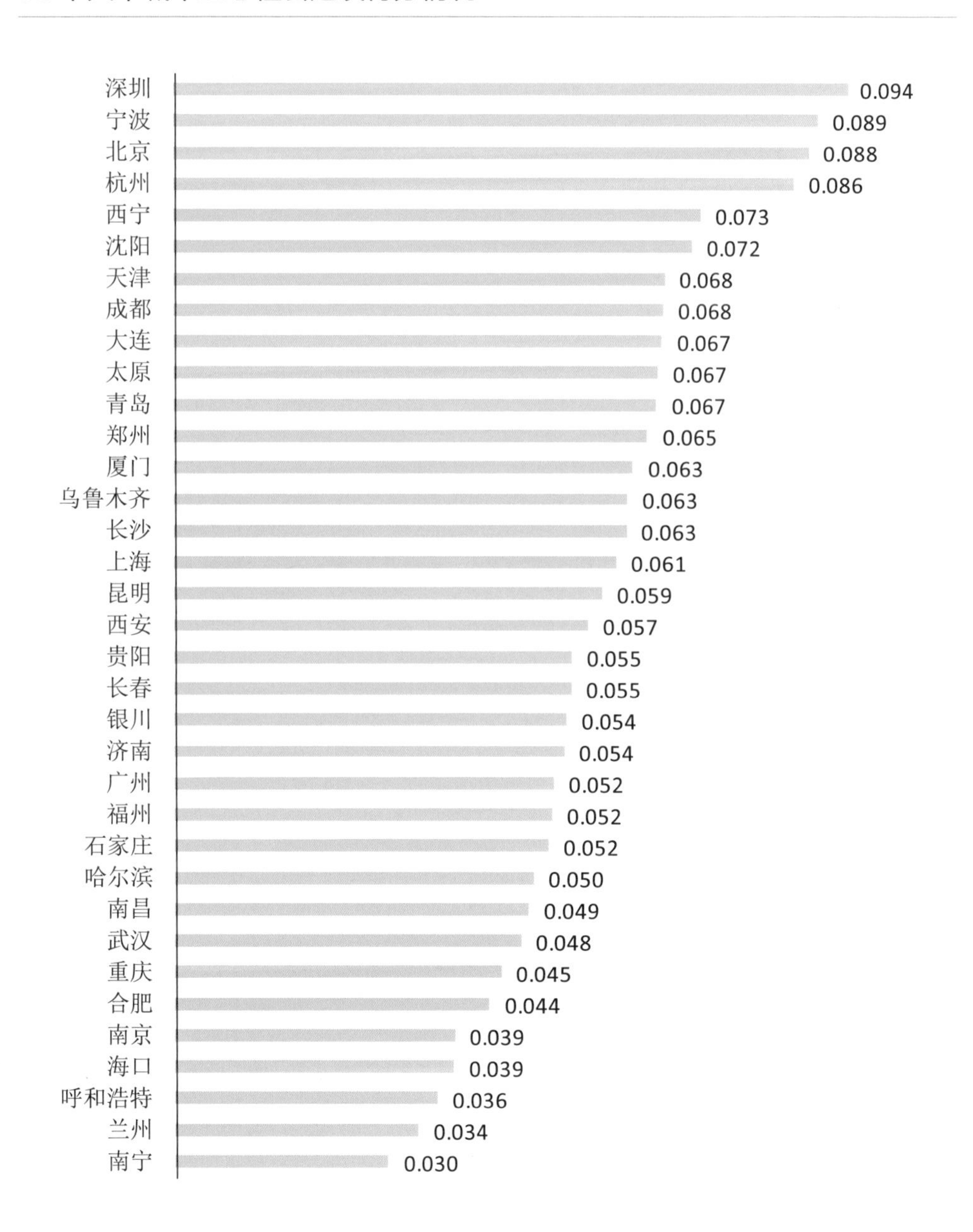

35 个大中城市各三级指标平均贡献率比较结果显示，人均用水量这一逆指标的贡献率排在第一位。对于普遍面临水资源短缺的中国城市来说，在日常生产生活中加强节水型城市建设具有重要意义。

35 个大中城市生态社会建设三级指标得分贡献率

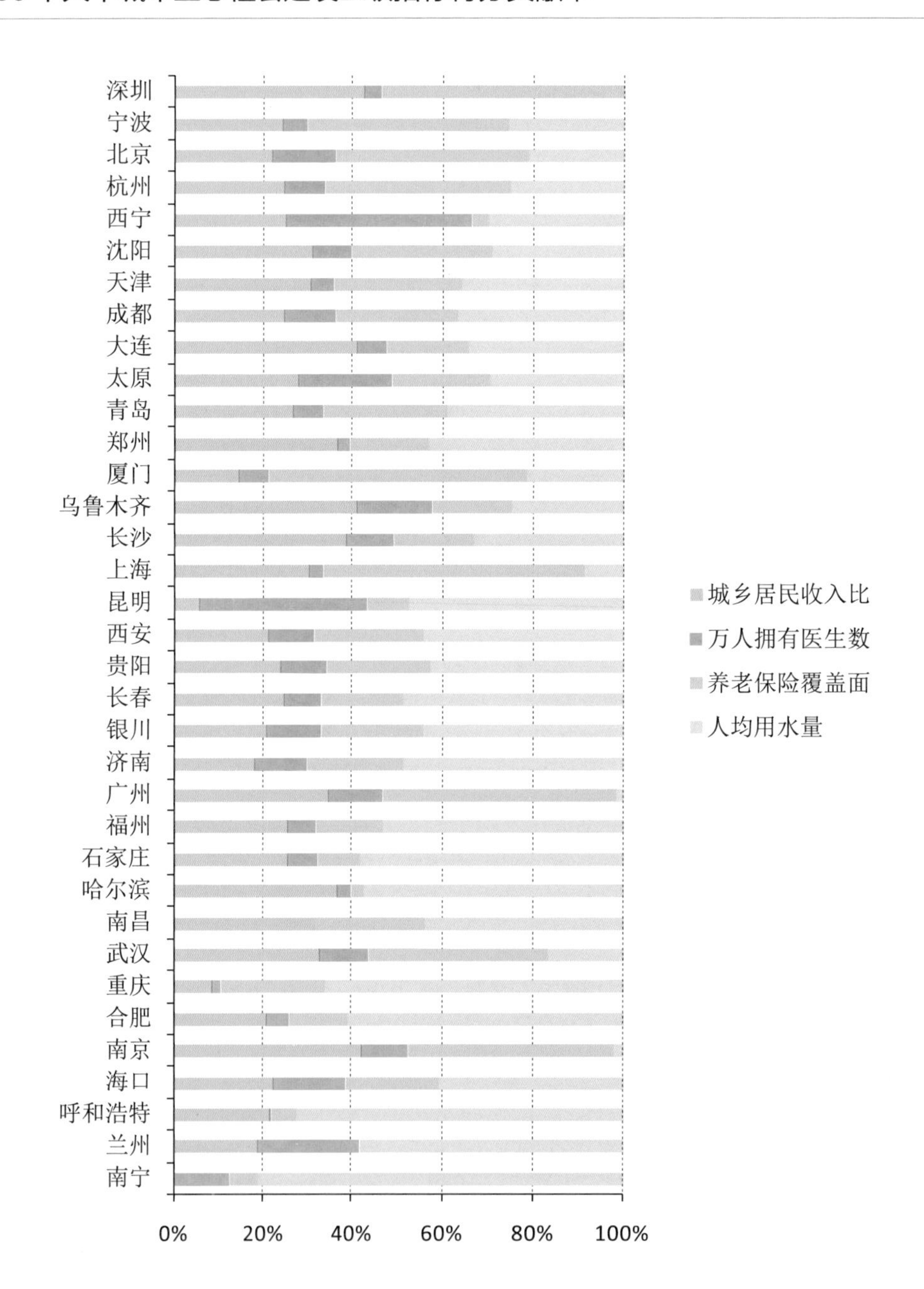

□ 生态制度建设评价结果

根据相关统计图表可知，35 个大中城市中，2012 年生态制度建设得分排在前十位的城市分别是上海、北京、贵阳、南京、重庆、深圳、天津、武汉、西安、宁波。35 个城市中，最高得分为 0.175，最低得分为 0.003，平均分为 0.077。

35 个大中城市生态制度建设得分情况

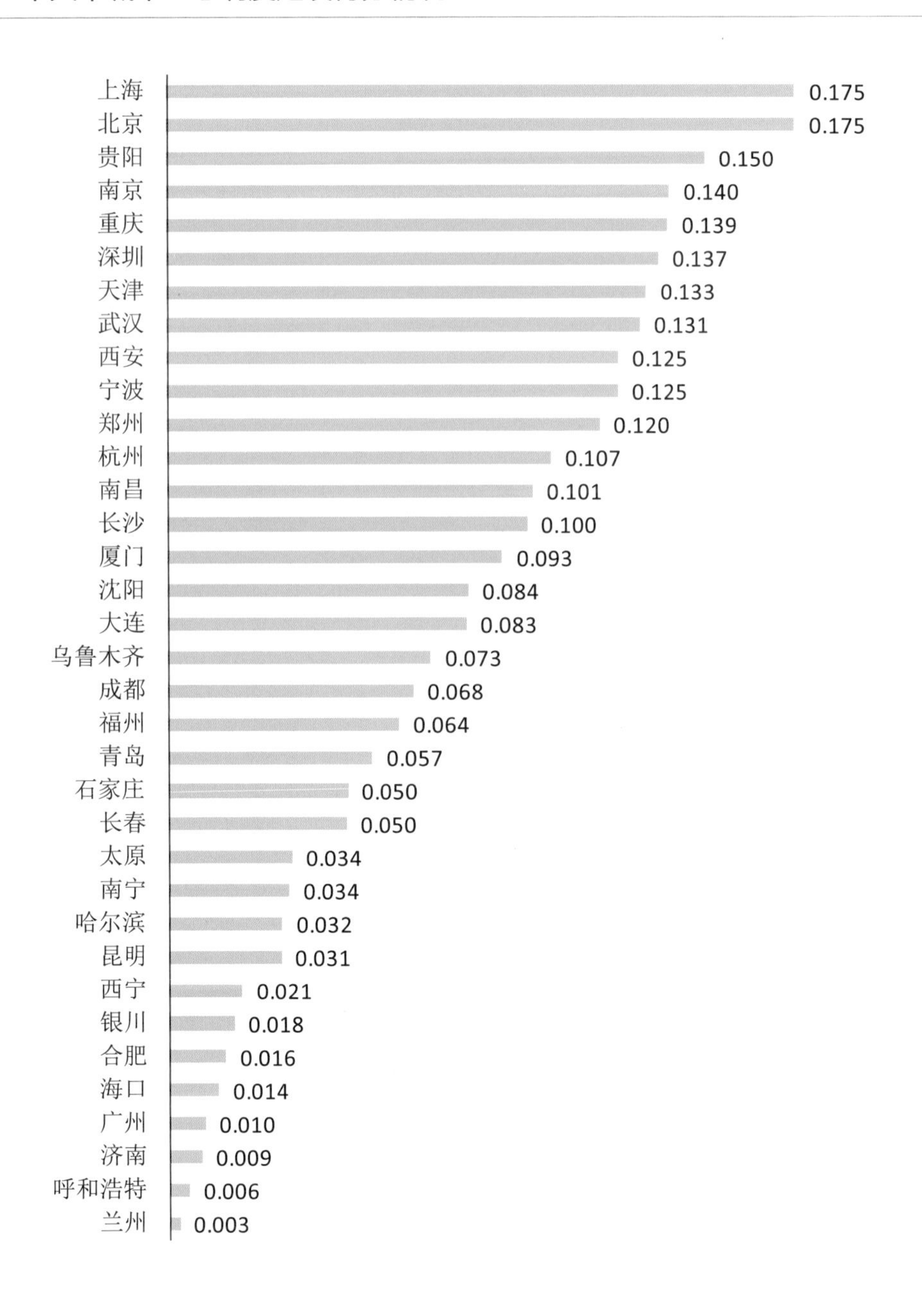

生态制度建设下的 3 个三级指标中，占有较大分量的生态文明试点创建情况和生态文明建设规划完备情况，主要反映了各地区在生态文明试点创建和相关规划政策的出台落实情况，由于地方的实际情况千差万别，体现在指标上也表现出较大的差异性。

35 个大中城市生态制度建设三级指标得分贡献率

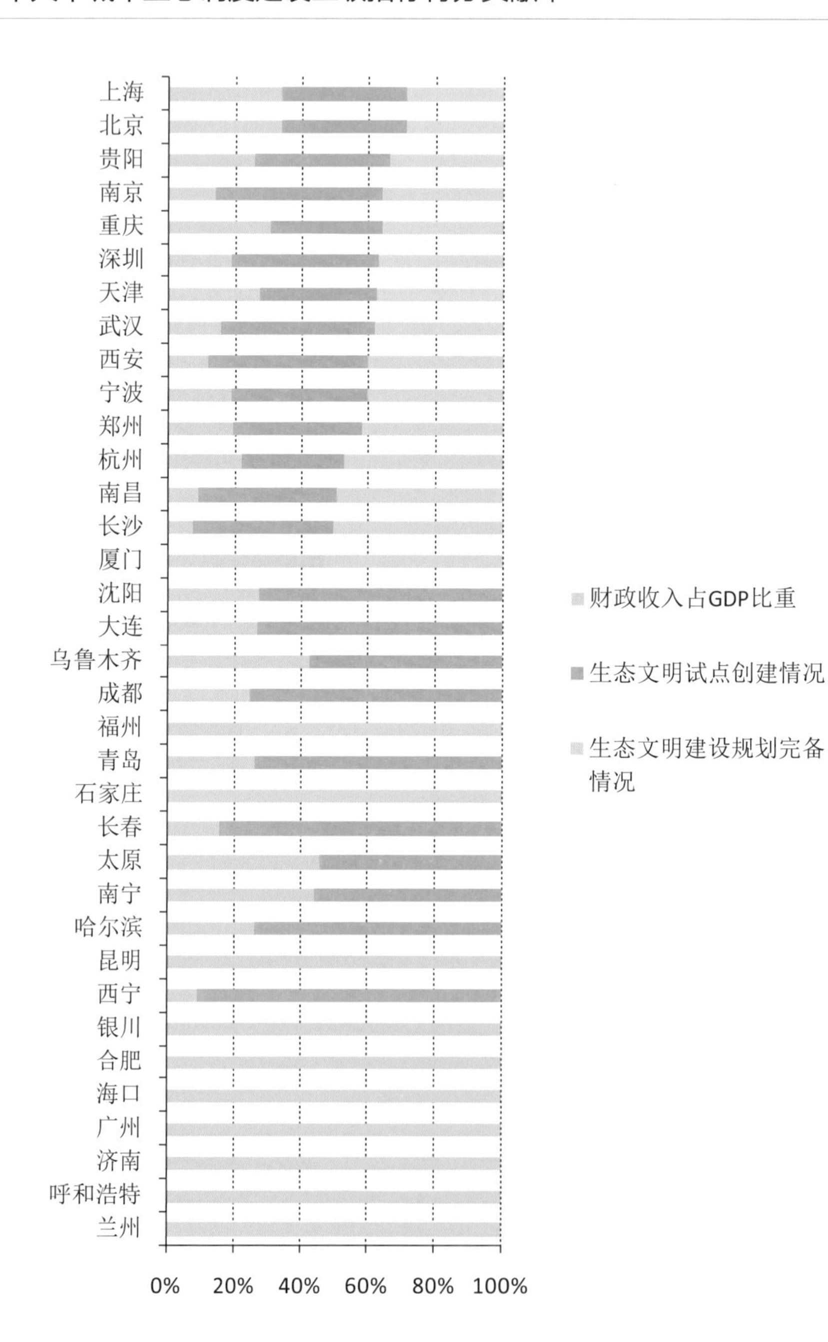

Index evaluation for ecological civilization development in 35 major cities

各城市生态文明建设指数评估

面临区域经济一体化以及区域间竞争日益激烈的趋势，如何实现区域的共同发展就成为一个重要的研究课题。增长极理论最初由法国经济学家佩鲁提出，后来经过法国的布代维尔、瑞典的缪尔达尔和美国的赫希曼等诸多经济学家的发展和完善，如今已经成为区域经济发展学说的基本理论之一。增长极理论通过增长极促进和带动区域经济增长，为许多国家和地区制定区域经济发展政策提供了重要依据。

35 个大中城市包括 4 个直辖市、27 个省会城市和 5 个计划单列市（由于数据完整性原因一般不包括拉萨），是中国区域经济发展的核心力量。本部分通过对 35 个大中城市数据指标的评价，展示各城市在生态文明建设方面的最新进展。

□ 北京生态文明指数评价报告

2012 年，北京市生态文明发展指数为 0.759，在 35 个大中城市中排名第 1 位。北京生态文明建设的基本特点是，生态文明建设整体水平和各项二级指标水平均居于 35 个大中城市的领先水平。

具体来看，在生态经济建设方面，服务业增加值占 GDP 的比重为 76.46%，居于 35 个大中城市的第 1 位；人均 GDP 达到 87475 元，居于 35 个大中城市的第 8 位；万元产值建设用地为 8.08 平方米，居于 35 个大中城市的第 18 位。

在生态环境建设方面，污染物排放强度为 5.49 吨／平方公里，居于 35 个大中城市的第 7 位；生活垃圾无害化处理率为 99.12%，居于 35 个大中城市的第 16 位；建成区绿化覆盖率达到 51.92%，居于 35 个大中城市的第 1 位。

在生态文化建设方面，教育经费支出占 GDP 比重为 3.52%，居于 35 个大中城市的第 4 位；人均教育经费支出为 3075.68 元，居于 35 个大中城市的第 1 位；R&D 经费占 GDP 比例为 1.12%，居于 35 个大中城市的第 2 位；居民文化娱乐消费支出占消费总支出的比重为 15.37%，居于 35 个大中城市的第 3 位。

在生态社会建设方面，城乡居民收入比为 2.21，居于 35 个大中城市的第 10 位；万人拥有医生数为 40.21 人，居于 35 个大中城市的第 4 位；养老保险覆盖面达到了

二级指标贡献率饼图

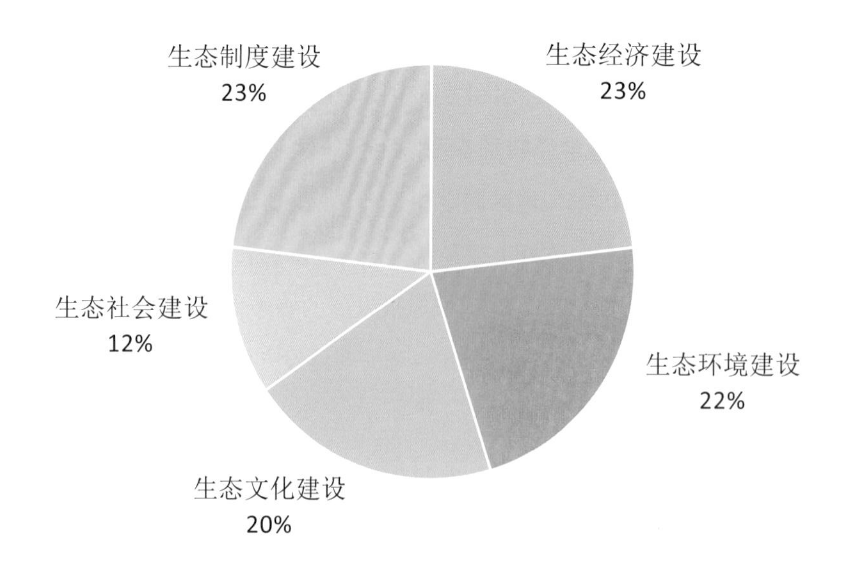

二级指标得分与最高、最低得分雷达图

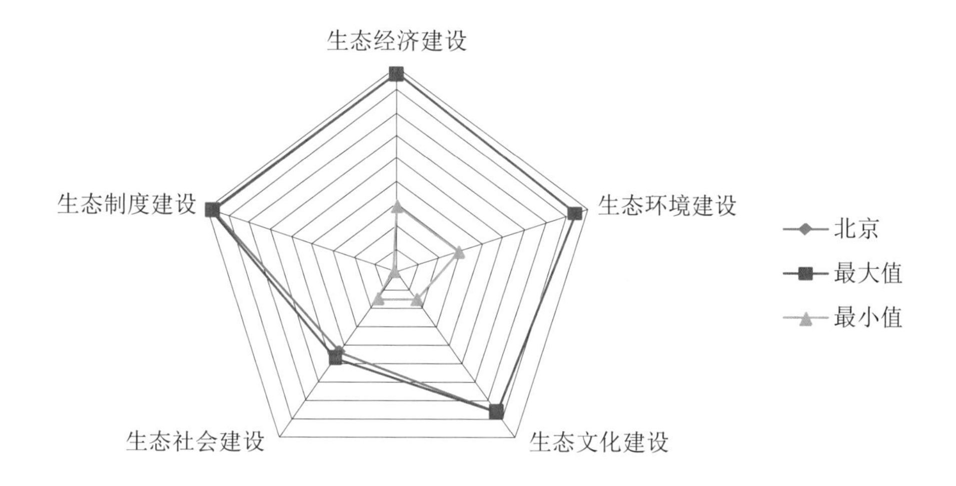

59.02，居于 35 个大中城市的第 3 位；人均用水量为 78.11 立方米／人，居于 35 个大中城市的第 27 位。

在生态制度建设方面，财政收入占 GDP 比重为 18.54%，居于 35 个大中城市的第 2 位；在生态文明试点创建方面，北京取得了显著的成效，并多次被确立为试点及示范地区：第四批生态文明建设试点地区、第三批国家级生态示范区、第六批全国生态示范区建设试点地区以及国家首批生态文明先行示范区建设地区。

与 2007 年相比，北京生态文明建设发展较缓慢，北京生态文明进步指数得分为 0.205，在 35 个大中城市中排名第 33 位。分方面看，5 个方面具有不同程度的提升，对其自身而言，生态环境和生态社会建设方面的进步较大，但由于北京生态文化建设和生态经济建设一直处于 35 个大中城市的前几位，因此很难有较大的突破。

北京生态文明进步指数分布表

分类	得分	排名
生态文明进步指数	0.205	33
生态经济建设	0.077	32
生态环境建设	0.044	12
生态文化建设	0.056	32
生态社会建设	0.018	14
生态制度建设	0.010	24

北京生态文明发展水平指数各级指标得分和排名表

指标	得分	排名
生态文明发展指数	0.759	1
1. 生态经济建设	0.175	1
人均 GDP	0.030	8
服务业增加值占 GDP 的比重	0.050	1
万元产值建设用地	0.029	18
人均建设用地面积	0.029	9
万元产值用电量	0.020	20
万元产值用水量	0.016	18
2. 生态环境建设	0.168	1
污染物排放强度	0.046	7
生活垃圾无害化处理率	0.058	16
建成区绿化覆盖率	0.060	1
人均公共绿地面积	0.004	24
3. 生态文化建设	0.153	1
教育经费支出占 GDP 比重	0.035	4
万人拥有中等学校教师数	0.004	32
人均教育经费	0.040	1
R&D 经费占 GDP 比例	0.046	2
居民文化娱乐消费支出占消费总支出的比重	0.028	3
4. 生态社会建设	0.088	3
城乡居民收入比	0.019	10
万人拥有医生数	0.013	4
养老保险覆盖面	0.037	3
人均用水量	0.019	27
5. 生态制度建设	0.175	2
财政收入占 GDP 比重	0.060	2
生态文明试点创建情况	0.065	3
生态文明建设规划完备情况	0.050	3

□ 天津生态文明指数评价报告

2012年，天津市生态文明发展指数为0.543，在35个大中城市中排名第5位。天津生态文明建设的基本特点是，只有生态环境建设的水平居于35个大中城市的下游水平，其余四项二级指标水平均居于35个大中城市的上游水平，且生态文化建设水平最高。

具体来看，在生态经济建设方面，服务业增加值占GDP的比重为46.99%，居于35个大中城市的第22位；人均GDP达到93173元，居于35个大中城市的第4位；万元产值建设用地为5.60平方米，居于35个大中城市的第9位。

在生态环境建设方面，污染物排放强度为23.34吨／平方公里，居于35个大中城市的第32位；生活垃圾无害化处理率为99.80%，居于35个大中城市的第14位；建成区绿化覆盖率达到34.89%，居于35个大中城市的第33位。

在生态文化建设方面，教育经费支出占GDP比重为2.94%，居于35个大中城市的第7位；万人拥有中等学校教师数为29.98人，居于35个大中城市的第30位；人均教育经费支出为2736.89元，居于35个大中城市的第3位；R&D经费占GDP比例为0.59%，居于35个大中城市的第4位。

在生态社会建设方面，城乡居民收入比为2.11，居于35个大中城市的第9位；

二级指标贡献率饼图

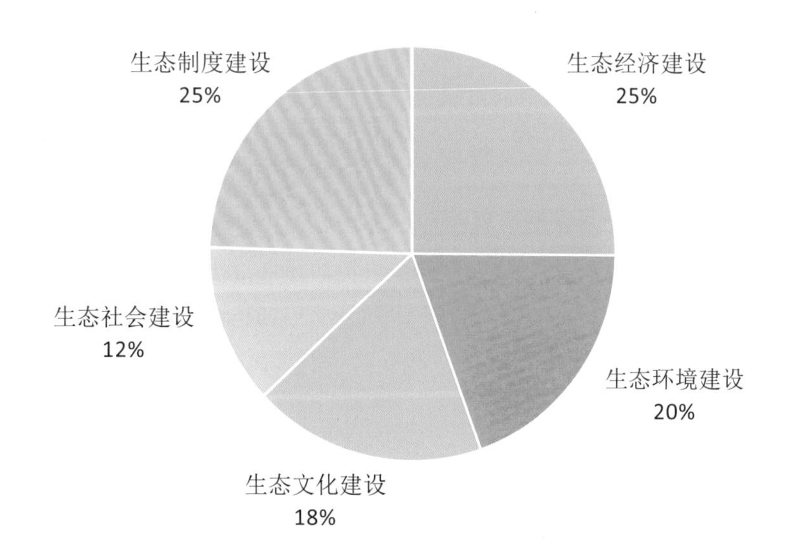

二级指标得分与最高、最低得分雷达图

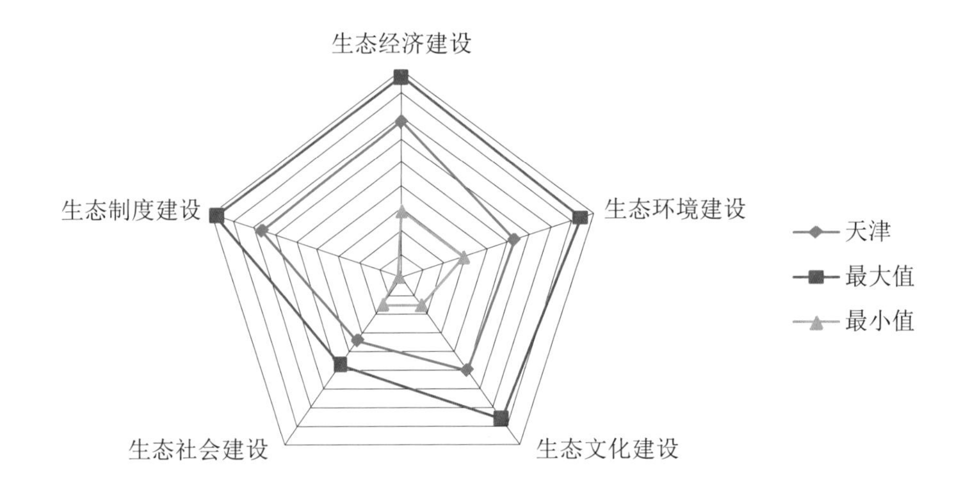

养老保险覆盖面达到了35.43%，居于35个大中城市的第9位；人均用水量为55.80立方米／人，居于35个大中城市的第14位。

在生态制度建设方面，财政收入占GDP比重为13.65%，居于35个大中城市的第6位；在生态文明试点创建方面，天津被确立为第五批国家级生态示范区、第八批全国生态示范区建设试点地区以及国家首批生态文明先行示范区建设地区。

与2007年相比，天津的生态文明建设情况有较大进步，天津生态文明进步指数得分为0.312，在35个大中城市中排名第13位。分方面看，5个方面具有不同程度的提升，对其自身而言，生态经济建设方面的进步最大，进步指数在35个大中城市中排在第7位，其他4个方面的进步指数排名也在35个大中城市的中等水平。

天津生态文明进步指数分布表

分类	得分	排名
生态文明进步指数	0.312	13
生态经济建设	0.149	7
生态环境建设	0.035	15
生态文化建设	0.103	16
生态社会建设	0.007	22
生态制度建设	0.017	16

天津生态文明发展水平指数各级指标得分和排名表

指标	得分	排名
生态文明发展指数	0.543	5
1. 生态经济建设	0.136	8
人均 GDP	0.033	4
服务业增加值占 GDP 的比重	0.011	22
万元产值建设用地	0.037	9
人均建设用地面积	0.019	18
万元产值用电量	0.018	23
万元产值用水量	0.019	4
2. 生态环境建设	0.106	29
污染物排放强度	0.028	32
生活垃圾无害化处理率	0.060	14
建成区绿化覆盖率	0.015	33
人均公共绿地面积	0.004	26
3. 生态文化建设	0.100	4
教育经费支出占 GDP 比重	0.025	7
万人拥有中等学校教师数	0.006	30
人均教育经费	0.034	3
R&D 经费占 GDP 比例	0.022	4
居民文化娱乐消费支出占消费总支出的比重	0.013	24
4. 生态社会建设	0.068	7
城乡居民收入比	0.021	9
万人拥有医生数	0.003	28
养老保险覆盖面	0.019	9
人均用水量	0.024	14
5. 生态制度建设	0.133	7
财政收入占 GDP 比重	0.036	6
生态文明试点创建情况	0.047	13
生态文明建设规划完备情况	0.050	10

□ 石家庄生态文明指数评价报告

2012年，石家庄市生态文明发展指数为0.363，在35个大中城市中排名第26位。石家庄生态文明建设的基本特点是，生态文明各项二级指标排名都比较靠后，相对而言，生态环境建设和生态制度建设水平较高，居于35个大中城市的中等水平，生态经济建设水平较弱。

具体来看，在生态经济建设方面，服务业增加值占GDP的比重为40.16%，居于35个大中城市的第31位；万元产值建设用地为4.73平方米，居于35个大中城市的第3位；万元产值用电量为320.19千瓦时，居于35个大中城市的第7位；万元产值用水量为7.45立方米，居于35个大中城市的第9位。

在生态环境建设方面，污染物排放强度为17.56吨／平方公里，居于35个大中城市的第28位；建成区绿化覆盖率达到41.06%，居于35个大中城市的第17位；人均公共绿地面积为35.20平方米，居于35个大中城市的第25位。

在生态文化建设方面，教育经费支出占GDP比重为2.43%，居于35个大中城市的第15位；万人拥有中等学校教师数为34.44人，居于35个大中城市的第18位；人均教育经费支出为1057.58元，居于35个大中城市的第32位。

在生态社会建设方面，城乡居民收入比为2.56，居于35个大中城市的第23位；万人拥有医生数为22.38人，居于35个大中城市的第26位；养老保险覆盖面达到

二级指标贡献率饼图

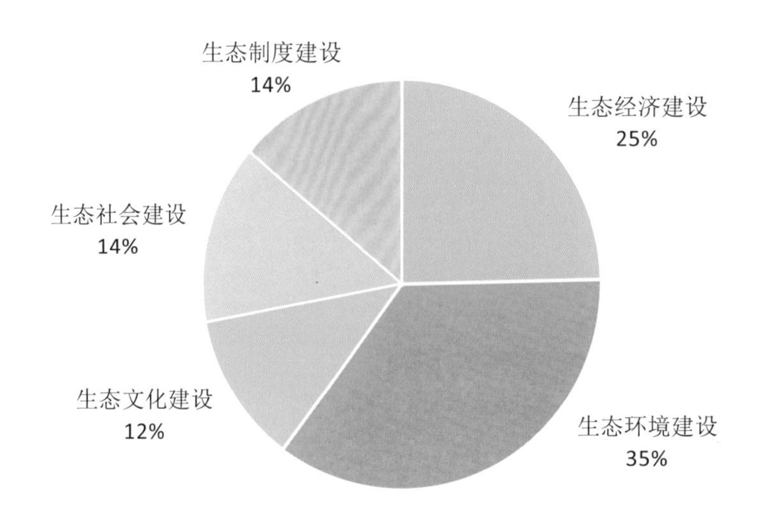

二级指标得分与最高、最低得分雷达图

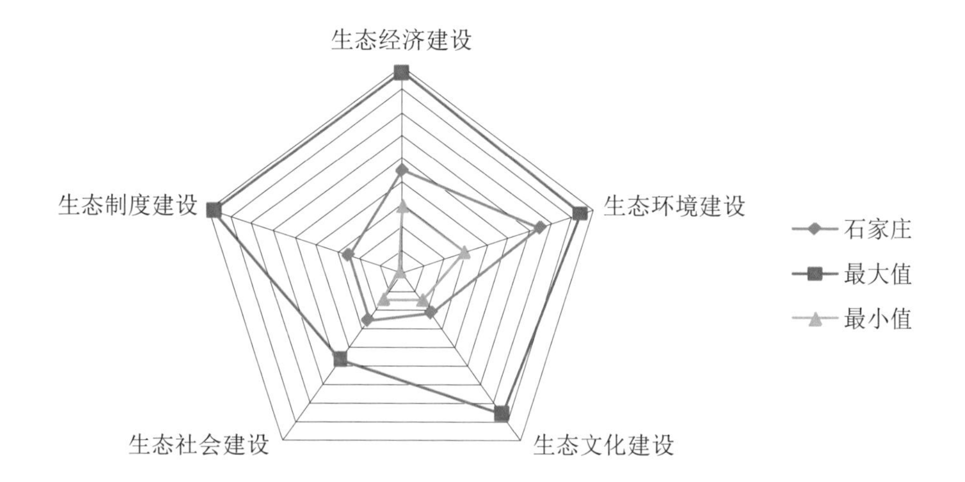

了 16.88%，居于 35 个大中城市的第 30 位；人均用水量为 32.45 立方米／人，居于 35 个大中城市的第 1 位。

在生态制度建设方面，财政收入占 GDP 比重为 6.05%，居于 35 个大中城市的第 35 位；在生态文明建设相关规划完成方面，石家庄市于 2008 年 6 月通过了《石家庄生态市建设规划（2006—2020 年）》。

与 2007 年相比，石家庄的生态文明建设情况有小幅度的提升，石家庄生态文明进步指数得分为 0.230，在 35 个大中城市中排名第 28 位。分方面看，除了生态社会建设水平有所下降以外，其余四项生态文明建设水平均有不同程度的提升，其中，生态制度建设的进步幅度最大，进步指数在 35 个大中城市中排名第 3 位。

石家庄生态文明进步指数分布表

分类	得分	排名
生态文明进步指数	0.230	28
生态经济建设	0.097	27
生态环境建设	0.014	22
生态文化建设	0.097	19
生态社会建设	−0.006	31
生态制度建设	0.029	3

石家庄生态文明发展水平指数各级指标得分和排名表

指标	得分	排名
生态文明发展指数	0.363	26
1. 生态经济建设	0.090	27
人均 GDP	0.005	29
服务业增加值占 GDP 的比重	0.002	31
万元产值建设用地	0.039	3
人均建设用地面积	0.000	35
万元产值用电量	0.026	7
万元产值用水量	0.018	9
2. 生态环境建设	0.129	17
污染物排放强度	0.034	28
生活垃圾无害化处理率	0.060	11
建成区绿化覆盖率	0.031	17
人均公共绿地面积	0.004	25
3. 生态文化建设	0.043	31
教育经费支出占 GDP 比重	0.017	15
万人拥有中等学校教师数	0.009	18
人均教育经费	0.003	32
R&D 经费占 GDP 比例	0.003	29
居民文化娱乐消费支出占消费总支出的比重	0.012	26
4. 生态社会建设	0.052	25
城乡居民收入比	0.013	23
万人拥有医生数	0.003	26
养老保险覆盖面	0.005	30
人均用水量	0.030	1
5. 生态制度建设	0.050	22
财政收入占 GDP 比重	0.000	35
生态文明试点创建情况	0.000	35
生态文明建设规划完备情况	0.050	17

□ 太原生态文明指数评价报告

2012 年，太原市生态文明发展指数为 0.383，在 35 个大中城市中排名第 24 位。太原生态文明建设的基本特点是，生态文明各项二级指标排名都靠后，生态社会建设和生态文化建设居于 35 个大中城市的中上等水平，相对而言，生态经济建设的水平较弱，居于 35 个大中城市的下等水平。

具体来看，在生态经济建设方面，服务业增加值占 GDP 的比重为 53.64%，居于 35 个大中城市的第 9 位；人均 GDP 达到 54440 元，居于 35 个大中城市的第 25 位；人均建设用地面积为 64.53 平方米，居于 35 个大中城市的第 11 位；万元产值用电量为 999.84 千瓦时，居于 35 个大中城市的第 34 位；万元产值用水量为 13.46 立方米，居于 35 个大中城市的第 25 位。

在生态环境建设方面，污染物排放强度为 20.62 吨 / 平方公里，居于 35 个大中城市的第 31 位；建成区绿化覆盖率达到 39.07%，居于 35 个大中城市的第 23 位；人均公共绿地面积为 32.11 平方米，居于 35 个大中城市的第 27 位。

在生态文化建设方面，教育经费支出占 GDP 比重为 2.38%，居于 35 个大中城市的第 17 位；万人拥有中等学校教师数为 42.03 人，居于 35 个大中城市的第 6 位；人均教育经费支出为 1296.26 元，居于 35 个大中城市的第 24 位；R&D 经费占 GDP 比例为 0.41%，居于 35 个大中城市的第 11 位。

二级指标贡献率饼图

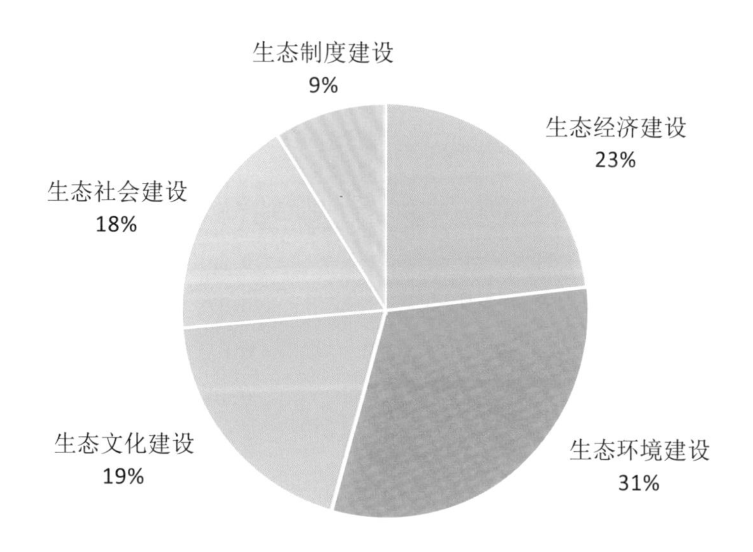

二级指标得分与最高、最低得分雷达图

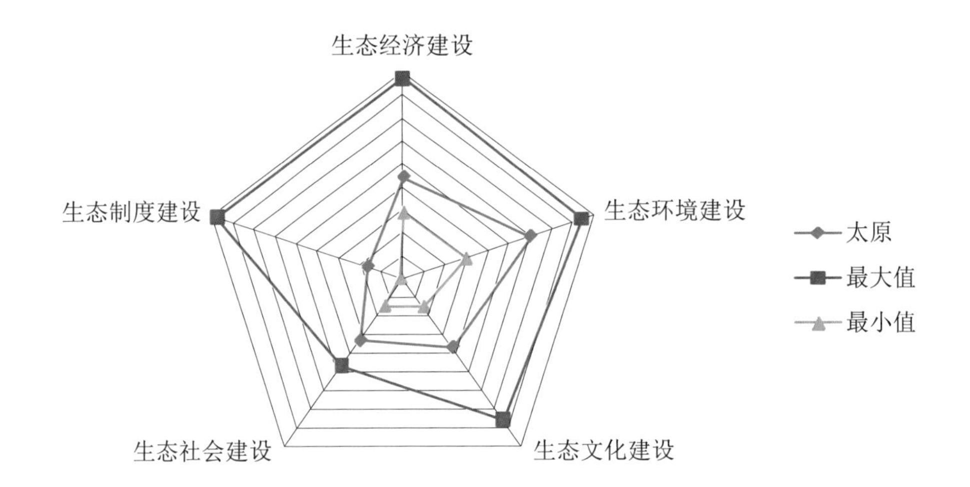

在生态社会建设方面，城乡居民收入比为2.24，居于35个大中城市的第11位；万人拥有医生数为42.51人，居于35个大中城市的第3位；养老保险覆盖面达到了28.86%，居于35个大中城市的第14位。

在生态制度建设方面，财政收入占GDP比重为9.33%，居于35个大中城市的第20位，在生态文明试点创建方面，石家庄被确定为全国生态示范区建设试点地区。

与2007年相比，太原的生态文明建设水平有较大程度的提升，太原生态文明进步指数得分为0.281，在35个大中城市中排名第17位。分方面看，5项生态建设水平均有不同程度的提升，对其自身而言，生态社会和生态环境建设方面的进步最大，生态经济建设水平进步较缓慢。

太原生态文明进步指数分布表

分类	得分	排名
生态文明进步指数	0.281	17
生态经济建设	0.078	31
生态环境建设	0.052	11
生态文化建设	0.102	17
生态社会建设	0.029	9
生态制度建设	0.019	13

太原生态文明发展水平指数各级指标得分和排名表

指标	得分	排名
生态文明发展指数	0.383	24
1. 生态经济建设	0.089	28
人均 GDP	0.011	25
服务业增加值占 GDP 的比重	0.020	9
万元产值建设用地	0.019	29
人均建设用地面积	0.026	11
万元产值用电量	0.002	34
万元产值用水量	0.011	25
2. 生态环境建设	0.119	22
污染物排放强度	0.031	31
生活垃圾无害化处理率	0.060	13
建成区绿化覆盖率	0.026	23
人均公共绿地面积	0.003	27
3. 生态文化建设	0.074	12
教育经费支出占 GDP 比重	0.016	17
万人拥有中等学校教师数	0.014	6
人均教育经费	0.007	24
R&D 经费占 GDP 比例	0.014	11
居民文化娱乐消费支出占消费总支出的比重	0.022	7
4. 生态社会建设	0.067	10
城乡居民收入比	0.019	11
万人拥有医生数	0.014	3
养老保险覆盖面	0.014	14
人均用水量	0.020	25
5. 生态制度建设	0.034	24
财政收入占 GDP 比重	0.016	20
生态文明试点创建情况	0.019	22
生态文明建设规划完备情况	0.000	25

□ 呼和浩特生态文明指数评价报告

2012年，呼和浩特市生态文明发展指数为0.346，在35个大中城市中排名第29位。呼和浩特生态文明建设的基本特点是，生态经济建设在35个大中城市中排名第3位，生态环境建设水平居于35个大中城市的中下等水平，其他三项二级指标的水平都处于我国35个大中城市的下游水平，其中生态文化建设水平最弱，在35个大中城市中排在最后。

具体来看，在生态经济建设方面，服务业增加值占GDP的比重为58.68%，居于35个大中城市的第5位；人均GDP达到84534元，居于35个大中城市的第11位；万元产值用电量为223.38千瓦时，居于35个大中城市的第2位；万元产值用水量为5.54立方米，居于35个大中城市的第1位。

在生态环境建设方面，污染物排放强度为6.75吨／平方公里，居于35个大中城市的第9位；生活垃圾无害化处理率为93.00%，居于35个大中城市的第23位；建成区绿化覆盖率达到36.00%，居于35个大中城市的第30位；人均公共绿地面积为38.08平方米，居于35个大中城市的第21位。

在生态文化建设方面，教育经费支出占GDP比重为1.38%，居于35个大中城市的第35位；万人拥有中等学校教师数为34.78人，居于35个大中城市的第16位；

二级指标贡献率饼图

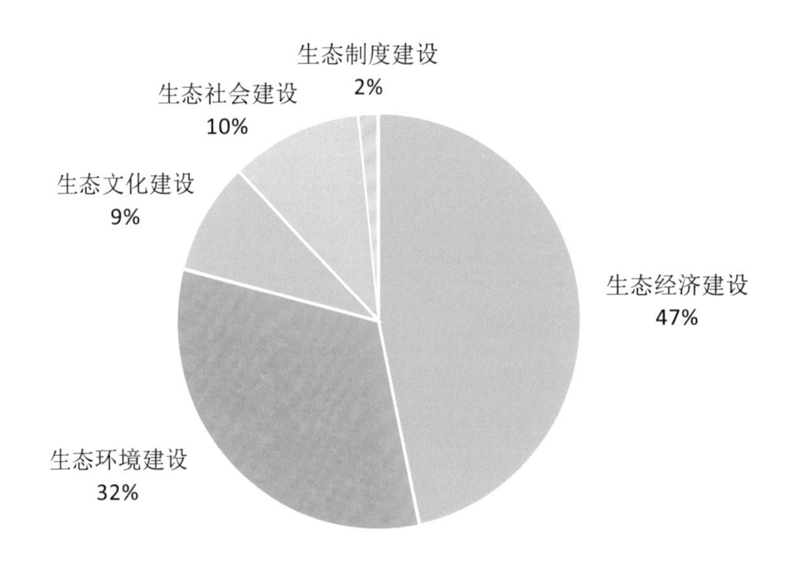

二级指标得分与最高、最低得分雷达图

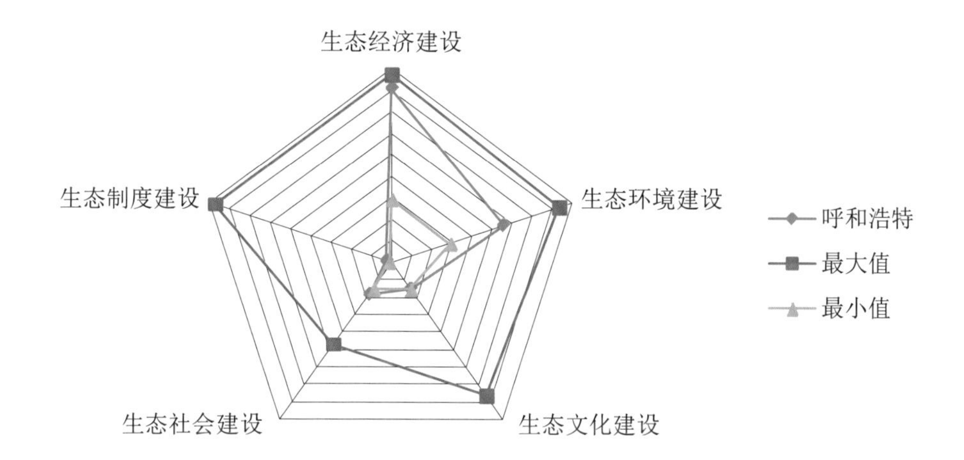

人均教育经费支出为 1169.91 元，居于 35 个大中城市的第 29 位，R&D 经费占 GDP 比例为 0.09%，居于 35 个大中城市的第 35 位。

在生态社会建设方面，城乡居民收入比为 2.87，居于 35 个大中城市的第 31 位，万人拥有医生数为 16.30 人，居于 35 个大中城市的第 34 位；养老保险覆盖面达到了 12.77%，居于 35 个大中城市的第 32 位。

在生态制度建设方面，财政收入占 GDP 比重为 7.22%，居于各城市第 32 位。

与 2007 年相比，呼和浩特的生态文明建设进步缓慢，呼和浩特生态文明进步指数得分为 0.172，在 35 个大中城市中排名第 34 位。分方面看，生态社会建设水平较 2007 年有所下降，但其余四项生态建设水平均有不同程度的提升，其中，生态制度和生态经济建设方面的进步较大。

呼和浩特生态文明进步指数分布表

分类	得分	排名
生态文明进步指数	0.172	34
生态经济建设	0.124	15
生态环境建设	0.001	29
生态文化建设	0.068	29
生态社会建设	−0.043	35
生态制度建设	0.022	11

呼和浩特生态文明发展水平指数各级指标得分和排名表

指标	得分	排名
生态文明发展指数	0.346	29
1. 生态经济建设	0.162	3
人均 GDP	0.028	11
服务业增加值占 GDP 的比重	0.026	5
万元产值建设用地	0.028	21
人均建设用地面积	0.030	8
万元产值用电量	0.029	2
万元产值用水量	0.020	1
2. 生态环境建设	0.112	25
污染物排放强度	0.044	9
生活垃圾无害化处理率	0.045	23
建成区绿化覆盖率	0.018	30
人均公共绿地面积	0.005	21
3. 生态文化建设	0.030	35
教育经费支出占 GDP 比重	0.000	35
万人拥有中等学校教师数	0.009	16
人均教育经费	0.005	29
R&D 经费占 GDP 比例	0.000	35
居民文化娱乐消费支出占消费总支出的比重	0.017	14
4. 生态社会建设	0.036	33
城乡居民收入比	0.008	31
万人拥有医生数	0.000	34
养老保险覆盖面	0.002	32
人均用水量	0.026	9
5. 生态制度建设	0.006	34
财政收入占 GDP 比重	0.006	32
生态文明试点创建情况	0.000	33
生态文明建设规划完备情况	0.000	34

□ 沈阳生态文明指数评价报告

2012年，沈阳市生态文明发展指数为0.472，在35个大中城市中排名第14位。沈阳生态文明建设的基本特点是，生态社会建设和生态环境建设在35个大中城市中处于上游水平，生态文化建设水平最弱，居于35个大中城市的下游水平。

具体来看，在生态经济建设方面，服务业增加值占GDP的比重为43.99%，居于35个大中城市的第25位；人均GDP达到80480元，居于35个大中城市的第13位；万元产值建设用地为6.89平方米，居于35个大中城市的第13位；人均建设用地面积为55.46平方米，居于35个大中城市的第13位。

在生态环境建设方面，污染物排放强度为11.55吨／平方公里，居于35个大中城市的第21位；建成区绿化覆盖率达到42.22%，居于35个大中城市的第11位；人均公共绿地面积为49.77平方米，居于35个大中城市的第11位。

在生态文化建设方面，教育经费支出占GDP比重为1.82%，居于35个大中城市的第29位；万人拥有中等学校教师数为29.27人，居于35个大中城市的第31位；人均教育经费支出为1455.78元，居于35个大中城市的第16位；R&D经费占GDP比例为0.37%，居于35个大中城市的第14位。

在生态社会建设方面，城乡居民收入比为2.03，居于35个大中城市的第6位；

二级指标贡献率饼图

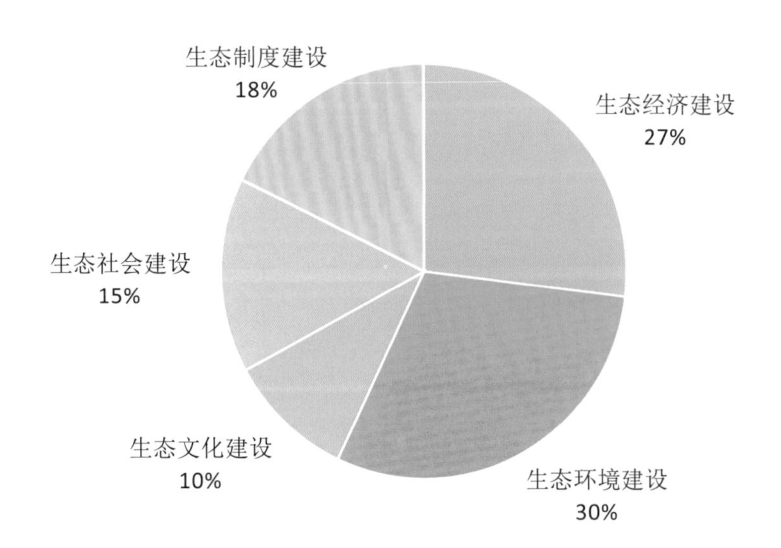

二级指标得分与最高、最低得分雷达图

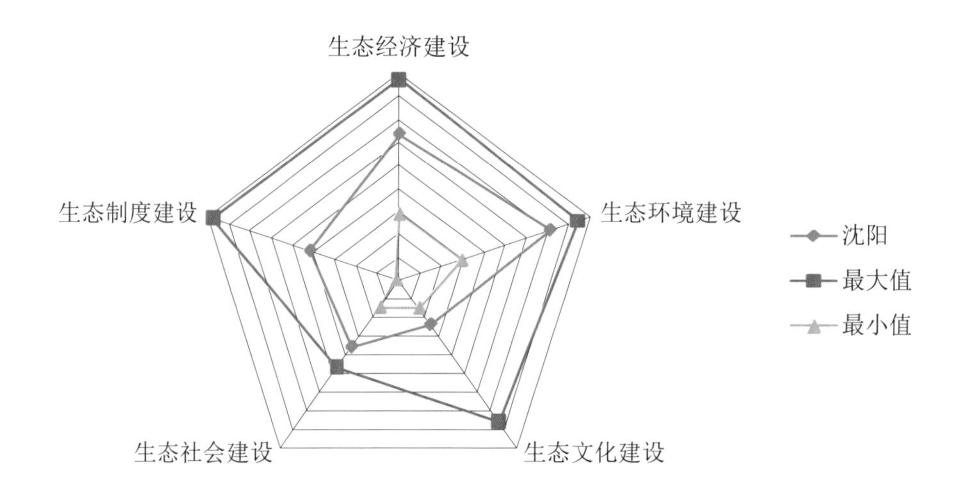

万人拥有医生数为 27.67 人，居于 35 个大中城市的第 14 位；养老保险覆盖面达到了 39.09%，居于 35 个大中城市的第 8 位。

在生态制度建设方面，财政收入占 GDP 比重为 10.83%，居于 35 个大中城市的第 13 位；在生态文明试点创建方面，沈阳被确定为生态文明建设试点地区、国家级生态示范区以及全国生态示范区建设试点地区。

与 2007 年相比，沈阳的生态文明建设水平稍微有所提升，沈阳生态文明进步指数得分为 0.241，在 35 个大中城市中排名第 25 位。分方面看，5 个方面具有不同程度的提升，对其自身而言，生态制度建设水平进步最明显，进步指数在 35 个大中城市中排名第 2 位，生态文化建设进步较缓慢，需进一步加强该方面的建设。

沈阳生态文明进步指数分布表

分类	得分	排名
生态文明进步指数	0.241	25
生态经济建设	0.108	24
生态环境建设	0.010	24
生态文化建设	0.065	30
生态社会建设	0.027	11
生态制度建设	0.031	2

沈阳生态文明发展水平指数各级指标得分和排名表

指标	得分	排名
生态文明发展指数	0.472	14
1. 生态经济建设	0.127	13
人均 GDP	0.026	13
服务业增加值占 GDP 的比重	0.007	25
万元产值建设用地	0.033	13
人均建设用地面积	0.020	13
万元产值用电量	0.025	11
万元产值用水量	0.017	16
2. 生态环境建设	0.142	8
污染物排放强度	0.040	21
生活垃圾无害化处理率	0.060	9
建成区绿化覆盖率	0.034	11
人均公共绿地面积	0.008	11
3. 生态文化建设	0.048	27
教育经费支出占 GDP 比重	0.007	29
万人拥有中等学校教师数	0.005	31
人均教育经费	0.010	16
R&D 经费占 GDP 比例	0.012	14
居民文化娱乐消费支出占消费总支出的比重	0.013	23
4. 生态社会建设	0.072	6
城乡居民收入比	0.022	6
万人拥有医生数	0.006	14
养老保险覆盖面	0.022	8
人均用水量	0.021	23
5. 生态制度建设	0.084	16
财政收入占 GDP 比重	0.023	13
生态文明试点创建情况	0.061	6
生态文明建设规划完备情况	0.000	18

□ 大连生态文明指数评价报告

2012 年，大连市生态文明发展指数为 0.492，在 35 个大中城市中排名第 9 位。大连生态文明建设的基本特点是，生态经济和生态社会建设居于 35 个大中城市的上游水平，生态文化、生态制度和生态环境建设居于 35 个大中城市的中等水平，其中，生态环境建设水平最弱。

具体来看，在生态经济建设方面，服务业增加值占 GDP 的比重为 41.65%，居于 35 个大中城市的第 28 位；人均 GDP 达到 102922 元，居于 35 个大中城市的第 3 位；万元产值建设用地为 5.46 平方米，居于 35 个大中城市的第 8 位。

在生态环境建设方面，污染物排放强度为 13.26 吨 / 平方公里，居于 35 个大中城市的第 23 位；生活垃圾无害化处理率为 87.90%，居于 35 个大中城市的第 30 位；建成区绿化覆盖率达到 44.68%，居于 35 个大中城市的第 4 位；人均公共绿地面积为 61.95 平方米，居于 35 个大中城市的第 8 位。

在生态文化建设方面，教育经费支出占 GDP 比重为 1.96%，居于 35 个大中城市的第 25 位；万人拥有中等学校教师数为 31.40 人，居于 35 个大中城市的第 26 位；人均教育经费支出为 2012.93 元，居于 35 个大中城市的第 5 位；R&D 经费占 GDP 比例为 0.56%，居于 35 个大中城市的第 5 位。

在生态社会建设方面，城乡居民收入比为 1.72，居于 35 个大中城市的第 2 位；

二级指标贡献率饼图

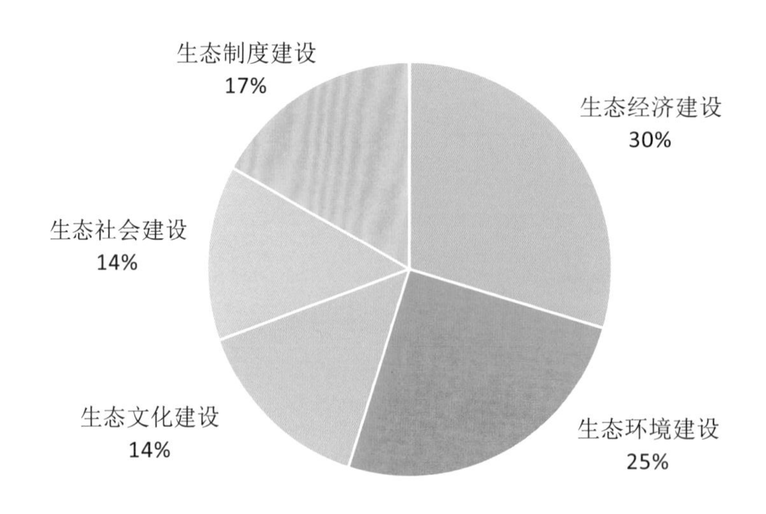

二级指标得分与最高、最低得分雷达图

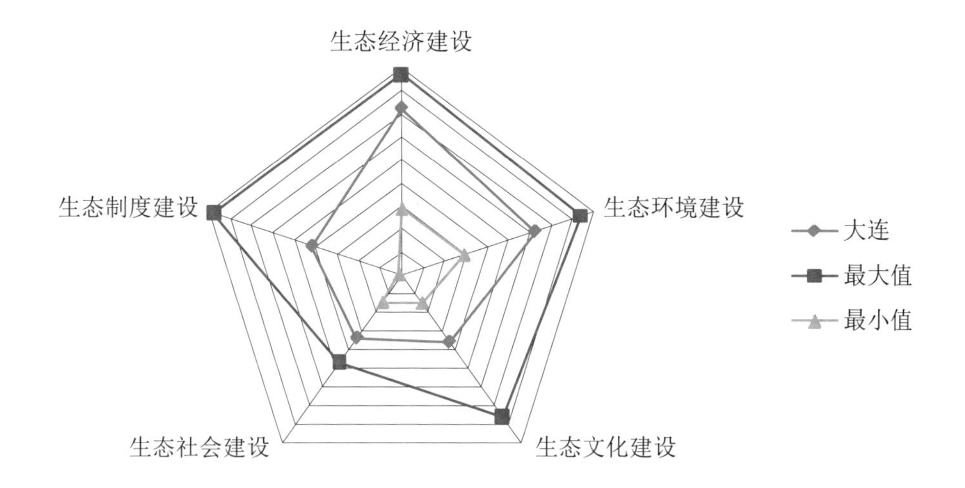

万人拥有医生数为 24.81 人，居于 35 个大中城市的第 19 位；养老保险覆盖面达到了 25.91%，居于 35 个大中城市的第 18 位。

在生态制度建设方面，财政收入占 GDP 比重为 10.71%，居于 35 个大中城市的第 14 位。

与 2007 年相比，大连的生态文明建设情况有较大进步，大连生态文明进步指数得分为 0.269，在 35 个大中城市中排名第 18 位。分方面看，生态文化和生态经济建设方面的进步较大，但大连在生态环境和生态社会建设方面还需要继续努力，生态社会建设水平甚至出现了倒退。

大连生态文明进步指数分布表

分类	得分	排名
生态文明进步指数	0.269	18
生态经济建设	0.125	14
生态环境建设	0.004	28
生态文化建设	0.137	8
生态社会建设	−0.013	33
生态制度建设	0.015	18

大连生态文明发展水平指数各级指标得分和排名表

指标	得分	排名
生态文明发展指数	0.492	9
1. 生态经济建设	0.146	6
人均 GDP	0.038	3
服务业增加值占 GDP 的比重	0.004	28
万元产值建设用地	0.037	8
人均建设用地面积	0.021	12
万元产值用电量	0.026	8
万元产值用水量	0.020	2
2. 生态环境建设	0.125	20
污染物排放强度	0.038	23
生活垃圾无害化处理率	0.034	30
建成区绿化覆盖率	0.041	4
人均公共绿地面积	0.011	8
3. 生态文化建设	0.072	13
教育经费支出占 GDP 比重	0.009	25
万人拥有中等学校教师数	0.007	26
人均教育经费	0.020	5
R&D 经费占 GDP 比例	0.021	5
居民文化娱乐消费支出占消费总支出的比重	0.015	20
4. 生态社会建设	0.067	9
城乡居民收入比	0.028	2
万人拥有医生数	0.005	19
养老保险覆盖面	0.012	18
人均用水量	0.023	18
5. 生态制度建设	0.083	17
财政收入占 GDP 比重	0.022	14
生态文明试点创建情况	0.061	7
生态文明建设规划完备情况	0.000	19

□ 长春生态文明指数评价报告

2012 年，长春市生态文明发展指数为 0.360，在 35 个大中城市中排名第 27 位。长春生态文明建设的基本特点是，生态文明建设整体排名处于 35 个大中城市的下游水平，生态环境建设水平最弱，在 35 个大中城市中处于下游水平，其他 4 项生态文明建设水平均居于 35 个大中城市的中等水平。

具体来看，在生态经济建设方面，服务业增加值占 GDP 的比重为 41.46%，居于 35 个大中城市的第 29 位；人均 GDP 达到 58691 元，居于 35 个大中城市的第 20 位；万元产值建设用地为 9.24 平方米，居于 35 个大中城市的第 24 位。

在生态环境建设方面，污染物排放强度为 5.33 吨 / 平方公里，居于 35 个大中城市的第 5 位；生活垃圾无害化处理率为 84.47%，居于 35 个大中城市的第 33 位；建成区绿化覆盖率达到 35.07%，居于 35 个大中城市的第 32 位。

在生态文化建设方面，教育经费支出占 GDP 比重为 2.31%，居于 35 个大中城市的第 18 位；万人拥有中等学校教师数为 37.92 人，居于 35 个大中城市的第 10 位；人均教育经费支出为 1353.90 元，居于 35 个大中城市的第 20 位。

在生态社会建设方面，城乡居民收入比为 2.53，居于 35 个大中城市的第 21 位；万人拥有医生数为 24.37 人，居于 35 个大中城市的第 21 位；养老保险覆盖面达到

二级指标贡献率饼图

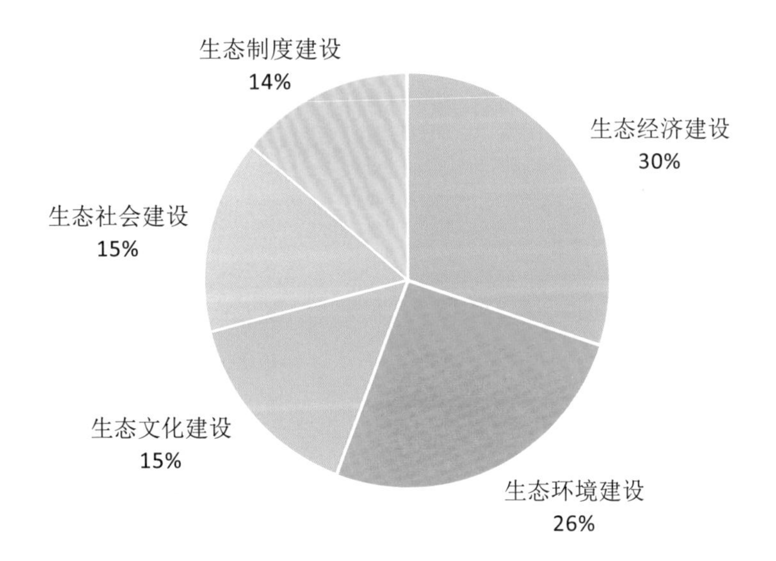

二级指标得分与最高、最低得分雷达图

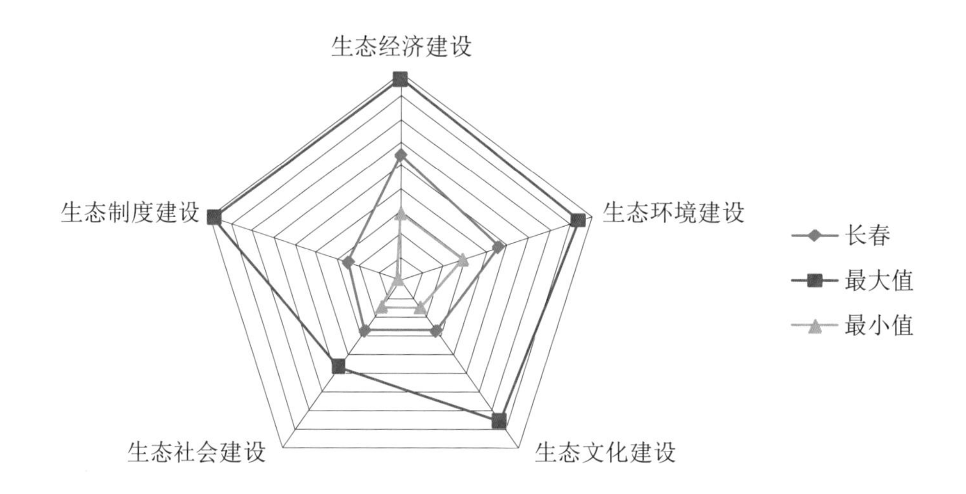

了 23.41%，居于 35 个大中城市的第 25 位。

在生态制度建设方面，财政收入占 GDP 比重为 7.65%，居于 35 个大中城市的第 31 位；在生态文明试点创建方面，长春被确定为国家级生态示范区以及全国生态示范区建设试点地区。

与 2007 年相比，长春的生态文明建设水平进步较明显，长春生态文明进步指数得分为 0.308，在 35 个大中城市中排名第 14 位。分方面看，5 个方面具有不同程度的提升，其中，生态制度建设水平的进步最大，进步指数居于 35 个大中城市中的首位，生态经济和生态文化建设水平也有较大程度的提升，相对而言，生态环境和生态社会建设方面进步较缓慢。

长春生态文明进步指数分布表

分类	得分	排名
生态文明进步指数	0.308	14
生态经济建设	0.141	9
生态环境建设	0.009	25
生态文化建设	0.112	12
生态社会建设	0.004	25
生态制度建设	0.043	1

长春生态文明发展水平指数各级指标得分和排名表

指标	得分	排名
生态文明发展指数	0.360	27
1. 生态经济建设	0.108	20
人均 GDP	0.013	20
服务业增加值占 GDP 的比重	0.004	29
万元产值建设用地	0.026	24
人均建设用地面积	0.020	16
万元产值用电量	0.028	4
万元产值用水量	0.017	12
2. 生态环境建设	0.092	32
污染物排放强度	0.046	5
生活垃圾无害化处理率	0.027	33
建成区绿化覆盖率	0.015	32
人均公共绿地面积	0.004	23
3. 生态文化建设	0.055	22
教育经费支出占 GDP 比重	0.015	18
万人拥有中等学校教师数	0.011	10
人均教育经费	0.008	20
R&D 经费占 GDP 比例	0.000	34
居民文化娱乐消费支出占消费总支出的比重	0.020	10
4. 生态社会建设	0.055	20
城乡居民收入比	0.014	21
万人拥有医生数	0.004	21
养老保险覆盖面	0.010	25
人均用水量	0.027	8
5. 生态制度建设	0.050	23
财政收入占 GDP 比重	0.008	31
生态文明试点创建情况	0.042	19
生态文明建设规划完备情况	0.000	23

□ 哈尔滨生态文明指数评价报告

2012年，哈尔滨市生态文明发展指数为0.344，在35个大中城市中排名第31位。哈尔滨生态文明建设的基本特点是，生态文明建设的整体水平居于35个大中城市的下游水平，生态经济建设和生态文化建设居于35个大中城市的中等水平，生态环境建设水平相对较弱。

具体来看，在生态经济建设方面，服务业增加值占GDP的比重为52.84%，居于35个大中城市的第12位；万元产值建设用地为8.22平方米，居于35个大中城市的第19位。

在生态环境建设方面，污染物排放强度为2.51吨／平方公里，居于35个大中城市的第3位；生活垃圾无害化处理率为85.30%，居于35个大中城市的第32位；建成区绿化覆盖率达到37.03%，居于35个大中城市的第28位。

在生态文化建设方面，教育经费支出占GDP比重为2.61%，居于35个大中城市的第9位；万人拥有中等学校教师数为37.35人，居于35个大中城市的第12位；人均教育经费支出为1193.95元，居于35个大中城市的第27位；R&D经费占GDP比例为0.28%，居于35个大中城市的第17位。

在生态社会建设方面，城乡居民收入比为2.27，居于35个大中城市的第15位；

二级指标贡献率饼图

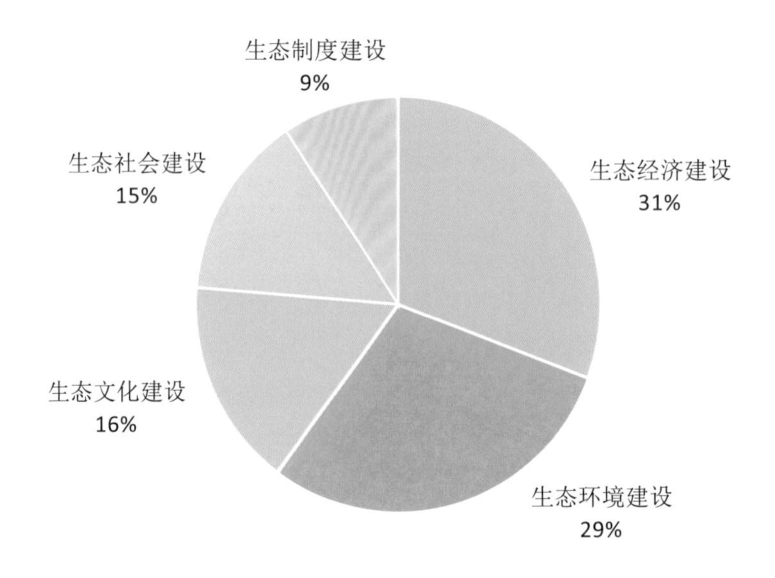

二级指标得分与最高、最低得分雷达图

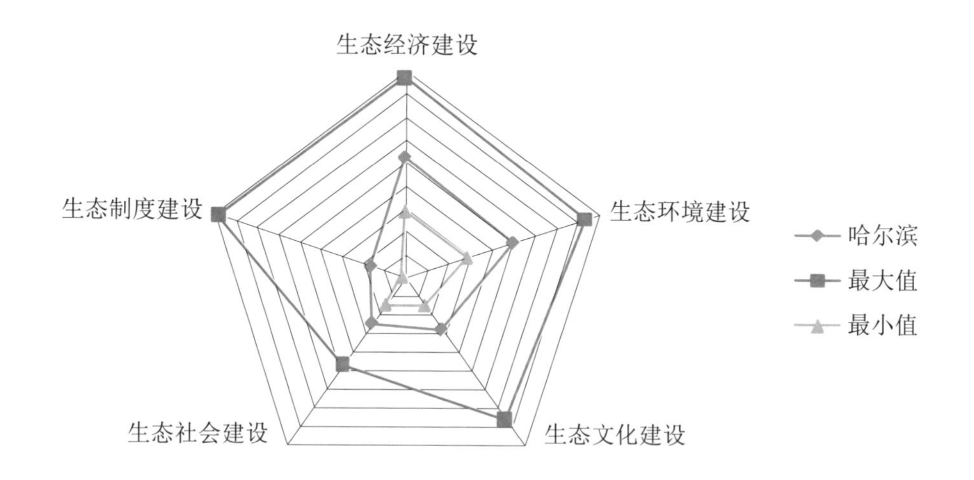

万人拥有医生数为 19.13 人，居于 35 个大中城市的第 32 位；养老保险覆盖面达到了 12.04%，居于 35 个大中城市的第 34 位；人均用水量为 38.91 立方米 / 人，居于 35 个大中城市的第 3 位。

在生态制度建设方面，财政收入占 GDP 比重为 7.80%，居于 35 个大中城市的第 29 位；在生态文明试点创建方面，哈尔滨被确定为第五批国家级生态示范区。

与 2007 年相比，哈尔滨的生态文明建设水平进步比较显著，哈尔滨生态文明进步指数得分为 0.254，在 35 个大中城市中排名第 20 位。分方面看，生态社会建设情况不太良好，甚至出现了倒退，但其余四项生态建设的水平均有不同程度的提升，其中，生态制度建设水平进步最大，进步指数在 35 个大中城市中排名第 6 位，生态环境、生态文化及生态经济建设水平有所进步，但进步不太明显。

哈尔滨生态文明进步指数分布表

分类	得分	排名
生态文明进步指数	0.254	20
生态经济建设	0.112	21
生态环境建设	0.031	17
生态文化建设	0.094	21
生态社会建设	−0.010	32
生态制度建设	0.026	6

哈尔滨生态文明发展水平指数各级指标得分和排名表

指标	得分	排名
生态文明发展指数	0.344	31
1. 生态经济建设	0.106	21
人均 GDP	0.006	28
服务业增加值占 GDP 的比重	0.019	12
万元产值建设用地	0.029	19
人均建设用地面积	0.010	28
万元产值用电量	0.025	10
万元产值用水量	0.017	15
2. 生态环境建设	0.101	31
污染物排放强度	0.049	3
生活垃圾无害化处理率	0.029	32
建成区绿化覆盖率	0.020	28
人均公共绿地面积	0.003	29
3. 生态文化建设	0.056	21
教育经费支出占 GDP 比重	0.020	9
万人拥有中等学校教师数	0.011	12
人均教育经费	0.005	27
R&D 经费占 GDP 比例	0.008	17
居民文化娱乐消费支出占消费总支出的比重	0.012	27
4. 生态社会建设	0.050	26
城乡居民收入比	0.018	15
万人拥有医生数	0.002	32
养老保险覆盖面	0.001	34
人均用水量	0.028	3
5. 生态制度建设	0.032	26
财政收入占 GDP 比重	0.008	29
生态文明试点创建情况	0.023	21
生态文明建设规划完备情况	0.000	24

□ 上海生态文明指数评价报告

2012 年，上海市生态文明发展指数为 0.612，在 35 个大中城市中排名第 3 位。上海生态文明建设的基本特点是，生态制度、生态文化和生态经济建设均居于 35 个大中城市的上游水平，生态环境建设水平较弱，居于 35 个大中城市的下游水平。

具体来看，在生态经济建设方面，服务业增加值占 GDP 的比重为 60.45%，居于 35 个大中城市的第 4 位；人均 GDP 达到 85373 元，居于 35 个大中城市的第 10 位；人均建设用地面积为 122.86 平方米，居于 35 个大中城市的第 1 位。

在生态环境建设方面，生活垃圾无害化处理率为 91.40%，居于 35 个大中城市的第 26 位；建成区绿化覆盖率达到 43.16%，居于 35 个大中城市的第 9 位；人均公共绿地面积为 52.18 平方米，居于 35 个大中城市的第 10 位。

在生态文化建设方面，教育经费支出占 GDP 比重为 3.22%，居于 35 个大中城市的第 5 位；人均教育经费支出为 2745.20 元，居于 35 个大中城市的第 2 位；R&D 经费占 GDP 比例为 1.22%，居于 35 个大中城市的第 1 位；居民文化娱乐消费支出占消费总支出的比重为 14.18%，居于 35 个大中城市的第 5 位。

在生态社会建设方面，城乡居民收入比为 2.26，居于 35 个大中城市的第 12 位；万人拥有医生数为 19.93 人，居于 35 个大中城市的第 30 位；养老保险覆盖面达到

二级指标贡献率饼图

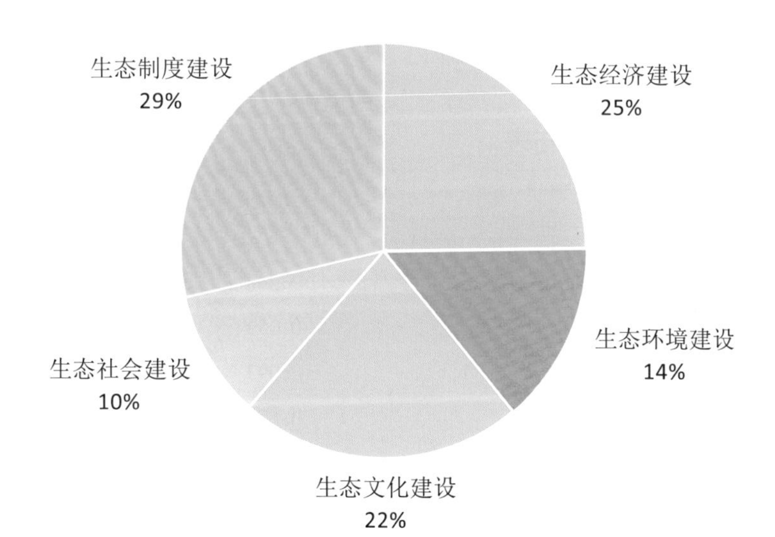

二级指标得分与最高、最低得分雷达图

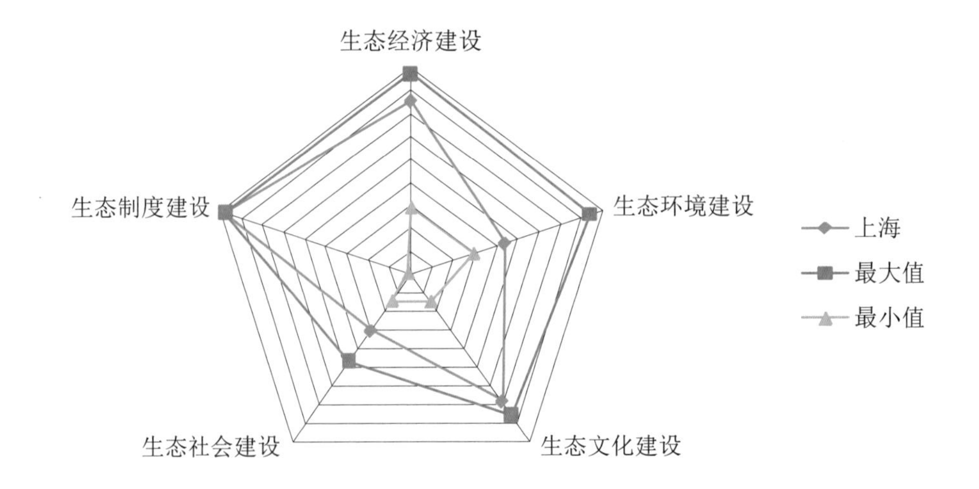

了 56.11%，居于 35 个大中城市的第 6 位。

在生态制度建设方面，财政收入占 GDP 比重为 18.55%，居于 35 个大中城市的第 1 位；在生态文明试点创建方面，上海取得了显著的成果，并多次被确立为试点及示范地区：第四批生态文明建设试点地区、第二批国家级生态示范区、第一批全国生态示范区建设试点地区以及国家首批生态文明先行示范区建设地区。

与 2007 年相比，上海的生态文明建设水平有所提升，上海生态文明进步指数得分为 0.248，在 35 个大中城市中排名第 22 位。分方面看，5 个方面具有不同程度的提升，对于其自身而言，生态环境建设方面的进步最大，但由于上海的生态经济建设水平一直都处在 35 个大中城市的前列，因此进步缓慢。

上海生态文明进步指数分布表

分类	得分	排名
生态文明进步指数	0.248	22
生态经济建设	0.059	34
生态环境建设	0.093	5
生态文化建设	0.070	27
生态社会建设	0.020	12
生态制度建设	0.005	30

上海生态文明发展水平指数各级指标得分和排名表

指标	得分	排名
生态文明发展指数	0.612	3
1. 生态经济建设	0.151	5
人均 GDP	0.029	10
服务业增加值占 GDP 的比重	0.029	4
万元产值建设用地	0.011	33
人均建设用地面积	0.060	1
万元产值用电量	0.014	29
万元产值用水量	0.009	30
2. 生态环境建设	0.087	33
污染物排放强度	0.000	35
生活垃圾无害化处理率	0.042	26
建成区绿化覆盖率	0.037	9
人均公共绿地面积	0.009	10
3. 生态文化建设	0.137	2
教育经费支出占 GDP 比重	0.030	5
万人拥有中等学校教师数	0.000	35
人均教育经费	0.034	2
R&D 经费占 GDP 比例	0.050	1
居民文化娱乐消费支出占消费总支出的比重	0.023	5
4. 生态社会建设	0.061	16
城乡居民收入比	0.018	12
万人拥有医生数	0.002	30
养老保险覆盖面	0.035	6
人均用水量	0.005	32
5. 生态制度建设	0.175	1
财政收入占 GDP 比重	0.060	1
生态文明试点创建情况	0.065	2
生态文明建设规划完备情况	0.050	2

□ 南京生态文明指数评价报告

2012 年，南京市生态文明发展指数为 0.535，在 35 个大中城市中排名第 6 位。南京生态文明建设的基本特点是，生态文明建设整体水平居于 35 个大中城市的中上游水平，但生态社会建设较弱，居于 35 个大中城市的下游水平，其余四项生态文明建设水平均居于 35 个大中城市的上游水平。

具体来看，在生态经济建设方面，服务业增加值占 GDP 的比重为 53.40%，居于 35 个大中城市的第 11 位；人均 GDP 达到 88525 元，居于 35 个大中城市的第 7 位。

在生态环境建设方面，建成区绿化覆盖率达到 44.04%，居于 35 个大中城市的第 7 位；人均公共绿地面积为 145.60 平方米，居于 35 个大中城市的第 2 位。

在生态文化建设方面，教育经费支出占 GDP 比重为 1.74%，居于 35 个大中城市的第 30 位；人均教育经费支出为 1536.38 元，居于 35 个大中城市的第 14 位；R&D 经费占 GDP 比例为 0.49%，居于 35 个大中城市的第 10 位；居民文化娱乐消费支出占消费总支出的比重为 18.77%，居于 35 个大中城市的第 1 位。

在生态社会建设方面，城乡居民收入比为 2.373，居于 35 个大中城市的第 18 位；万人拥有医生数为 23.48 人，居于 35 个大中城市的第 23 位；养老保险覆盖面达到了 33.05%，居于 35 个大中城市的第 13 位。

在生态制度建设方面，财政收入占 GDP 比重为 10.18%，居于 35 个大中城市的

二级指标贡献率饼图

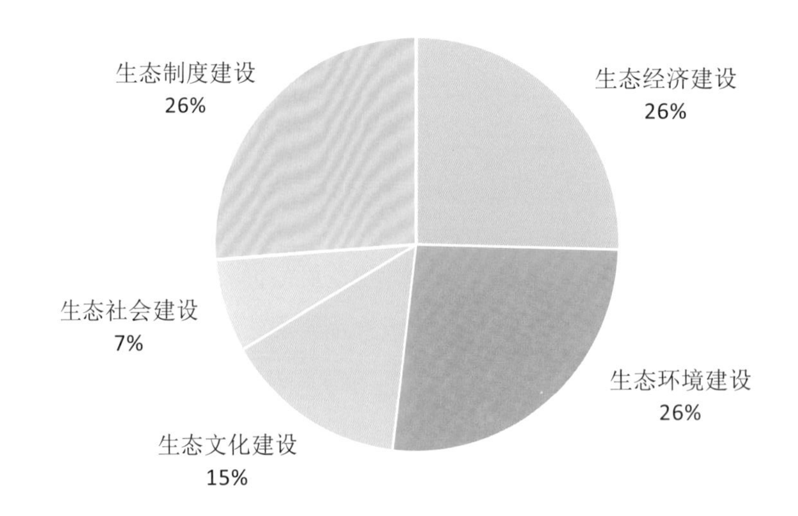

二级指标得分与最高、最低得分雷达图

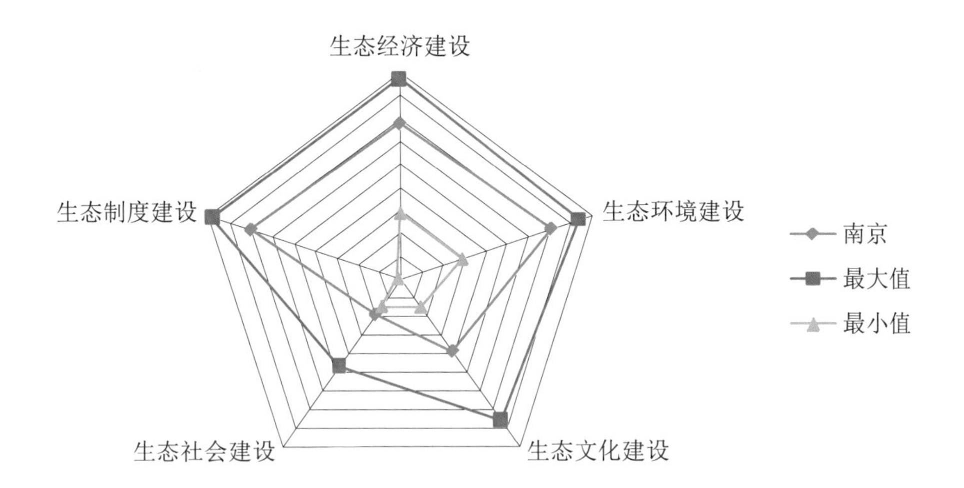

第 16 位；在生态文明试点创建方面，南京获得了众多称号：2014 年国家生态文明建设示范区、第五批生态文明建设试点地区、第四批国家级生态示范区、第六批全国生态示范区建设试点地区，在生态文明建设相关规划完成方面，南京市于 2013 年 10 月正式出台《南京市生态文明建设规划》。

与 2007 年相比，南京的生态文明建设水平略有提升，南京生态文明进步指数得分为 0.242，在 35 个大中城市中排名第 24 位。分方面看，5 个方面具有不同程度的提升，其中，生态文化建设的进步幅度最大，其他生态文明建设水平稍微有所提升，尤其是生态制度和生态环境建设进步缓慢，需要进一步加强。

南京生态文明进步指数分布表

分类	得分	排名
生态文明进步指数	0.242	24
生态经济建设	0.112	22
生态环境建设	0.000	30
生态文化建设	0.123	11
生态社会建设	0.007	23
生态制度建设	0.001	32

南京生态文明发展水平指数各级指标得分和排名表

指标	得分	排名
生态文明发展指数	0.535	6
1. 生态经济建设	0.136	9
人均 GDP	0.030	7
服务业增加值占 GDP 的比重	0.020	11
万元产值建设用地	0.027	23
人均建设用地面积	0.035	5
万元产值用电量	0.018	24
万元产值用水量	0.007	32
2. 生态环境建设	0.141	9
污染物排放强度	0.027	33
生活垃圾无害化处理率	0.040	27
建成区绿化覆盖率	0.039	7
人均公共绿地面积	0.035	2
3. 生态文化建设	0.078	8
教育经费支出占 GDP 比重	0.006	30
万人拥有中等学校教师数	0.004	33
人均教育经费	0.011	14
R&D 经费占 GDP 比例	0.017	10
居民文化娱乐消费支出占消费总支出的比重	0.040	1
4. 生态社会建设	0.039	31
城乡居民收入比	0.016	18
万人拥有医生数	0.004	23
养老保险覆盖面	0.018	13
人均用水量	0.001	33
5. 生态制度建设	0.140	4
财政收入占 GDP 比重	0.020	16
生态文明试点创建情况	0.070	1
生态文明建设规划完备情况	0.050	1

□ 杭州生态文明指数评价报告

2012 年，杭州市生态文明发展指数为 0.532，在 35 个大中城市中排名第 7 位。杭州生态文明建设的基本特点是，生态文明建设的整体水平居于 35 个大中城市的中上游水平，生态社会和生态经济建设水平居于 35 个大中城市的领先水平，生态文化建设水平相对较弱，居于 35 个大中城市的中等水平。

具体来看，在生态经济建设方面，服务业增加值占 GDP 的比重为 50.94%，居于 35 个大中城市的第 14 位；人均 GDP 达到 88962 元，居于 35 个大中城市的第 6 位；万元产值建设用地为 5.05 平方米，居于 35 个大中城市的第 5 位。

在生态环境建设方面，污染物排放强度为 7.19 吨 / 平方公里，居于 35 个大中城市的第 10 位；建成区绿化覆盖率达到 40.03%，居于 35 个大中城市的第 20 位，人均公共绿地面积为 45.64 平方米，居于 35 个大中城市的第 12 位。

在生态文化建设方面，教育经费支出占 GDP 比重为 1.88%，居于 35 个大中城市的第 27 位；人均教育经费支出为 1675.89 元，居于 35 个大中城市的第 10 位；R&D 经费占 GDP 比例为 0.52%，居于 35 个大中城市的第 7 位；居民文化娱乐消费支出占消费总支出的比重为 13.05%，居于 35 个大中城市的第 11 位。

在生态社会建设方面，城乡居民收入比为 2.10，居于 35 个大中城市的第 8 位；万人拥有医生数为 31.21 人，居于 35 个大中城市的第 6 位；养老保险覆盖面达到了

二级指标贡献率饼图

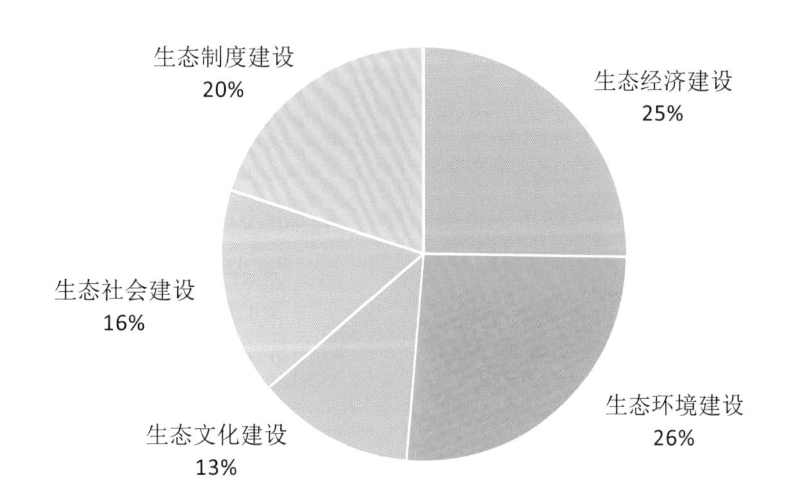

二级指标得分与最高、最低得分雷达图

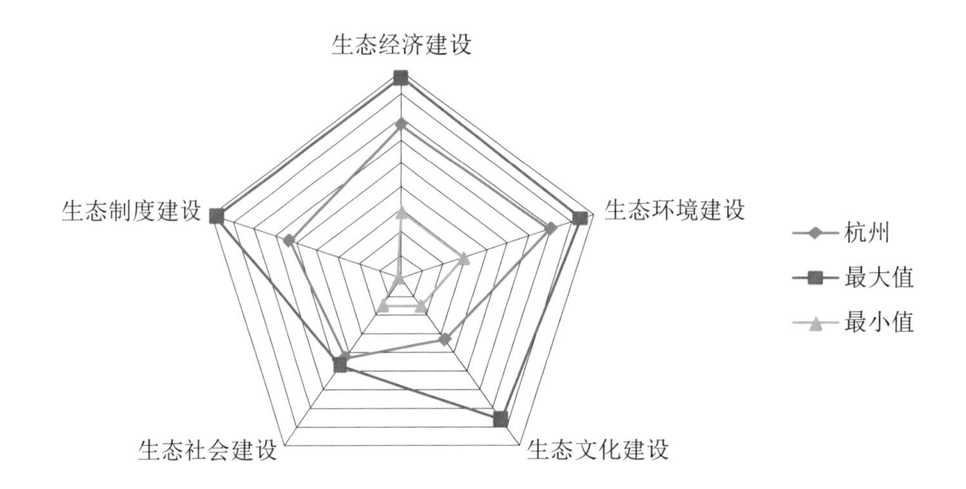

56.17%，居于35个大中城市的第5位。

在生态制度建设方面，财政收入占GDP比重为14.19%，居于35个大中城市的第5位；在生态文明试点创建方面，杭州被确立为国家生态文明建设示范区、生态文明建设试点地区以及第一批生态文明先行示范区；在生态文明建设相关规划完成方面，《杭州市生态文明建设规划（2010—2020）》已于2011年5月通过国家环保部的评审。

与2007年相比，杭州的生态文明建设水平有所提升，但整体提升幅度不大，杭州生态文明进步指数得分为0.256，在35个大中城市中排名第19位。分方面看，5个方面均有所提升，对于其自身而言，生态环境和生态社会建设提升的幅度较大，进步指数居于35个大中城市的中等水平。

杭州生态文明进步指数分布表

分类	得分	排名
生态文明进步指数	0.256	19
生态经济建设	0.102	25
生态环境建设	0.038	14
生态文化建设	0.093	22
生态社会建设	0.013	18
生态制度建设	0.009	25

杭州生态文明发展水平指数各级指标得分和排名表

指标	得分	排名
生态文明发展指数	0.532	7
1. 生态经济建设	0.134	10
人均 GDP	0.031	6
服务业增加值占 GDP 的比重	0.016	14
万元产值建设用地	0.038	5
人均建设用地面积	0.014	22
万元产值用电量	0.017	25
万元产值用水量	0.018	10
2. 生态环境建设	0.139	11
污染物排放强度	0.044	10
生活垃圾无害化处理率	0.060	4
建成区绿化覆盖率	0.028	20
人均公共绿地面积	0.007	12
3. 生态文化建设	0.066	16
教育经费支出占 GDP 比重	0.008	27
万人拥有中等学校教师数	0.006	28
人均教育经费	0.014	10
R&D 经费占 GDP 比例	0.019	7
居民文化娱乐消费支出占消费总支出的比重	0.019	11
4. 生态社会建设	0.086	4
城乡居民收入比	0.021	8
万人拥有医生数	0.008	6
养老保险覆盖面	0.035	5
人均用水量	0.022	21
5. 生态制度建设	0.107	12
财政收入占 GDP 比重	0.024	10
生态文明试点创建情况	0.033	20
生态文明建设规划完备情况	0.050	14

□ 宁波生态文明指数评价报告

2012 年，宁波市生态文明发展指数为 0.544，在 35 个大中城市中排名第 4 位。宁波生态文明建设的基本特点是，生态文明建设整体水平居于 35 个大中城市的上游水平，生态社会、生态文化和生态制度建设居于 35 个大中城市的领先水平，生态环境和生态经济建设相对较弱，居于 35 个大中城市的中等水平。

具体来看，在生态经济建设方面，服务业增加值占 GDP 的比重为 42.49%，居于 35 个大中城市的第 26 位；人均 GDP 达到 86228 元，居于 35 个大中城市的第 9 位；万元产值建设用地为 5.12 平方米，居于 35 个大中城市的第 6 位。

在生态环境建设方面，污染物排放强度为 17.98 吨 / 平方公里，居于 35 个大中城市的第 29 位；人均公共绿地面积为 60.90 平方米，居于 35 个大中城市的第 9 位。

在生态文化建设方面，教育经费支出占 GDP 比重为 2.15%，居于 35 个大中城市的第 21 位；R&D 经费占 GDP 比例为 0.49%，居于 35 个大中城市的第 8 位；居民文化娱乐消费支出占消费总支出的比重为 13.99%，居于 35 个大中城市的第 6 位。

在生态社会建设方面，城乡居民收入比为 2.06，居于 35 个大中城市的第 7 位；万人拥有医生数为 24.96 人，居于 35 个大中城市的第 18 位；养老保险覆盖面达到了 62.13%，居于 35 个大中城市的第 2 位。

二级指标贡献率饼图

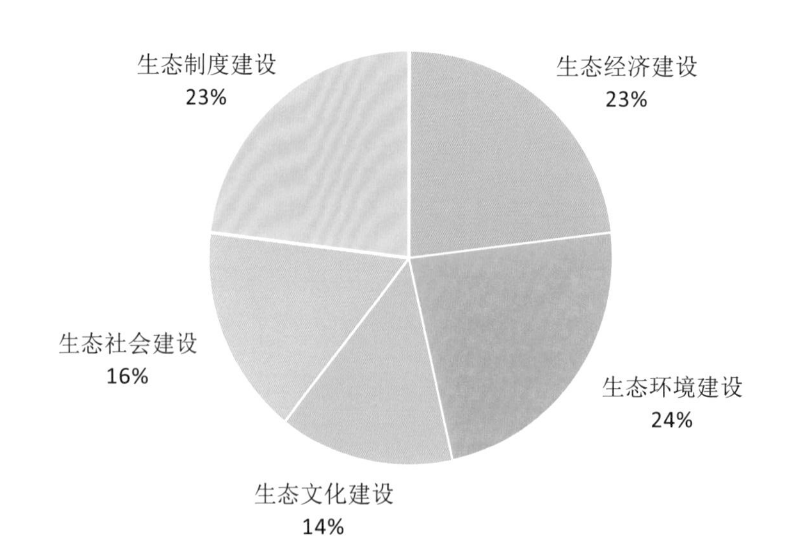

二级指标得分与最高、最低得分雷达图

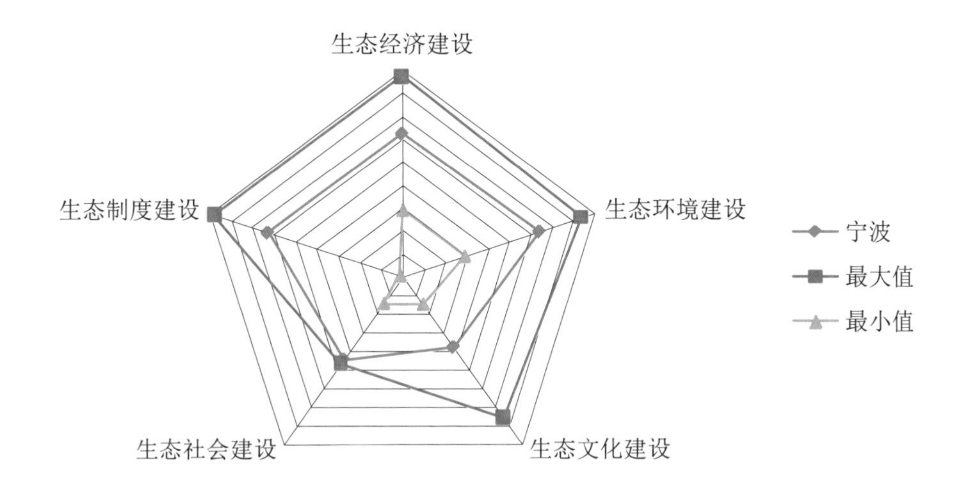

在生态制度建设方面，财政收入占 GDP 比重为 11.02%，居于 35 个大中城市的第 11 位；在生态文明试点创建方面，宁波被确立为国家生态文明建设示范区、生态文明建设试点地区以及国家级生态示范区。

宁波的生态文明建设整体水平基本与 2007 年相当，宁波生态文明进步指数得分为 0.116，居于 35 个大中城市的最后一位。分方面看，生态社会建设水平有所下降，其余四项生态建设水平均有小幅度的提升，对于其自身而言，生态环境建设水平提升的幅度最大，进步指数居于 35 个大中城市的中等水平，生态制度、生态社会及生态文化建设都只是略有提升。

宁波生态文明进步指数分布表

分类	得分	排名
生态文明进步指数	0.116	35
生态经济建设	0.052	35
生态环境建设	0.033	16
生态文化建设	0.041	34
生态社会建设	−0.019	34
生态制度建设	0.009	26

宁波生态文明发展水平指数各级指标得分和排名表

指标	得分	排名
生态文明发展指数	0.544	4
1. 生态经济建设	0.125	15
人均 GDP	0.029	9
服务业增加值占 GDP 的比重	0.005	26
万元产值建设用地	0.038	6
人均建设用地面积	0.014	23
万元产值用电量	0.021	18
万元产值用水量	0.018	7
2. 生态环境建设	0.128	18
污染物排放强度	0.033	29
生活垃圾无害化处理率	0.060	12
建成区绿化覆盖率	0.024	24
人均公共绿地面积	0.011	9
3. 生态文化建设	0.076	10
教育经费支出占 GDP 比重	0.013	21
万人拥有中等学校教师数	0.006	29
人均教育经费	0.017	8
R&D 经费占 GDP 比例	0.018	8
居民文化娱乐消费支出占消费总支出的比重	0.023	6
4. 生态社会建设	0.089	2
城乡居民收入比	0.022	7
万人拥有医生数	0.005	18
养老保险覆盖面	0.040	2
人均用水量	0.023	19
5. 生态制度建设	0.125	10
财政收入占 GDP 比重	0.024	11
生态文明试点创建情况	0.051	10
生态文明建设规划完备情况	0.050	8

□ 合肥生态文明指数评价报告

2012 年，合肥市生态文明发展指数为 0.374，在 35 个大中城市中排名第 25 位。合肥生态文明建设的基本特点是，生态文明建设整体水平居于 35 个大中城市的中下游水平，生态文化、生态环境和生态经济建设居于 35 个大中城市的中等水平，生态社会和生态制度建设居于 35 个大中城市的下游水平。

具体来看，在生态经济建设方面，服务业增加值占 GDP 的比重为 39.17%，居于 35 个大中城市的第 34 位；人均 GDP 达到 55186 元，居于 35 个大中城市的第 24 位；万元产值建设用地为 8.41 平方米，居于 35 个大中城市的第 20 位。

在生态环境建设方面，污染物排放强度为 7.57 吨 / 平方公里，居于 35 个大中城市的第 12 位；建成区绿化覆盖率达到 39.92%，居于 35 个大中城市的第 21 位，人均公共绿地面积为 42.72 平方米，居于 35 个大中城市的第 13 位。

在生态文化建设方面，教育经费支出占 GDP 比重为 2.39%，居于 35 个大中城市的第 16 位；万人拥有中等学校教师数为 37.54 人，居于 35 个大中城市的第 11 位；人均教育经费支出为 1320.43 元，居于 35 个大中城市的第 23 位；R&D 经费占 GDP 比例为 0.54%，居于 35 个大中城市的第 6 位；居民文化娱乐消费支出占消费总支出的比重为 13.51%，居于 35 个大中城市的第 9 位。

二级指标贡献率饼图

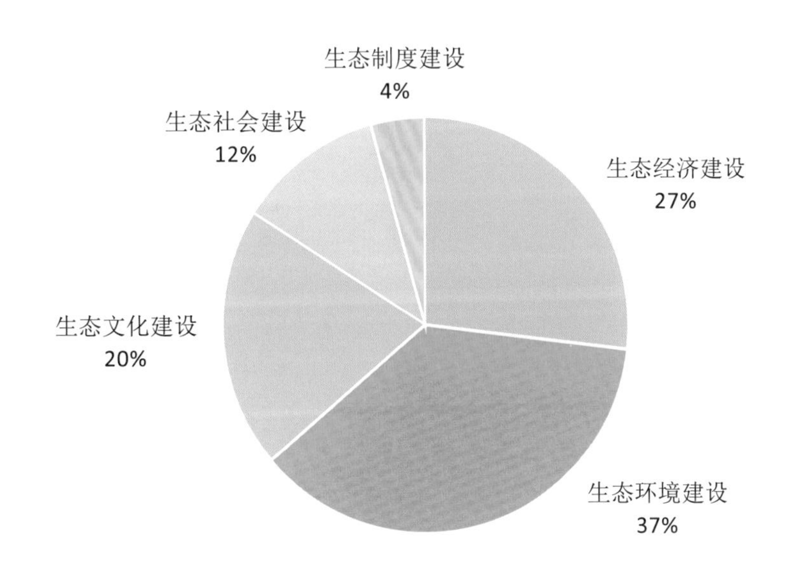

二级指标得分与最高、最低得分雷达图

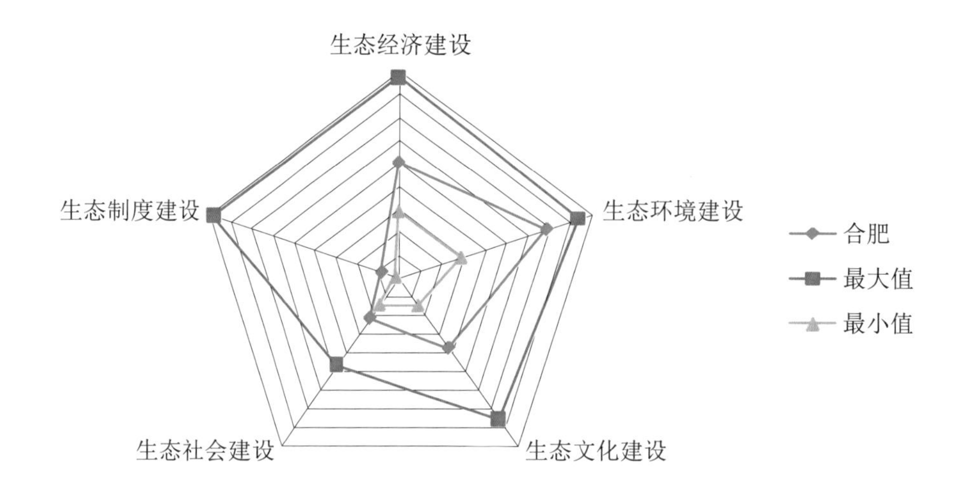

在生态社会建设方面，城乡居民收入比为 2.801，居于 35 个大中城市的第 29 位；养老保险覆盖面达到了 17.55%，居于 35 个大中城市的第 28 位；人均用水量为 45.82 立方米，居于 35 个大中城市的第 7 位。

在生态制度建设方面，财政收入占 GDP 比重为 14.19%，居于各大中城市的第 19 位。

与 2007 年相比，合肥的生态文明建设情况有较大进步，合肥生态文明进步指数得分为 0.350，在 35 个大中城市中排名第 9 位。分方面看，合肥生态文明建设的 5 个二级指标水平变化差距较大，生态文化建设提升的幅度最大，进步指数在 35 个大中城市中居于首位，生态经济建设也有所提升，但生态社会、生态环境和生态制度建设却出现了不同幅度的下降。

合肥生态文明进步指数分布表

分类	得分	排名
生态文明进步指数	0.350	9
生态经济建设	0.131	13
生态环境建设	−0.011	32
生态文化建设	0.250	1
生态社会建设	−0.004	29
生态制度建设	−0.016	35

合肥生态文明发展水平指数各级指标得分和排名表

指标	得分	排名
生态文明发展指数	0.374	25
1. 生态经济建设	0.101	23
人均 GDP	0.011	24
服务业增加值占 GDP 的比重	0.001	34
万元产值建设用地	0.029	20
人均建设用地面积	0.015	21
万元产值用电量	0.028	5
万元产值用水量	0.017	13
2. 生态环境建设	0.138	12
污染物排放强度	0.044	12
生活垃圾无害化处理率	0.060	5
建成区绿化覆盖率	0.028	21
人均公共绿地面积	0.006	13
3. 生态文化建设	0.076	11
教育经费支出占 GDP 比重	0.017	16
万人拥有中等学校教师数	0.011	11
人均教育经费	0.007	23
R&D 经费占 GDP 比例	0.020	6
居民文化娱乐消费支出占消费总支出的比重	0.021	9
4. 生态社会建设	0.044	30
城乡居民收入比	0.009	29
万人拥有医生数	0.002	29
养老保险覆盖面	0.006	28
人均用水量	0.027	7
5. 生态制度建设	0.016	30
财政收入占 GDP 比重	0.016	19
生态文明试点创建情况	0.000	28
生态文明建设规划完备情况	0.000	30

□ 福州生态文明指数评价报告

2012年，福州市生态文明发展指数为0.387，在35个大中城市中排名第23位。福州生态文明建设的基本特点是，生态文明建设整体水平居于35个大中城市的中下等水平，生态建设各方面的水平相对均衡，生态环境建设水平较弱，居于35个大中城市的下游水平。

具体来看，在生态经济建设方面，服务业增加值占GDP的比重为45.84%，居于35个大中城市的第23位；人均GDP达到58304元，居于35个大中城市的第21位；万元产值建设用地为5.22平方米，居于35个大中城市的第7位。

在生态环境建设方面，污染物排放强度为8.70吨/平方公里，居于35个大中城市的第16位；生活垃圾无害化处理率为86.40%，居于35个大中城市的第31位；建成区绿化覆盖率达到40.63%，居于35个大中城市的第18位；人均公共绿地面积为39.69平方米，居于35个大中城市的第18位。

在生态文化建设方面，教育经费支出占GDP比重为2.27%，居于35个大中城市的第19位；万人拥有中等学校教师数为33.08人，居于35个大中城市的第20位；居民文化娱乐消费支出占消费总支出的比重为12.22%，居于35个大中城市的第17位。

在生态社会建设方面，城乡居民收入比为2.558，居于35个大中城市的第22位；万人拥有医生数为22.31人，居于35个大中城市的第27位；养老保险覆盖面达到

二级指标贡献率饼图

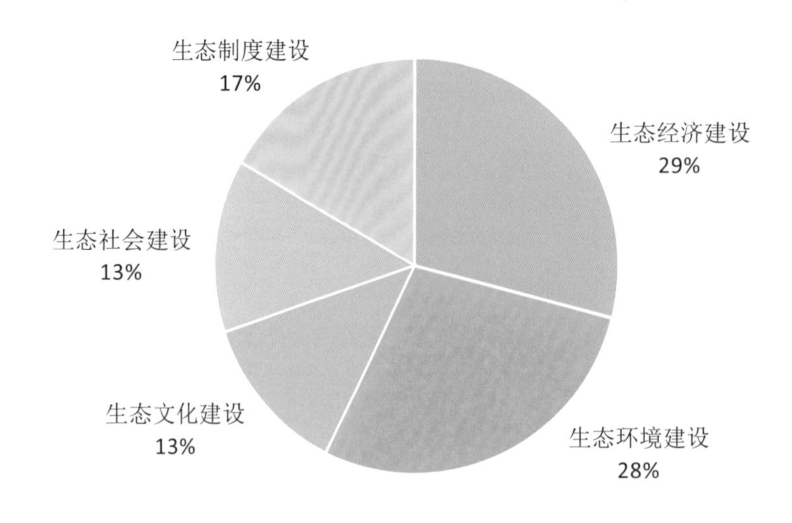

二级指标得分与最高、最低得分雷达图

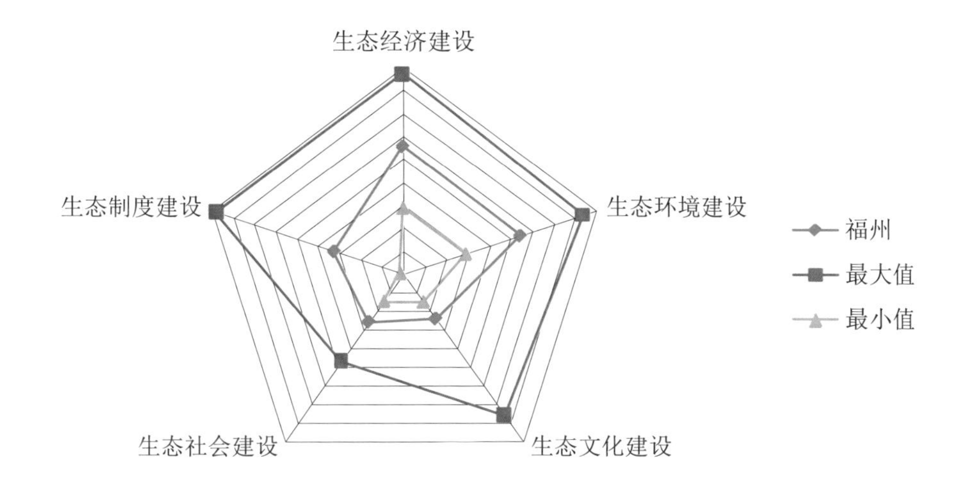

了 20.47%，居于 35 个大中城市的第 27 位；人均用水量为 41.69 立方米 / 人，居于 35 个大中城市的第 6 位。

在生态制度建设方面，财政收入占 GDP 比重为 9.06%，居于 35 个大中城市的第 24 位。

与 2007 年相比，福州的生态文明建设水平有较大进步，福州生态文明进步指数得分为 0.285，在 35 个大中城市中排名第 16 位。具体来看，福州的生态文明建设的 5 个方面均有不同程度的提升，其中，生态经济和生态文化建设水平提升幅度较大，进步指数均位于 35 个大中城市的中上等水平。

福州生态文明进步指数分布表

分类	得分	排名
生态文明进步指数	0.285	16
生态经济建设	0.138	11
生态环境建设	0.013	23
生态文化建设	0.109	14
生态社会建设	0.011	20
生态制度建设	0.013	20

福州生态文明发展水平指数各级指标得分和排名表

指标	得分	排名
生态文明发展指数	0.387	23
1. 生态经济建设	0.112	17
人均 GDP	0.013	21
服务业增加值占 GDP 的比重	0.010	23
万元产值建设用地	0.038	7
人均建设用地面积	0.006	33
万元产值用电量	0.028	3
万元产值用水量	0.018	8
2. 生态环境建设	0.109	27
污染物排放强度	0.042	16
生活垃圾无害化处理率	0.031	31
建成区绿化覆盖率	0.030	18
人均公共绿地面积	0.005	18
3. 生态文化建设	0.049	24
教育经费支出占 GDP 比重	0.015	19
万人拥有中等学校教师数	0.008	20
人均教育经费	0.008	22
R&D 经费占 GDP 比例	0.003	30
居民文化娱乐消费支出占消费总支出的比重	0.016	17
4. 生态社会建设	0.052	24
城乡居民收入比	0.013	22
万人拥有医生数	0.003	27
养老保险覆盖面	0.008	27
人均用水量	0.028	6
5. 生态制度建设	0.064	20
财政收入占 GDP 比重	0.014	24
生态文明试点创建情况	0.000	29
生态文明建设规划完备情况	0.050	16

□ 厦门生态文明指数评价报告

2012年，厦门市生态文明发展指数为0.486，在35个大中城市中排名第10位。厦门生态文明建设的基本特点是，生态文明建设整体水平居于35个大中城市的上游水平，生态环境建设水平较高，处于35个大中城市的上游水平，其余四项生态文明建设水平均居于35个大中城市的中上游水平。

具体来看，在生态经济建设方面，服务业增加值占GDP的比重为50.33%，居于35个大中城市的第15位；人均GDP达到77392元，居于35个大中城市的第15位；万元产值建设用地为9.38平方米，居于35个大中城市的第25位；人均建设用地面积为72.61平方米，居于35个大中城市的第7位。

在生态环境建设方面，污染物排放强度为13.37吨／平方公里，居于35个大中城市的第24位；生活垃圾无害化处理率为99.00%，居于35个大中城市的第17位；建成区绿化覆盖率达到41.80%，居于35个大中城市的第15位；人均公共绿地面积为62.08平方米，居于35个大中城市的第7位。

在生态文化建设方面，教育经费支出占GDP比重为2.51%，居于35个大中城市的第12位；人均教育经费支出为1942.59元，居于35个大中城市的第6位；R&D经费占GDP比例为0.49%，居于35个大中城市的第9位。

在生态社会建设方面，城乡居民收入比为2.793，居于35个大中城市的第28位；

二级指标贡献率饼图

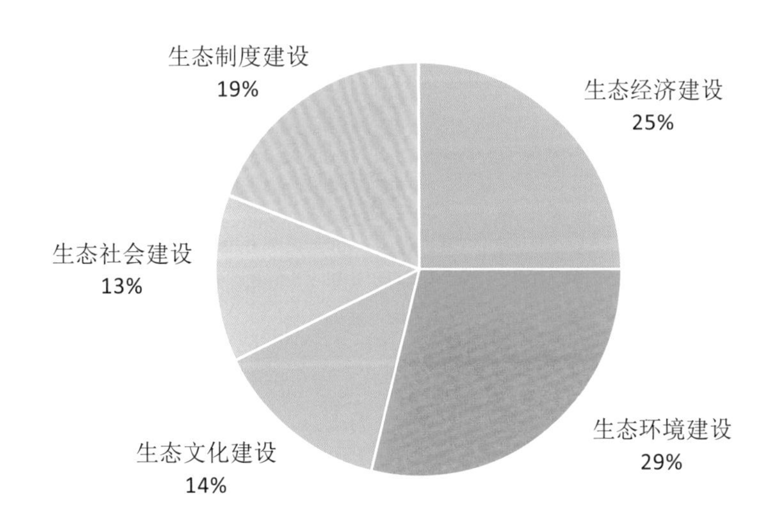

二级指标得分与最高、最低得分雷达图

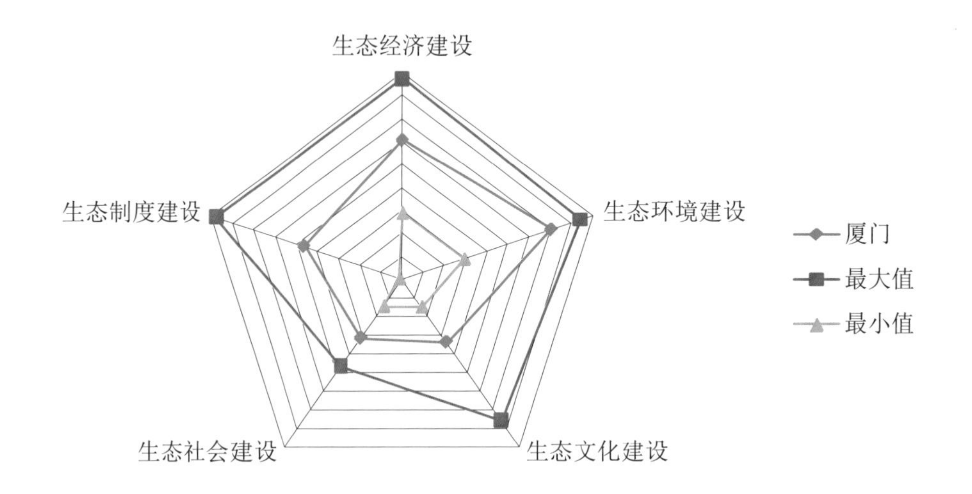

养老保险覆盖面达到了 57.82%，居于 35 个大中城市的第 4 位；人均用水量为 98.16 立方米／人，居于 35 个大中城市的第 30 位。

在生态制度建设方面，财政收入占 GDP 比重为 15.01%，居于 35 个大中城市的第 3 位。

与 2007 年相比，厦门的生态文明建设水平有所提升，但整体提升幅度不大，厦门生态文明进步指数得分为 0.247，在 35 个大中城市中排名第 23 位。分方面看，5 个方面具有不同程度的提升，其中，生态环境建设方面的进步较大，进步指数居于 35 个大中城市的第 2 位，生态文化和生态经济建设水平提升较慢，只是略有提升。

厦门生态文明进步指数分布表

分类	得分	排名
生态文明进步指数	0.247	23
生态经济建设	0.060	33
生态环境建设	0.121	2
生态文化建设	0.045	33
生态社会建设	0.015	17
生态制度建设	0.007	27

厦门生态文明发展水平指数各级指标得分和排名表

指标	得分	排名
生态文明发展指数	0.486	10
1. 生态经济建设	0.122	16
人均 GDP	0.024	15
服务业增加值占 GDP 的比重	0.015	15
万元产值建设用地	0.026	25
人均建设用地面积	0.031	7
万元产值用电量	0.014	28
万元产值用水量	0.012	24
2. 生态环境建设	0.140	10
污染物排放强度	0.038	24
生活垃圾无害化处理率	0.058	17
建成区绿化覆盖率	0.033	15
人均公共绿地面积	0.011	7
3. 生态文化建设	0.068	15
教育经费支出占 GDP 比重	0.018	12
万人拥有中等学校教师数	0.002	34
人均教育经费	0.019	6
R&D 经费占 GDP 比例	0.018	9
居民文化娱乐消费支出占消费总支出的比重	0.011	30
4. 生态社会建设	0.063	13
城乡居民收入比	0.009	28
万人拥有医生数	0.004	22
养老保险覆盖面	0.037	4
人均用水量	0.014	30
5. 生态制度建设	0.093	15
财政收入占 GDP 比重	0.043	3
生态文明试点创建情况	0.000	25
生态文明建设规划完备情况	0.050	15

□ 南昌生态文明指数评价报告

2012 年，南昌市生态文明发展指数为 0.417，在 35 个大中城市中排名第 21 位。南昌生态文明建设的基本特点是，生态文明建设整体水平居于 35 个大中城市的中下游水平，生态制度和生态环境建设居于 35 个大中城市的中等水平，生态经济和生态社会建设居于 35 个大中城市的下游水平。

具体来看，在生态经济建设方面，服务业增加值占 GDP 的比重为 38.65%，居于 35 个大中城市的第 35 位；人均 GDP 达到 58715 元，居于 35 个大中城市的第 19 位；万元产值建设用地为 6.96 平方米，居于 35 个大中城市的第 14 位。

在生态环境建设方面，污染物排放强度为 7.37 吨 / 平方公里，居于 35 个大中城市的第 11 位；建成区绿化覆盖率达到 44.43%，居于 35 个大中城市的第 6 位。

在生态文化建设方面，教育经费支出占 GDP 比重为 2.11%，居于 35 个大中城市的第 22 位；万人拥有中等学校教师数为 42.43 人，居于 35 个大中城市的第 4 位；人均教育经费支出为 1239.12 元，居于 35 个大中城市的第 26 位。

在生态社会建设方面，城乡居民收入比为 2.426，居于 35 个大中城市的第 20 位；养老保险覆盖面达到了 25.88%，居于 35 个大中城市的第 19 位；人均用水量为 66.48 立方米 / 人，居于 35 个大中城市的第 22 位。

二级指标贡献率饼图

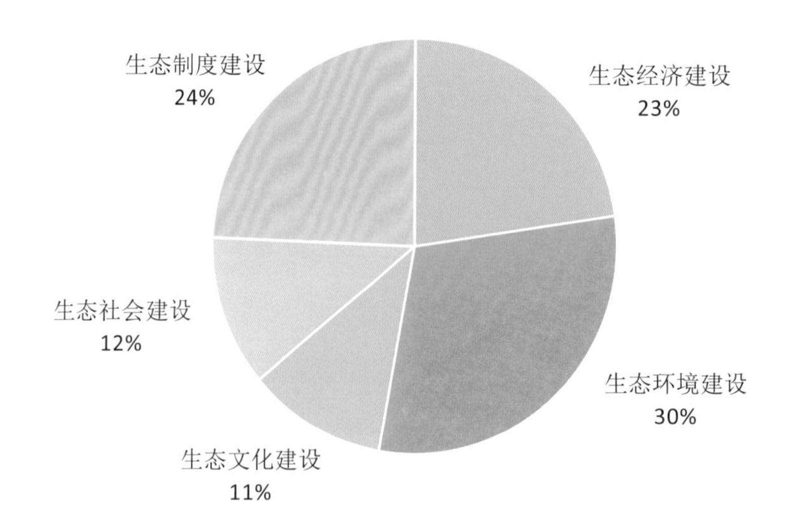

二级指标得分与最高、最低得分雷达图

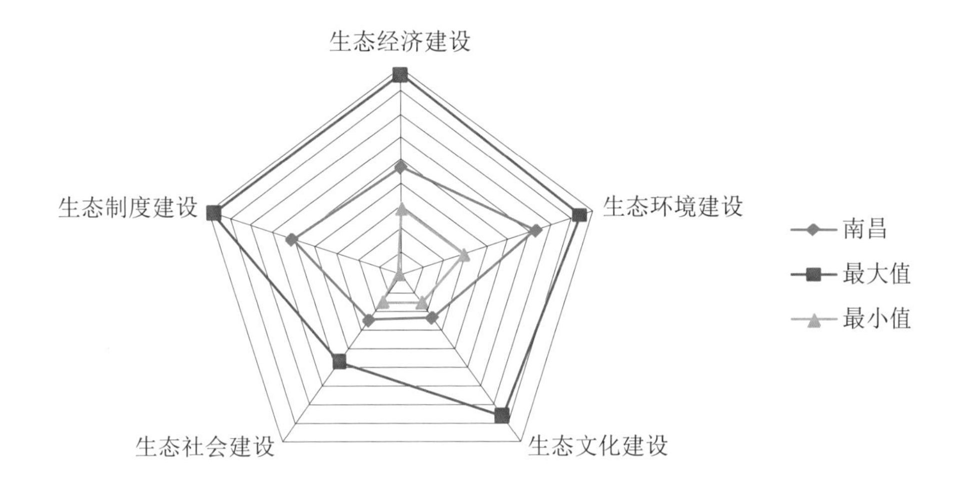

在生态制度建设方面，财政收入占 GDP 比重为 7.80%，居于 35 个大中城市的第 27 位；在生态文明试点创建方面，南昌被确立为第七批国家级生态示范区以及第七批全国生态示范区建设试点地区之一，在生态文明建设相关规划完成方面，南昌市已于 2010 年通过了《南昌生态市建设规划（2008—2020）》。

与 2007 年相比，南昌的生态文明建设水平有所提升，但进步不明显，南昌生态文明进步指数得分为 0.250，在 35 个大中城市中排名第 21 位。分方面看，除了生态环境建设水平有所下降以外，其他 4 项二级指标建设水平均有所提升，其中，生态文化建设水平提升幅度最大，进步指数在 35 个大中城市中排名第 7 位，其余三项二级指标水平稍微有所提升。

南昌生态文明进步指数分布表

分类	得分	排名
生态文明进步指数	0.250	21
生态经济建设	0.113	20
生态环境建设	−0.024	34
生态文化建设	0.143	7
生态社会建设	0.001	26
生态制度建设	0.016	17

南昌生态文明发展水平指数各级指标得分和排名表

指标	得分	排名
生态文明发展指数	0.417	21
1. 生态经济建设	0.094	26
人均 GDP	0.013	19
服务业增加值占 GDP 的比重	0.000	35
万元产值建设用地	0.033	14
人均建设用地面积	0.012	24
万元产值用电量	0.023	14
万元产值用水量	0.013	22
2. 生态环境建设	0.126	19
污染物排放强度	0.044	11
生活垃圾无害化处理率	0.037	29
建成区绿化覆盖率	0.040	6
人均公共绿地面积	0.005	19
3. 生态文化建设	0.046	29
教育经费支出占 GDP 比重	0.012	22
万人拥有中等学校教师数	0.014	4
人均教育经费	0.006	26
R&D 经费占 GDP 比例	0.002	31
居民文化娱乐消费支出占消费总支出的比重	0.012	28
4. 生态社会建设	0.049	27
城乡居民收入比	0.016	20
万人拥有医生数	0.000	35
养老保险覆盖面	0.012	19
人均用水量	0.022	22
5. 生态制度建设	0.101	13
财政收入占 GDP 比重	0.009	27
生态文明试点创建情况	0.042	17
生态文明建设规划完备情况	0.050	12

□ 济南生态文明指数评价报告

2012 年，济南市生态文明发展指数为 0.341，在 35 个大中城市中排名第 32 位。济南生态文明建设的基本特点是，生态经济、生态社会建设水平居于 35 个大中城市的中等水平，生态制度、生态文化和生态环境建设的水平较弱，居于 35 个大中城市的下游水平。

具体来看，在生态经济建设方面，服务业增加值占 GDP 的比重为 54.39%，居于 35 个大中城市的第 8 位；人均 GDP 达到 69444 元，居于 35 个大中城市的第 16 位；万元产值用电量为 378.88 千瓦时，居于 35 个大中城市的第 12 位；万元产值用水量为 6.922 立方米，居于 35 个大中城市的第 6 位。

在生态环境建设方面，污染物排放强度为 18.93 吨 / 平方公里，居于 35 个大中城市的第 30 位；生活垃圾无害化处理率为 93.30%，居于 35 个大中城市的第 22 位；建成区绿化覆盖率达到 38.02%，居于 35 个大中城市的第 26 位；人均公共绿地面积为 42.22 平方米，居于 35 个大中城市的第 15 位。

在生态文化建设方面，教育经费支出占 GDP 比重为 1.71%，居于 35 个大中城市的第 31 位；居民文化娱乐消费支出占消费总支出的比重为 12.18%，居于 35 个大中城市的第 18 位。

二级指标贡献率饼图

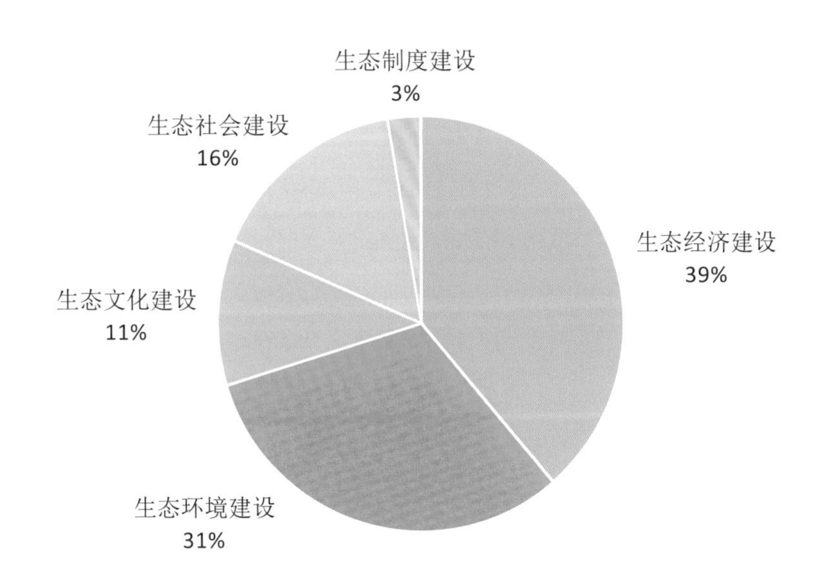

二级指标得分与最高、最低得分雷达图

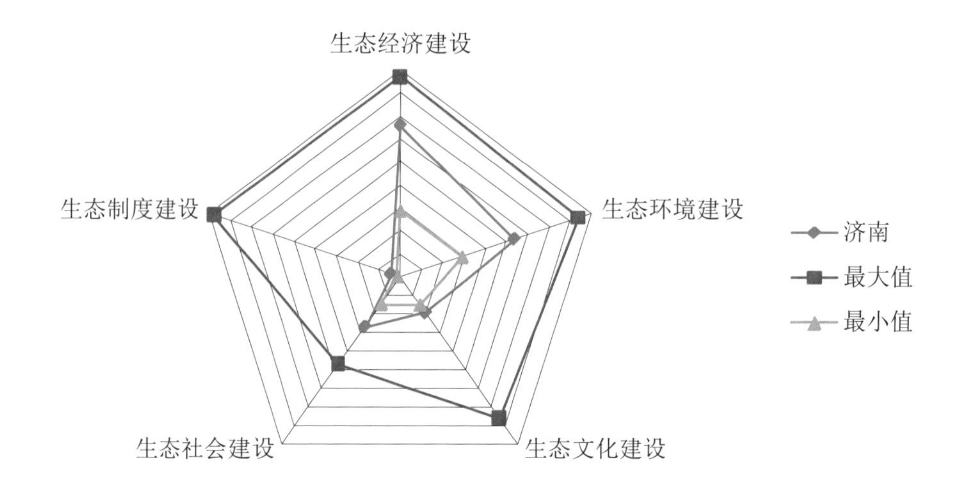

在生态社会建设方面，城乡居民收入比为2.763，居于35个大中城市的第27位；万人拥有医生数为28.14人，居于35个大中城市的第11位；养老保险覆盖面达到了25.30%，居于35个大中城市的第20位；人均用水量为48.07立方米/人，居于35个大中城市的第10位。

在生态制度建设方面，财政收入占GDP比重为7.93%，居于35个大中城市的第28位。

与2007年相比，济南的生态文明建设情况有较大进步，济南生态文明进步指数得分为0.289，在35个大中城市中排名第15位。分方面看，生态社会建设水平有所下降，但其他4项生态建设水平均有所提升，其中，生态文化建设情况比较良好，提升幅度最大，进步指数在35个大中城市中排名第4位。

济南生态文明进步指数分布表

分类	得分	排名
生态文明进步指数	0.289	15
生态经济建设	0.098	26
生态环境建设	0.006	26
生态文化建设	0.169	4
生态社会建设	−0.002	28
生态制度建设	0.018	15

济南生态文明发展水平指数各级指标得分和排名表

指标	得分	排名
生态文明发展指数	0.341	32
1. 生态经济建设	0.132	11
人均 GDP	0.019	16
服务业增加值占 GDP 的比重	0.021	8
万元产值建设用地	0.031	17
人均建设用地面积	0.019	17
万元产值用电量	0.024	12
万元产值用水量	0.018	6
2. 生态环境建设	0.107	28
污染物排放强度	0.032	30
生活垃圾无害化处理率	0.046	22
建成区绿化覆盖率	0.023	26
人均公共绿地面积	0.006	15
3. 生态文化建设	0.039	33
教育经费支出占 GDP 比重	0.005	31
万人拥有中等学校教师数	0.007	22
人均教育经费	0.005	28
R&D 经费占 GDP 比例	0.005	25
居民文化娱乐消费支出占消费总支出的比重	0.016	18
4. 生态社会建设	0.054	22
城乡居民收入比	0.010	27
万人拥有医生数	0.006	11
养老保险覆盖面	0.012	20
人均用水量	0.026	10
5. 生态制度建设	0.009	33
财政收入占 GDP 比重	0.009	28
生态文明试点创建情况	0.000	32
生态文明建设规划完备情况	0.000	33

□ 青岛生态文明指数评价报告

2012 年，青岛市生态文明发展指数为 0.464，在 35 个大中城市中排名第 15 位。青岛生态文明建设的基本特点是，生态文明建设各项二级指标的排名相差较大，生态环境和生态经济建设居于 35 个大中城市的上游水平，生态文化建设居于 35 个大中城市的下游水平。

具体来看，在生态经济建设方面，服务业增加值占 GDP 的比重为 48.96%，居于 35 个大中城市的第 18 位；人均 GDP 达到 82680 元，居于 35 个大中城市的第 12 位；万元产值建设用地为 4.59 平方米，居于 35 个大中城市的第 2 位；万元产值用电量为 294.19 千瓦时，居于 35 个大中城市的第 6 位；万元产值用水量为 5.860 立方米，居于 35 个大中城市的第 3 位。

在生态环境建设方面，污染物排放强度为 8.76 吨 / 平方公里，居于 35 个大中城市的第 17 位；建成区绿化覆盖率达到 44.66%，居于 35 个大中城市的第 5 位；人均公共绿地面积为 68.45 平方米，居于 35 个大中城市的第 6 位。

在生态文化建设方面，教育经费支出占 GDP 比重为 1.96%，居于 35 个大中城市的第 24 位；万人拥有中等学校教师数为 36.18 人，居于 35 个大中城市的第 15 位；人均教育经费支出为 1621.92 元，居于 35 个大中城市的第 12 位。

在生态社会建设方面，城乡居民收入比为 2.298，居于 35 个大中城市的第 16

二级指标贡献率饼图

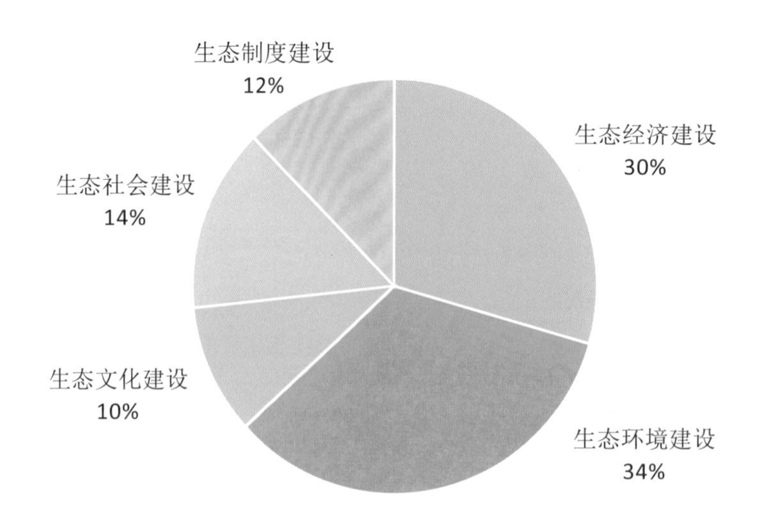

二级指标得分与最高、最低得分雷达图

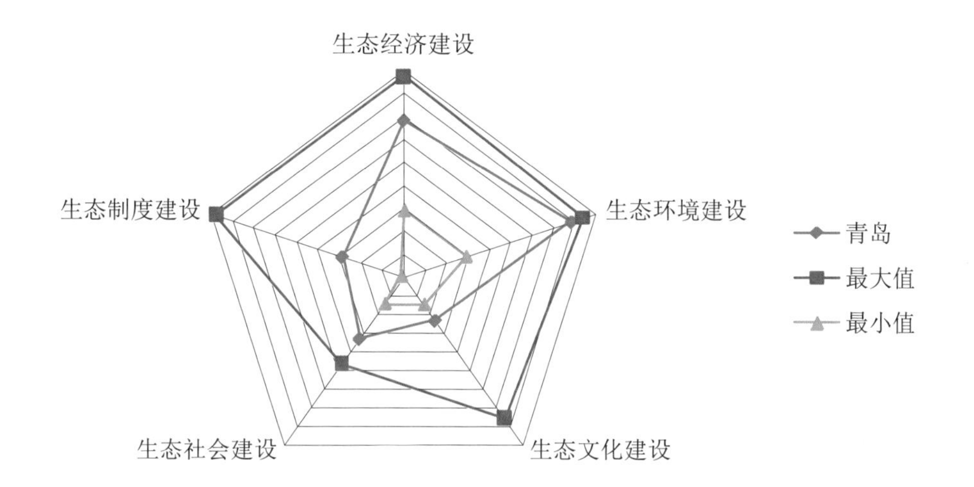

位；养老保险覆盖面达到了 34.32%，居于 35 个大中城市的第 12 位；人均用水量为 48.45 立方米 / 人，居于 35 个大中城市的第 11 位。

在生态制度建设方面，财政收入占 GDP 比重为 9.18%，居于 35 个大中城市的第 21 位；在生态文明试点创建方面，青岛被确立为第三批国家级生态示范区以及第六批全国生态示范区建设试点地区。

与 2007 年相比，青岛的生态文明建设水平略有提升，青岛生态文明进步指数得分为 0.227，在 35 个大中城市中排名第 29 位。分方面看，生态社会建设水平较 2007 年有所下降，需要进一步加强其建设，但其他 4 项生态文明建设情况均有所提升，且进步幅度比较均衡，进步指数均位于 35 个大中城市的中下游水平。

青岛生态文明进步指数分布表

分类	得分	排名
生态文明进步指数	0.227	29
生态经济建设	0.108	23
生态环境建设	0.031	18
生态文化建设	0.078	26
生态社会建设	−0.002	27
生态制度建设	0.011	22

青岛生态文明发展水平指数各级指标得分和排名表

指标	得分	排名
生态文明发展指数	0.464	15
1. 生态经济建设	0.137	7
人均 GDP	0.027	12
服务业增加值占 GDP 的比重	0.014	18
万元产值建设用地	0.039	2
人均建设用地面积	0.010	27
万元产值用电量	0.027	6
万元产值用水量	0.020	3
2. 生态环境建设	0.156	4
污染物排放强度	0.042	17
生活垃圾无害化处理率	0.060	8
建成区绿化覆盖率	0.041	5
人均公共绿地面积	0.013	6
3. 生态文化建设	0.047	28
教育经费支出占 GDP 比重	0.009	24
万人拥有中等学校教师数	0.010	15
人均教育经费	0.013	12
R&D 经费占 GDP 比例	0.006	22
居民文化娱乐消费支出占消费总支出的比重	0.008	32
4. 生态社会建设	0.067	11
城乡居民收入比	0.018	16
万人拥有医生数	0.005	20
养老保险覆盖面	0.018	12
人均用水量	0.026	11
5. 生态制度建设	0.057	21
财政收入占 GDP 比重	0.015	21
生态文明试点创建情况	0.042	16
生态文明建设规划完备情况	0.000	22

□ 郑州生态文明指数评价报告

2012 年，郑州市生态文明发展指数为 0.422，在 35 个大中城市中排名第 18 位。郑州生态文明建设的基本特点是，生态社会和生态制度建设居于 35 个大中城市的中上游水平，生态环境建设水平相对较弱，居于 35 个大中城市的下游水平。

具体来看，在生态经济建设方面，服务业增加值占 GDP 的比重为 40.98%，居于 35 个大中城市的第 30 位；人均 GDP 达到 62054 元，居于 35 个大中城市的第 17 位；万元产值建设用地为 6.57 平方米，居于 35 个大中城市的第 11 位；人均建设用地面积为 40.74 平方米，居于 35 个大中城市的第 25 位。

在生态环境建设方面，污染物排放强度为 25.85 吨 / 平方公里，居于 35 个大中城市的第 34 位；生活垃圾无害化处理率为 89.75%，居于 35 个大中城市的第 28 位；建成区绿化覆盖率达到 36.08%，居于 35 个大中城市的第 29 位。

在生态文化建设方面，教育经费支出占 GDP 比重为 2.23%，居于 35 个大中城市的第 20 位；万人拥有中等学校教师数为 42.19 人，居于 35 个大中城市的第 5 位；人均教育经费支出为 1386.68 元，居于 35 个大中城市的第 19 位；R&D 经费占 GDP 比例为 0.28%，居于 35 个大中城市的第 18 位。

在生态社会建设方面，城乡居民收入比为 1.935，居于 35 个大中城市的第 5 位；

二级指标贡献率饼图

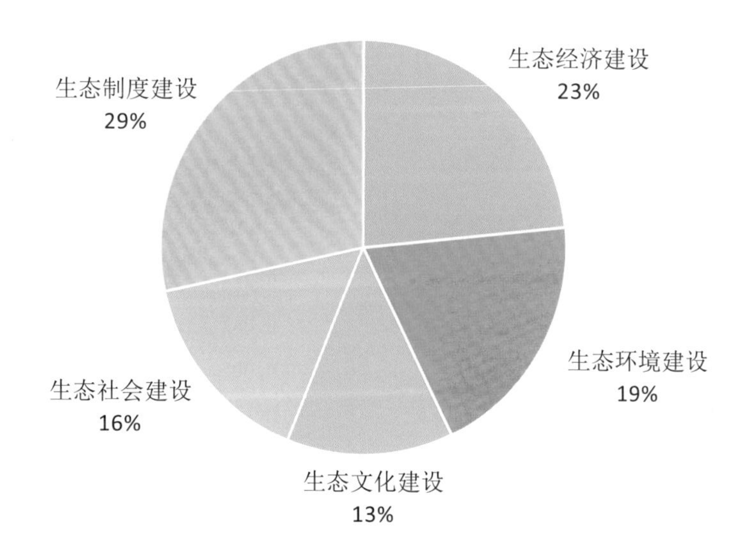

二级指标得分与最高、最低得分雷达图

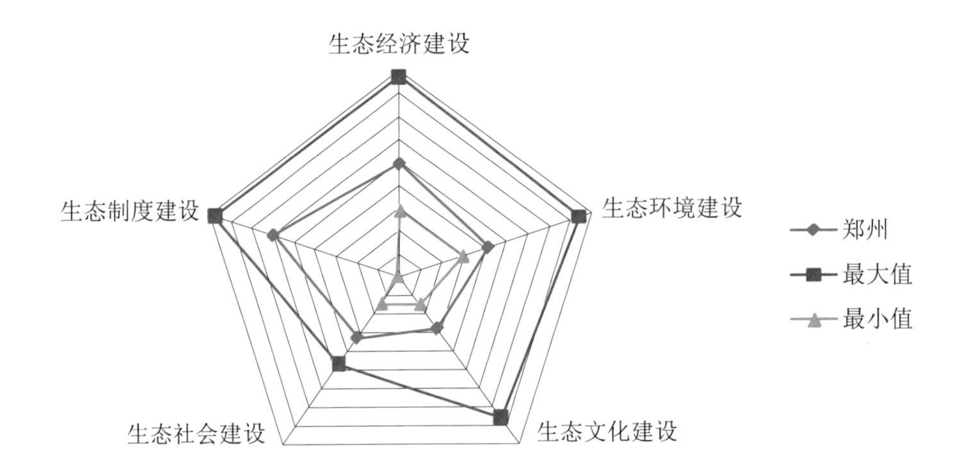

万人拥有医生数为 19.65 人，居于 35 个大中城市的第 31 位；养老保险覆盖面达到了 25.13%，居于 35 个大中城市的第 21 位；人均用水量为 40.06 立方米／人，居于 35 个大中城市的第 5 位。

在生态制度建设方面，财政收入占 GDP 比重为 10.93%，居于 35 个大中城市的第 12 位；在生态文明试点创建方面，郑州被确立为国家级生态示范区、全国生态示范区建设试点地区，并于 2014 年成为首批生态文明先行示范区建设地区。

与 2007 年相比，郑州的生态文明建设情况稍微有所提升，但整体提升幅度非常小，郑州生态文明进步指数得分为 0.217，在 35 个大中城市中排名第 32 位。分方面看，5 个方面具有不同程度的提升，其中，生态文化和生态制度建设方面的进步较大，生态经济建设提升较缓慢，需进一步加强该方面的建设。

郑州生态文明进步指数分布表

分类	得分	排名
生态文明进步指数	0.217	32
生态经济建设	0.082	30
生态环境建设	0.005	27
生态文化建设	0.108	15
生态社会建设	0.008	21
生态制度建设	0.014	19

郑州生态文明发展水平指数各级指标得分和排名表

指标	得分	排名
生态文明发展指数	0.422	18
1. 生态经济建设	0.099	25
人均 GDP	0.015	17
服务业增加值占 GDP 的比重	0.003	30
万元产值建设用地	0.034	11
人均建设用地面积	0.012	25
万元产值用电量	0.016	26
万元产值用水量	0.019	5
2. 生态环境建设	0.082	34
污染物排放强度	0.026	34
生活垃圾无害化处理率	0.038	28
建成区绿化覆盖率	0.018	29
人均公共绿地面积	0.000	35
3. 生态文化建设	0.056	20
教育经费支出占 GDP 比重	0.014	20
万人拥有中等学校教师数	0.014	5
人均教育经费	0.009	19
R&D 经费占 GDP 比例	0.008	18
居民文化娱乐消费支出占消费总支出的比重	0.011	29
4. 生态社会建设	0.065	12
城乡居民收入比	0.024	5
万人拥有医生数	0.002	31
养老保险覆盖面	0.011	21
人均用水量	0.028	5
5. 生态制度建设	0.120	11
财政收入占 GDP 比重	0.023	12
生态文明试点创建情况	0.047	14
生态文明建设规划完备情况	0.050	11

□ 武汉生态文明指数评价报告

2012年，武汉市生态文明发展指数为0.463，在35个大中城市中排名第16位。武汉生态文明建设的基本特点是，生态制度建设居于35个大中城市的上游水平，生态环境、生态文化和生态社会建设居于35个大中城市的下游水平，其中，生态文化建设水平相对较弱。

具体来看，在生态经济建设方面，服务业增加值占GDP的比重为47.89%，居于35个大中城市的第21位；人均GDP达到79482元，居于35个大中城市的第14位；万元产值建设用地为10.09平方米，居于35个大中城市的第27位；人均建设用地面积为80.21平方米，居于35个大中城市的第4位；万元产值用电量为434.30千瓦时，居于35个大中城市的第15位。

在生态环境建设方面，建成区绿化覆盖率达到38.21%，居于35个大中城市的第25位；人均公共绿地面积为27.31平方米，居于35个大中城市的第31位。

在生态文化建设方面，人均教育经费支出为1328.73元，居于35个大中城市的第21位；R&D经费占GDP比例为0.26%，居于35个大中城市的第21位；居民文化娱乐消费支出占消费总支出的比重为12.77%，居于35个大中城市的第12位。

在生态社会建设方面，城乡居民收入比为2.418，居于35个大中城市的第19位；

二级指标贡献率饼图

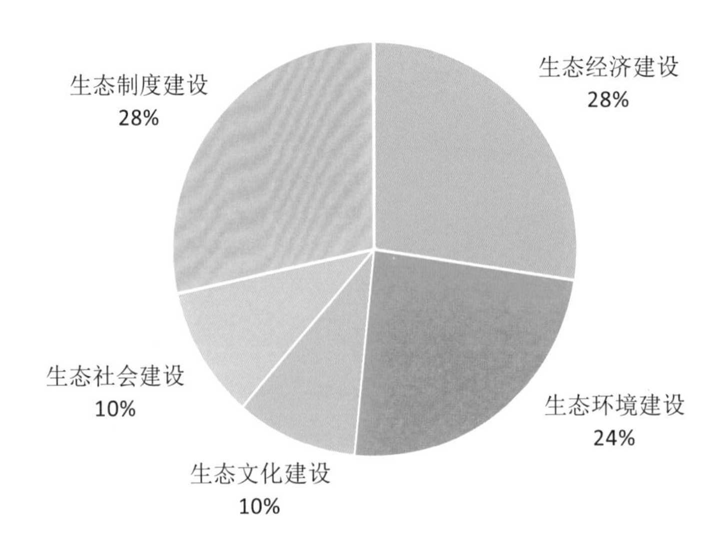

二级指标得分与最高、最低得分雷达图

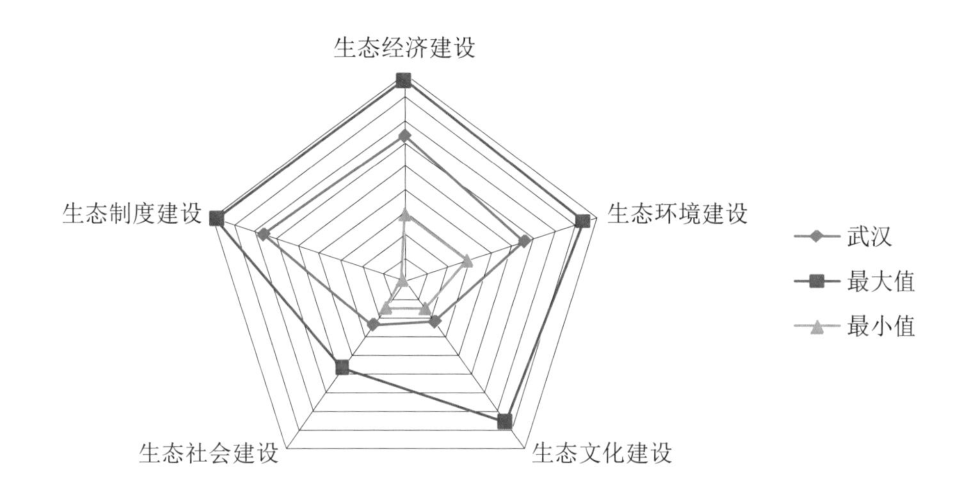

万人拥有医生数为 26.24 人，居于 35 个大中城市的第 17 位；养老保险覆盖面达到了 34.82%，居于 35 个大中城市的第 10 位。

在生态制度建设方面，财政收入占 GDP 比重为 10.35%，居于 35 个大中城市的第 15 位；在生态文明试点创建方面，武汉被确立为第六批生态文明建设试点地区、第三批国家级生态示范区以及第七批全国生态示范区建设试点地区。

与 2007 年相比，武汉的生态文明建设发展比较良好，整体进步幅度较大，武汉生态文明进步指数得分为 0.339，在 35 个大中城市中排名第 10 位。分方面看，5 个方面具有不同程度的提升，其中，生态经济和生态制度建设方面的进步较大，都排在 35 个大中城市的前 5 名。

武汉生态文明进步指数分布表

分类	得分	排名
生态文明进步指数	0.339	10
生态经济建设	0.197	2
生态环境建设	0.027	19
生态文化建设	0.068	28
生态社会建设	0.019	13
生态制度建设	0.028	4

武汉生态文明发展水平指数各级指标得分和排名表

指标	得分	排名
生态文明发展指数	0.463	16
1. 生态经济建设	0.127	14
人均 GDP	0.025	14
服务业增加值占 GDP 的比重	0.012	21
万元产值建设用地	0.024	27
人均建设用地面积	0.035	4
万元产值用电量	0.022	15
万元产值用水量	0.009	28
2. 生态环境建设	0.112	26
污染物排放强度	0.037	25
生活垃圾无害化处理率	0.049	21
建成区绿化覆盖率	0.024	25
人均公共绿地面积	0.002	31
3. 生态文化建设	0.045	30
教育经费支出占 GDP 比重	0.005	32
万人拥有中等学校教师数	0.007	24
人均教育经费	0.008	21
R&D 经费占 GDP 比例	0.007	21
居民文化娱乐消费支出占消费总支出的比重	0.018	12
4. 生态社会建设	0.048	28
城乡居民收入比	0.016	19
万人拥有医生数	0.005	17
养老保险覆盖面	0.019	10
人均用水量	0.008	31
5. 生态制度建设	0.131	8
财政收入占 GDP 比重	0.021	15
生态文明试点创建情况	0.061	8
生态文明建设规划完备情况	0.050	6

□ 长沙生态文明指数评价报告

2012 年，长沙市生态文明发展指数为 0.473，在 35 个大中城市中排名第 13 位。长沙生态文明建设的基本特点是，生态经济、生态制度和生态社会建设居于 35 个大中城市的中上等水平，生态环境和生态文化建设居于 35 个大中城市的中下等水平，其中，生态环境建设水平最弱。

具体来看，在生态经济建设方面，人均 GDP 达到 89903 元，居于 35 个大中城市的第 5 位；万元产值建设用地为 4.41 平方米，居于 35 个大中城市的第 1 位；万元产值用电量为 198.18 千瓦时，居于 35 个大中城市的第 1 位；万元产值用水量为 7.744 立方米，居于 35 个大中城市的第 11 位。

在生态环境建设方面，污染物排放强度为 2.81 吨 / 平方公里，居于 35 个大中城市的第 4 位。

在生态文化建设方面，教育经费支出占 GDP 比重为 1.82%，居于 35 个大中城市的第 28 位；万人拥有中等学校教师数为 33.26 人，居于 35 个大中城市的第 19 位；人均教育经费支出为 1639.01 元，居于 35 个大中城市的第 11 位；R&D 经费占 GDP 比例为 0.26%，居于 35 个大中城市的第 19 位；居民文化娱乐消费支出占消费总支出的比重为 13.60%，居于 35 个大中城市的第 8 位。

二级指标贡献率饼图

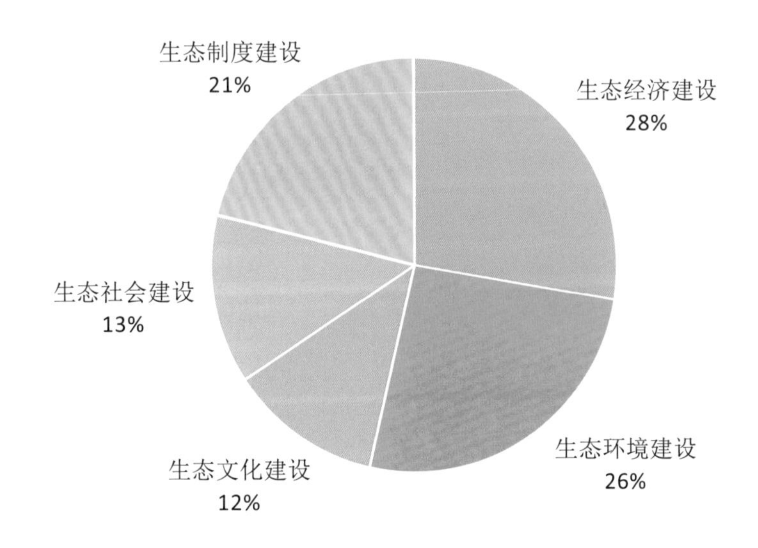

二级指标得分与最高、最低得分雷达图

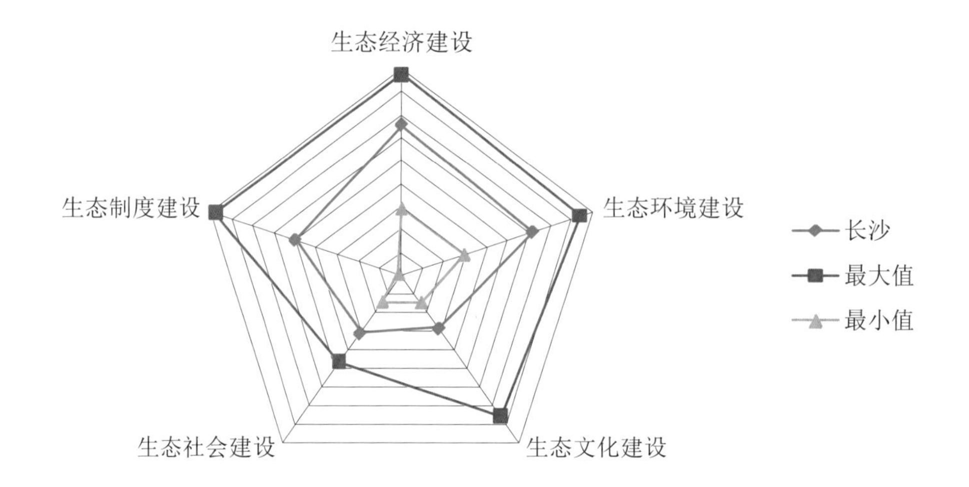

在生态社会建设方面，城乡居民收入比为 1.921，居于 35 个大中城市的第 4 位；万人拥有医生数为 28.47 人，居于 35 个大中城市的第 10 位。

在生态制度建设方面，财政收入占 GDP 比重为 7.67%，居于 35 个大中城市的第 30 位；在生态文明试点创建方面，长沙被确立为第四批国家级生态示范区以及第四批全国生态示范区建设试点地区。

与 2007 年相比，长沙的生态文明建设发展情况良好，整体进步幅度较大，长沙生态文明进步指数得分为 0.388，在 35 个大中城市中排名第 6 位。分方面看，长沙生态文明建设 5 个方面发展不太均衡，生态社会、生态经济和生态环境建设水平提升幅度较大，进步指数均位于 35 个大中城市的前 7 位，但生态制度建设水平却稍微有所下降。

长沙生态文明进步指数分布表

城市	得分	排名
生态文明进步指数	0.388	6
生态经济建设	0.167	4
生态环境建设	0.077	6
生态文化建设	0.101	18
生态社会建设	0.045	3
生态制度建设	−0.002	33

长沙生态文明发展水平指数各级指标得分和排名表

指标	得分	排名
生态文明发展指数	0.473	13
1. 生态经济建设	0.131	12
人均 GDP	0.031	5
服务业增加值占 GDP 的比重	0.001	32
万元产值建设用地	0.040	1
人均建设用地面积	0.011	26
万元产值用电量	0.030	1
万元产值用水量	0.018	11
2. 生态环境建设	0.123	21
污染物排放强度	0.048	4
生活垃圾无害化处理率	0.060	2
建成区绿化覆盖率	0.012	34
人均公共绿地面积	0.002	30
3. 生态文化建设	0.057	19
教育经费支出占 GDP 比重	0.007	28
万人拥有中等学校教师数	0.008	19
人均教育经费	0.013	11
R&D 经费占 GDP 比例	0.007	19
居民文化娱乐消费支出占消费总支出的比重	0.021	8
4. 生态社会建设	0.063	15
城乡居民收入比	0.024	4
万人拥有医生数	0.007	10
养老保险覆盖面	0.011	22
人均用水量	0.021	24
5. 生态制度建设	0.100	14
财政收入占 GDP 比重	0.008	30
生态文明试点创建情况	0.042	18
生态文明建设规划完备情况	0.050	13

□ 广州生态文明指数评价报告

2012 年，广州市生态文明发展指数为 0.420，在 35 个大中城市中排名第 19 位。广州生态文明建设的基本特点是，生态经济和生态文化建设水平居于 35 个大中城市的上游水平，生态环境和生态社会建设居于 35 个大中城市的中下游水平，生态制度建设水平相对较弱。

具体来看，在生态经济建设方面，服务业增加值占 GDP 的比重为 63.59%，居于 35 个大中城市的第 3 位；人均 GDP 达到 105909 元，居于 35 个大中城市的第 2 位；万元产值建设用地为 4.84 平方米，居于 35 个大中城市的第 4 位；人均建设用地面积为 51.31 平方米，居于 35 个大中城市的第 19 位。

在生态环境建设方面，建成区绿化覆盖率达到 40.49%，居于 35 个大中城市的第 19 位；人均公共绿地面积为 128.62 平方米，居于 35 个大中城市的第 3 位。

在生态文化建设方面，教育经费支出占 GDP 比重为 1.65%，居于 35 个大中城市的第 33 位；人均教育经费支出为 1746.74 元，居于 35 个大中城市的第 9 位；R&D 经费占 GDP 比例为 0.38%，居于 35 个大中城市的第 13 位；居民文化娱乐消费支出占消费总支出的比重为 18.28%，居于 35 个大中城市的第 2 位。

二级指标贡献率饼图

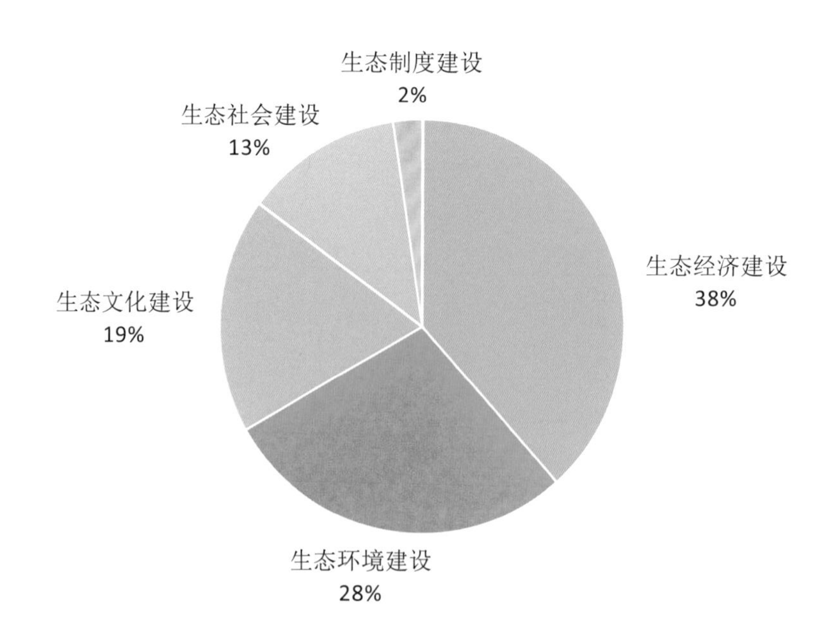

二级指标得分与最高、最低得分雷达图

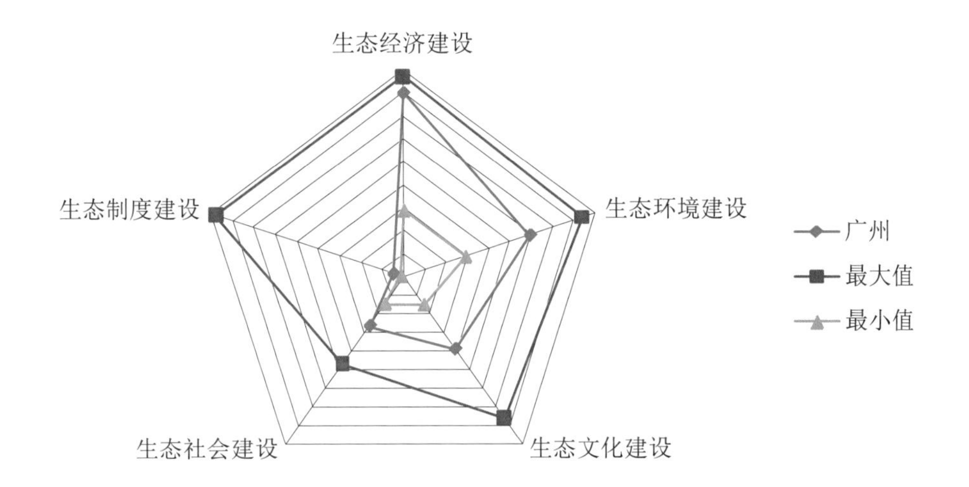

在生态社会建设方面，城乡居民收入比为2.267，居于35个大中城市的第14位；万人拥有医生数为27.85人，居于35个大中城市的第13位；养老保险覆盖面达到了45.60%，居于35个大中城市的第7位；人均用水量为149.61立方米/人，居于35个大中城市的第34位。

在生态制度建设方面，财政收入占GDP比重为8.14%，居于各大中城市的第26位。

与2007年相比，广州的生态文明建设水平稍微有所提升，广州生态文明进步指数得分为0.234，在35个大中城市中排名第27位。分方面看，5个方面具有不同程度的提升，其中，生态社会建设方面的进步较大，进步指数在35个大中城市排名第4位，其余四项生态文明建设指标水平略有提升。

广州生态文明进步指数分布表

分类	得分	排名
生态文明进步指数	0.234	27
生态经济建设	0.087	29
生态环境建设	0.014	21
生态文化建设	0.085	25
生态社会建设	0.042	4
生态制度建设	0.006	29

广州生态文明发展水平指数各级指标得分和排名表

指标	得分	排名
生态文明发展指数	0.420	19
1. 生态经济建设	0.161	4
人均 GDP	0.040	2
服务业增加值占 GDP 的比重	0.033	3
万元产值建设用地	0.039	4
人均建设用地面积	0.018	19
万元产值用电量	0.021	19
万元产值用水量	0.010	26
2. 生态环境建设	0.119	23
污染物排放强度	0.040	20
生活垃圾无害化处理率	0.019	34
建成区绿化覆盖率	0.030	19
人均公共绿地面积	0.030	3
3. 生态文化建设	0.077	9
教育经费支出占 GDP 比重	0.004	33
万人拥有中等学校教师数	0.007	27
人均教育经费	0.015	9
R&D 经费占 GDP 比例	0.013	13
居民文化娱乐消费支出占消费总支出的比重	0.038	2
4. 生态社会建设	0.052	23
城乡居民收入比	0.018	14
万人拥有医生数	0.006	13
养老保险覆盖面	0.027	7
人均用水量	0.001	34
5. 生态制度建设	0.010	32
财政收入占 GDP 比重	0.010	26
生态文明试点创建情况	0.000	31
生态文明建设规划完备情况	0.000	32

□ 深圳生态文明指数评价报告

2012 年，深圳市生态文明发展指数为 0.639，在 35 个大中城市中排名第 2 位。深圳生态文明建设的基本特点是，生态社会、生态经济和生态环境建设水平都居于 35 个大中城市的领先水平，生态制度和生态文化建设居于 35 个大中城市的上游水平，生态文明建设整体水平居于 35 个大中城市的领先水平。

具体来看，在生态经济建设方面，服务业增加值占 GDP 的比重为 55.65%，居于 35 个大中城市的第 7 位；人均 GDP 达到 123247 元，居于 35 个大中城市的第 1 位；万元产值建设用地为 6.67 平方米，居于 35 个大中城市的第 12 位。

在生态环境建设方面，污染物排放强度为 5.35 吨 / 平方公里，居于 35 个大中城市的第 6 位；生活垃圾无害化处理率为 95.13%，居于 35 个大中城市的第 20 位；建成区绿化覆盖率达到 45.08%，居于 35 个大中城市的第 3 位；人均公共绿地面积为 91.38 平方米，居于 35 个大中城市的第 4 位。

在生态文化建设方面，教育经费支出占 GDP 比重为 1.90%，居于 35 个大中城市的第 26 位；万人拥有中等学校教师数为 36.24 人，居于 35 个大中城市的第 14 位；人均教育经费支出为 2343.20 元，居于 35 个大中城市的第 4 位；R&D 经费占 GDP 比例为 0.61%，居于 35 个大中城市的第 3 位。

二级指标贡献率饼图

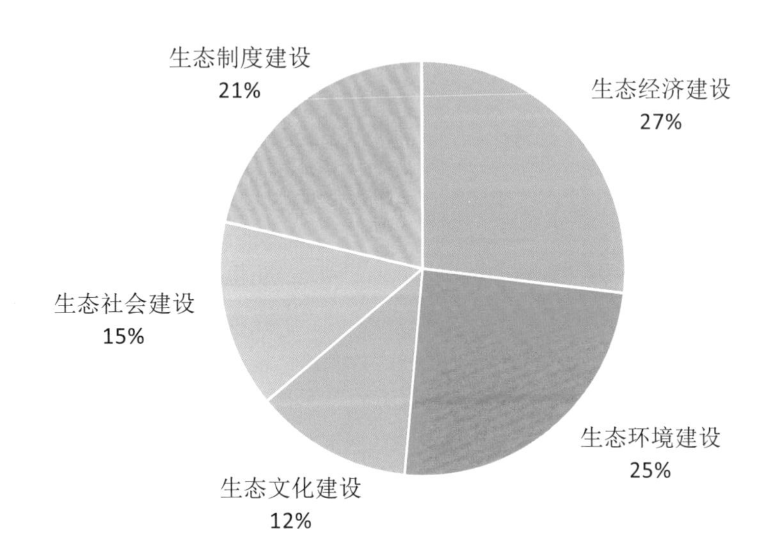

二级指标得分与最高、最低得分雷达图

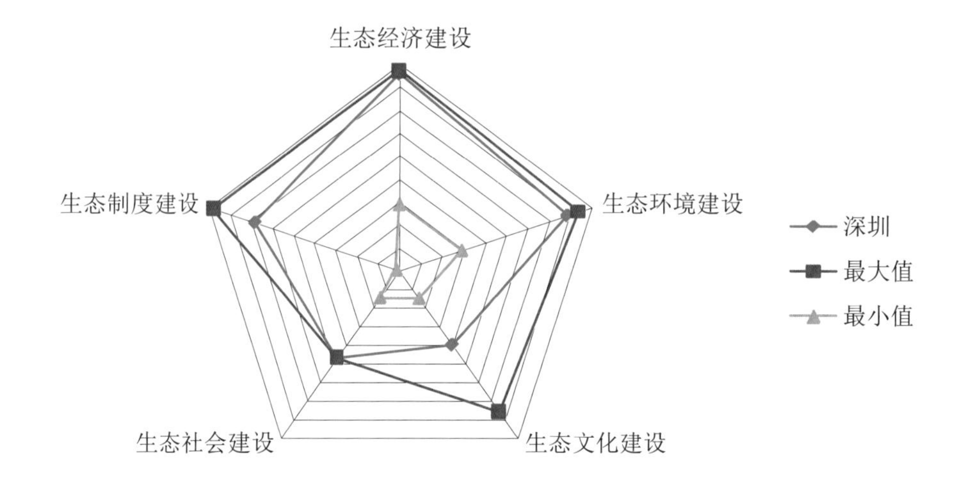

在生态社会建设方面，养老保险覆盖面达到了75.42，居于35个大中城市的第1位；人均用水量为152.62立方米／人，居于35个大中城市的第35位。

在生态制度建设方面，财政收入占GDP比重为11.45%，居于35个大中城市的第9位；在生态文明试点创建方面，深圳被确立为第五批生态文明建设试点地区、第四批国家级生态示范区以及第八批全国生态示范区建设试点地区。

与2007年相比，深圳的生态文明建设情况有较大进步，深圳生态文明进步指数得分为0.320，在35个大中城市中排名第12位。分方面看，5个方面具有不同程度的提升，其中，生态环境建设水平的进步幅度较大，进步指数位于35个大中城市的第4名。

深圳生态文明进步指数分布表

分类	得分	排名
生态文明进步指数	0.320	12
生态经济建设	0.087	28
生态环境建设	0.116	4
生态文化建设	0.090	23
生态社会建设	0.016	16
生态制度建设	0.011	23

深圳生态文明发展水平指数各级指标得分和排名表

指标	得分	排名
生态文明发展指数	0.639	2
1. 生态经济建设	0.172	2
人均 GDP	0.050	1
服务业增加值占 GDP 的比重	0.022	7
万元产值建设用地	0.034	12
人均建设用地面积	0.036	3
万元产值用电量	0.018	22
万元产值用水量	0.012	23
2. 生态环境建设	0.157	3
污染物排放强度	0.046	6
生活垃圾无害化处理率	0.050	20
建成区绿化覆盖率	0.042	3
人均公共绿地面积	0.020	4
3. 生态文化建设	0.080	7
教育经费支出占 GDP 比重	0.008	26
万人拥有中等学校教师数	0.010	14
人均教育经费	0.026	4
R&D 经费占 GDP 比例	0.023	3
居民文化娱乐消费支出占消费总支出的比重	0.012	25
4. 生态社会建设	0.094	1
城乡居民收入比	0.040	1
万人拥有医生数	0.004	24
养老保险覆盖面	0.050	1
人均用水量	0.000	35
5. 生态制度建设	0.137	6
财政收入占 GDP 比重	0.026	9
生态文明试点创建情况	0.061	5
生态文明建设规划完备情况	0.050	5

□ 南宁生态文明指数评价报告

2012 年，南宁市生态文明发展指数为 0.355，在 35 个大中城市中排名第 28 位。南宁生态文明建设的基本特点是，生态环境建设居于 35 个大中城市的领先水平，生态经济和生态社会建设水平相对较弱，居于 35 个大中城市的下游水平。

具体来看，在生态经济建设方面，服务业增加值占 GDP 的比重为 48.72%，居于 35 个大中城市的第 20 位；万元产值用电量为 404.33 千瓦时，居于 35 个大中城市的第 13 位；万元产值用水量为 16.066 立方米，居于 35 个大中城市的第 31 位。

在生态环境建设方面，污染物排放强度为 2.50 吨 / 平方公里，居于 35 个大中城市的第 2 位；生活垃圾无害化处理率为 92.10%，居于 35 个大中城市的第 24 位；建成区绿化覆盖率达到 42.00%，居于 35 个大中城市的第 13 位。

在生态文化建设方面，教育经费支出占 GDP 比重为 2.64%，居于 35 个大中城市的第 8 位；R&D 经费占 GDP 比例为 0.21%，居于 35 个大中城市的第 26 位；居民文化娱乐消费支出占消费总支出的比重为 12.29%，居于 35 个大中城市的第 15 位。

在生态社会建设方面，城乡居民收入比为 3.329，居于 35 个大中城市的第 35 位；万人拥有医生数为 22.81 人，居于 35 个大中城市的第 25 位；养老保险覆盖面达到了 12.72%，居于 35 个大中城市的第 33 位；人均用水量为 56.44 立方米 / 人，居于

二级指标贡献率饼图

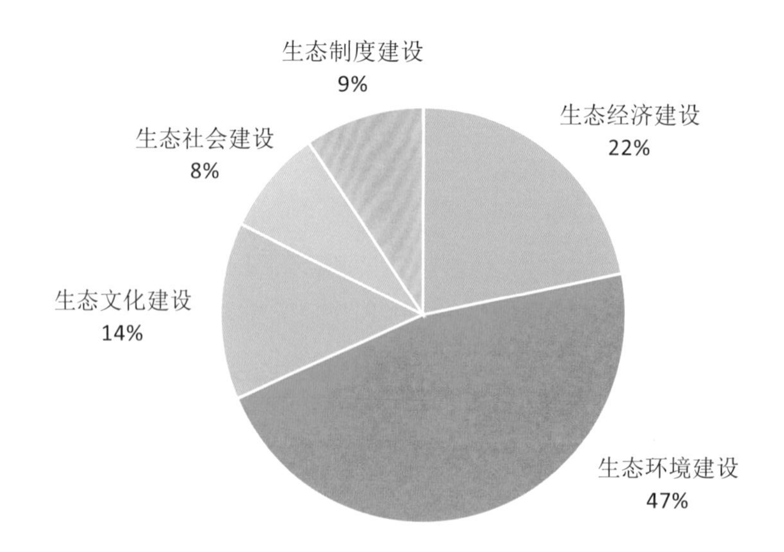

二级指标得分与最高、最低得分雷达图

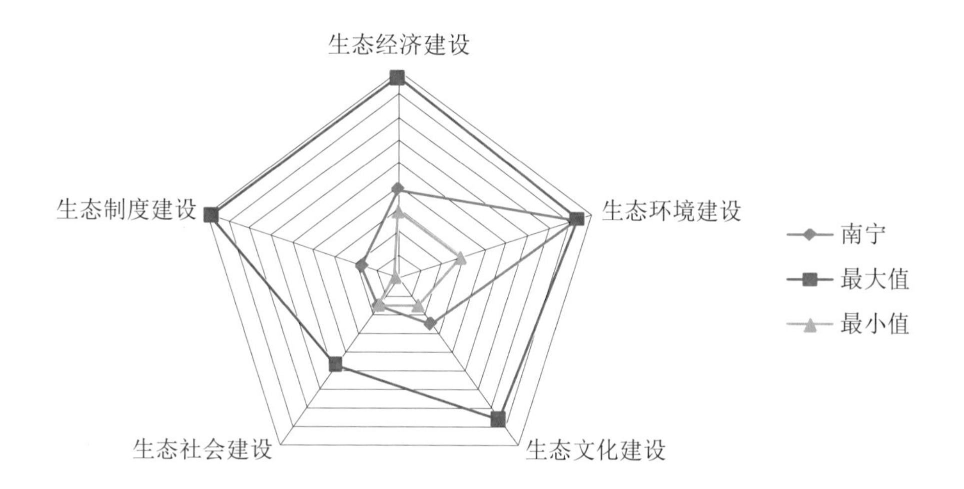

35 个大中城市的第 16 位。

在生态制度建设方面，财政收入占 GDP 比重为 9.18%，居于 35 个大中城市的第 22 位；在生态文明试点创建方面，南宁被确立为第八批全国生态示范区建设试点地区。

与 2007 年相比，南宁的生态文明建设发展情况良好，整体进步幅度较大，南宁生态文明进步指数得分为 0.359，在 35 个大中城市中排名第 7 位。分方面看，5 个方面具有不同程度的提升，其中，生态环境、生态制度和生态文化建设方面的进步较大。

南宁生态文明进步指数分布表

分类	得分	排名
生态文明进步指数	0.359	7
生态经济建设	0.136	12
生态环境建设	0.070	7
生态文化建设	0.123	10
生态社会建设	0.006	24
生态制度建设	0.024	9

南宁生态文明发展水平指数各级指标得分和排名表

指标	得分	排名
生态文明发展指数	0.355	28
1. 生态经济建设	0.077	31
人均 GDP	0.000	35
服务业增加值占 GDP 的比重	0.013	20
万元产值建设用地	0.026	26
人均建设用地面积	0.007	32
万元产值用电量	0.023	13
万元产值用水量	0.008	31
2. 生态环境建设	0.166	2
污染物排放强度	0.049	2
生活垃圾无害化处理率	0.043	24
建成区绿化覆盖率	0.034	13
人均公共绿地面积	0.040	1
3. 生态文化建设	0.049	23
教育经费支出占 GDP 比重	0.021	8
万人拥有中等学校教师数	0.007	25
人均教育经费	0.000	34
R&D 经费占 GDP 比例	0.005	26
居民文化娱乐消费支出占消费总支出的比重	0.017	15
4. 生态社会建设	0.030	35
城乡居民收入比	0.000	35
万人拥有医生数	0.004	25
养老保险覆盖面	0.002	33
人均用水量	0.024	16
5. 生态制度建设	0.034	25
财政收入占 GDP 比重	0.015	22
生态文明试点创建情况	0.019	23
生态文明建设规划完备情况	0.000	26

□ 海口生态文明指数评价报告

2012 年，海口市生态文明发展指数为 0.337，在 35 个大中城市中排名第 33 位。海口生态文明建设的基本特点是，生态环境建设水平居于 35 个大中城市的上游水平，生态经济、生态制度和生态社会建设水平都居于 35 个大中城市的下游水平，其中生态社会建设水平相对较弱。

具体来看，在生态经济建设方面，服务业增加值占 GDP 的比重为 68.54%，居于 35 个大中城市的第 2 位；人均 GDP 达到 38634 元，居于 35 个大中城市的第 32 位；万元产值建设用地为 14.35 平方米，居于 35 个大中城市的第 32 位；人均建设用地面积为 55.44 平方米，居于 35 个大中城市的第 14 位。

在生态环境建设方面，污染物排放强度为 1.11 吨 / 平方公里，居于 35 个大中城市的第 1 位；生活垃圾无害化处理率为 100.00%，居于 35 个大中城市的第 1 位；建成区绿化覆盖率达到 41.86%，居于 35 个大中城市的第 14 位；人均公共绿地面积为 37.18 平方米，居于 35 个大中城市的第 22 位。

在生态文化建设方面，教育经费支出占 GDP 比重为 2.59%，居于 35 个大中城市的第 10 位；万人拥有中等学校教师数为 47.15 人，居于 35 个大中城市的第 2 位；人均教育经费支出为 1001.17 元，居于 35 个大中城市的第 33 位。

二级指标贡献率饼图

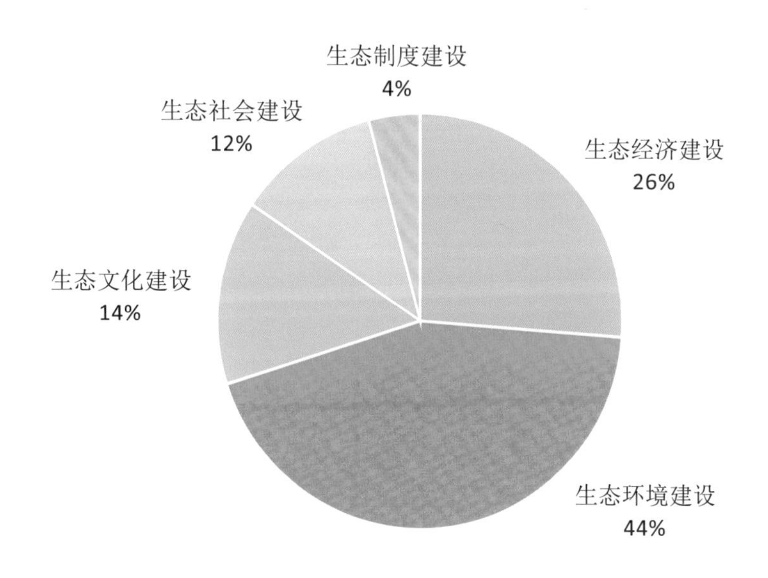

二级指标得分与最高、最低得分雷达图

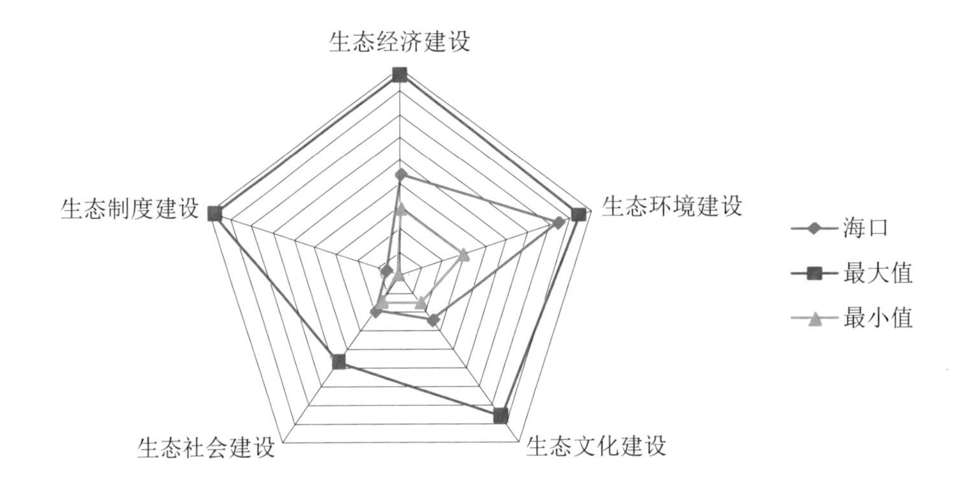

在生态社会建设方面，城乡居民收入比为2.827，居于35个大中城市的第30位；万人拥有医生数为27.90人，居于35个大中城市的第12位；养老保险覆盖面达到了20.74%，居于35个大中城市的第26位。

在生态制度建设方面，财政收入占GDP比重为8.94%，居于各大中城市的第25位。

与2007年相比，海口的生态文明建设水平稍微有所提升，海口生态文明进步指数得分为0.238，在35个大中城市中排名第26位。分方面看，5个方面具有不同程度的提升或下降，其中，生态经济和生态社会建设方面的进步较大，但生态环境和生态制度建设两项指标水平都略有下降。

海口生态文明进步指数分布表

分类	得分	排名
生态文明进步指数	0.238	26
生态经济建设	0.140	10
生态环境建设	−0.005	31
生态文化建设	0.088	24
生态社会建设	0.028	10
生态制度建设	−0.013	34

海口生态文明发展水平指数各级指标得分和排名表

指标	得分	排名
生态文明发展指数	0.337	33
1. 生态经济建设	0.088	29
人均 GDP	0.002	32
服务业增加值占 GDP 的比重	0.040	2
万元产值建设用地	0.012	32
人均建设用地面积	0.020	14
万元产值用电量	0.015	27
万元产值用水量	0.000	35
2. 生态环境建设	0.148	6
污染物排放强度	0.050	1
生活垃圾无害化处理率	0.060	1
建成区绿化覆盖率	0.033	14
人均公共绿地面积	0.004	22
3. 生态文化建设	0.048	25
教育经费支出占 GDP 比重	0.020	10
万人拥有中等学校教师数	0.017	2
人均教育经费	0.002	33
R&D 经费占 GDP 比例	0.005	27
居民文化娱乐消费支出占消费总支出的比重	0.005	33
4. 生态社会建设	0.039	32
城乡居民收入比	0.009	30
万人拥有医生数	0.006	12
养老保险覆盖面	0.008	26
人均用水量	0.016	28
5. 生态制度建设	0.014	31
财政收入占 GDP 比重	0.014	25
生态文明试点创建情况	0.000	30
生态文明建设规划完备情况	0.000	31

□ 重庆生态文明指数评价报告

2012年，重庆市生态文明发展指数为0.485，在35个大中城市中排名第11位。重庆生态文明建设的基本特点是，生态制度、生态文化和生态环境建设水平均居于35个大中城市的上游水平，生态社会和生态经济建设水平相对较弱，居于35个大中城市的下游水平。

具体来看，在生态经济建设方面，服务业增加值占GDP的比重为39.39%，居于35个大中城市的第33位；人均GDP达到38914元，居于35个大中城市的第31位；万元产值建设用地为7.53平方米，居于35个大中城市的第16位。

在生态环境建设方面，污染物排放强度为8.21吨／平方公里，居于35个大中城市的第15位；建成区绿化覆盖率达到42.92%，居于35个大中城市的第10位；人均公共绿地面积为42.17平方米，居于35个大中城市的第16位。

在生态文化建设方面，教育经费支出占GDP比重为4.13%，居于35个大中城市的第2位；万人拥有中等学校教师数为38.35人，居于35个大中城市的第7位。

在生态社会建设方面，城乡居民收入比为3.11，居于35个大中城市的第33位；养老保险覆盖面达到了24.00%，居于35个大中城市的第24位；人均用水量为

二级指标贡献率饼图

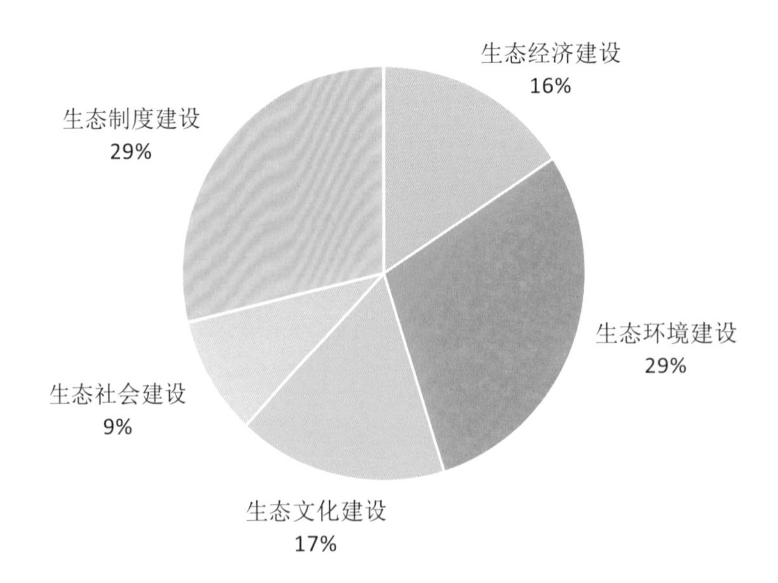

二级指标得分与最高、最低得分雷达图

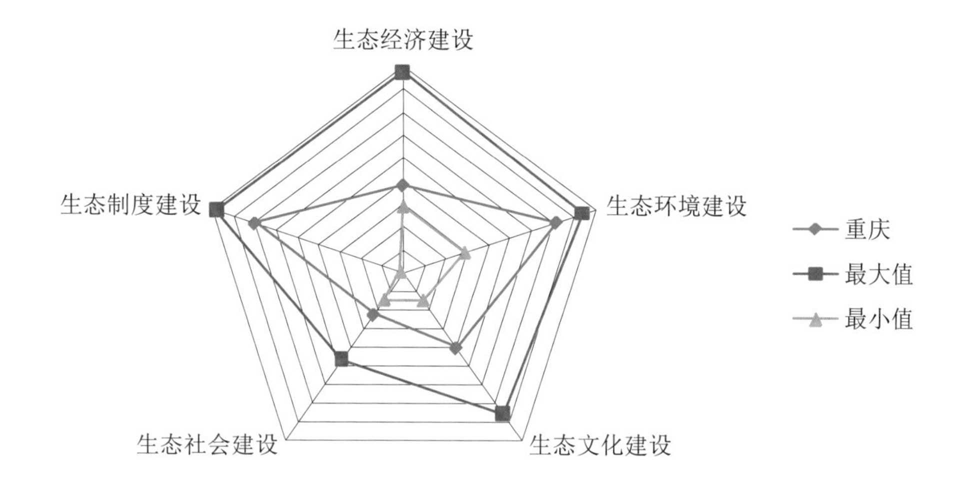

32.71 立方米 / 人，居于 35 个大中城市的第 2 位。

在生态制度建设方面，财政收入占 GDP 比重为 14.93%，居于 35 个大中城市的第 4 位，在生态文明试点创建方面，重庆被确立为第七批国家级生态示范区、第一批全国生态示范区建设试点地区以及国家首批生态文明先行示范区建设地区。

与 2007 年相比，重庆的生态文明建设发展情况非常良好，进步幅度很大，重庆生态文明进步指数得分为 0.489，在 35 个大中城市中排名第 2 位。分方面看，5 个方面具有不同程度的提升，其中，生态环境和生态经济建设方面的进步较大，进步指数在 35 个大中城市中排在前 3 位，其余 3 个方面的进步幅度也较大，进步指数在 35 个大中城市中都排在前 10 的位置。

重庆生态文明进步指数分布表

分类	得分	排名
生态文明进步指数	0.489	2
生态经济建设	0.182	3
生态环境建设	0.121	1
生态文化建设	0.133	9
生态社会建设	0.029	8
生态制度建设	0.023	10

重庆生态文明发展水平指数各级指标得分和排名表

指标	得分	排名
生态文明发展指数	0.485	11
1. 生态经济建设	0.076	32
人均 GDP	0.002	31
服务业增加值占 GDP 的比重	0.001	33
万元产值建设用地	0.031	16
人均建设用地面积	0.005	34
万元产值用电量	0.020	21
万元产值用水量	0.017	14
2. 生态环境建设	0.143	7
污染物排放强度	0.043	15
生活垃圾无害化处理率	0.058	15
建成区绿化覆盖率	0.036	10
人均公共绿地面积	0.006	16
3. 生态文化建设	0.081	6
教育经费支出占 GDP 比重	0.045	2
万人拥有中等学校教师数	0.011	7
人均教育经费	0.013	13
R&D 经费占 GDP 比例	0.007	20
居民文化娱乐消费支出占消费总支出的比重	0.004	34
4. 生态社会建设	0.045	29
城乡居民收入比	0.004	33
万人拥有医生数	0.001	33
养老保险覆盖面	0.011	24
人均用水量	0.030	2
5. 生态制度建设	0.139	5
财政收入占 GDP 比重	0.043	4
生态文明试点创建情况	0.047	12
生态文明建设规划完备情况	0.050	9

□ 成都生态文明指数评价报告

2012 年，成都市生态文明发展指数为 0.428，在 35 个大中城市中排名第 17 位。成都生态文明建设的基本特点是，生态社会建设居于 35 个大中城市的上游水平，生态经济、生态环境和生态制度建设居于 35 个大中城市的中等水平，生态文化建设水平相对较弱，居于 35 个大中城市的下游水平。

具体来看，在生态经济建设方面，服务业增加值占 GDP 的比重为 49.46%，居于 35 个大中城市的第 17 位；人均 GDP 达到 57624 元，居于 35 个大中城市的第 22 位；万元产值建设用地为 6.22 平方米，居于 35 个大中城市的第 10 位。

在生态环境建设方面，污染物排放强度为 6.72 吨 / 平方公里，居于 35 个大中城市的第 8 位；人均公共绿地面积为 40.41 平方米，居于 35 个大中城市的第 17 位。

在生态文化建设方面，教育经费支出占 GDP 比重为 1.99%，居于 35 个大中城市的第 23 位；R&D 经费占 GDP 比例为 0.23%，居于 35 个大中城市的第 23 位；居民文化娱乐消费支出占消费总支出的比重为 12.03%，居于 35 个大中城市的第 19 位。

在生态社会建设方面，城乡居民收入比为 2.35，居于 35 个大中城市的第 17 位；万人拥有医生数为 30.30 人，居于 35 个大中城市的第 8 位；养老保险覆盖面达到了 34.37%，居于 35 个大中城市的第 11 位；人均用水量为 53.82 立方米 / 人，居于 35 个大中城市的第 13 位。

二级指标贡献率饼图

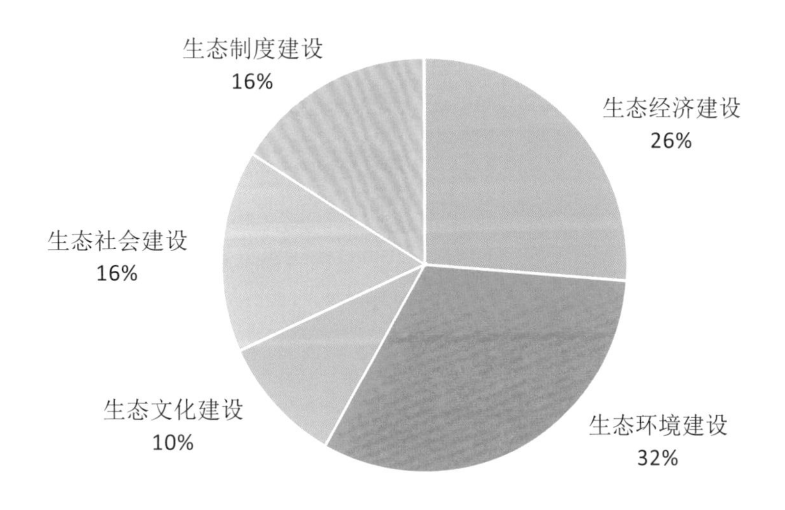

二级指标得分与最高、最低得分雷达图

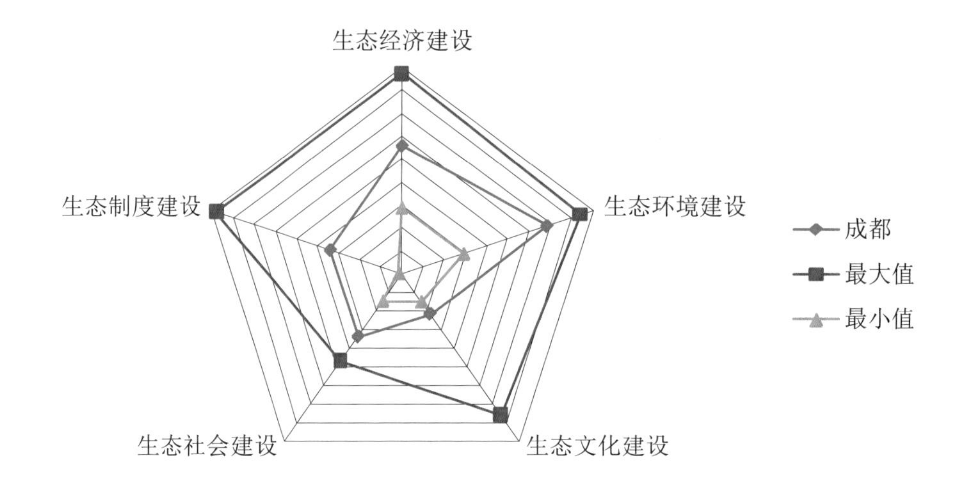

在生态制度建设方面，财政收入占 GDP 比重为 9.60%，居于 35 个大中城市的第 18 位；在生态文明试点创建方面，成都效果显著，获评第一批国家生态文明建设示范、第六批生态文明建设试点地区、第五批全国生态示范区建设试点地区以及国家首批生态文明先行示范区建设地区。

与 2007 年相比，成都的生态文明建设情况有较大进步，成都生态文明进步指数得分为 0.351，在 35 个大中城市中排名第 8 位。分方面看，5 个方面具有不同程度的提升，其中，生态社会和生态环境建设方面的进步较大，进步指数都位于 35 个大中城市的前 10 名。

成都生态文明进步指数分布表

分类	得分	排名
生态文明进步指数	0.351	8
生态经济建设	0.113	19
生态环境建设	0.065	8
生态文化建设	0.110	13
生态社会建设	0.056	2
生态制度建设	0.007	28

成都生态文明发展水平指数各级指标得分和排名表

指标	得分	排名
生态文明发展指数	0.428	17
1. 生态经济建设	0.112	18
人均 GDP	0.013	22
服务业增加值占 GDP 的比重	0.014	17
万元产值建设用地	0.035	10
人均建设用地面积	0.009	30
万元产值用电量	0.026	9
万元产值用水量	0.016	19
2. 生态环境建设	0.136	13
污染物排放强度	0.044	8
生活垃圾无害化处理率	0.060	3
建成区绿化覆盖率	0.027	22
人均公共绿地面积	0.005	17
3. 生态文化建设	0.043	32
教育经费支出占 GDP 比重	0.010	23
万人拥有中等学校教师数	0.007	23
人均教育经费	0.004	30
R&D 经费占 GDP 比例	0.006	23
居民文化娱乐消费支出占消费总支出的比重	0.016	19
4. 生态社会建设	0.068	8
城乡居民收入比	0.017	17
万人拥有医生数	0.008	8
养老保险覆盖面	0.019	11
人均用水量	0.025	13
5. 生态制度建设	0.068	19
财政收入占 GDP 比重	0.017	18
生态文明试点创建情况	0.051	11
生态文明建设规划完备情况	0.000	20

□ 贵阳生态文明指数评价报告

2012 年，贵阳市生态文明发展指数为 0.498，在 35 个大中城市中排名第 8 位。贵阳生态文明建设的基本特点是，生态制度和生态文化建设居于 35 个大中城市的领先水平，生态环境和生态社会建设居于 35 个大中城市的中上游水平，生态经济建设水平较弱。

具体来看，在生态经济建设方面，服务业增加值占 GDP 的比重为 53.56%，居于 35 个大中城市的第 10 位；人均 GDP 达到 38447 元，居于 35 个大中城市的第 33 位；万元产值建设用地为 12.43 平方米，居于 35 个大中城市的第 30 位。

在生态环境建设方面，污染物排放强度为 10.58 吨 / 平方公里，居于 35 个大中城市的第 19 位；生活垃圾无害化处理率为 97.71%，居于 35 个大中城市的第 18 位；建成区绿化覆盖率达到 43.50%，居于 35 个大中城市的第 8 位。

在生态文化建设方面，教育经费支出占 GDP 比重为 3.68%，居于 35 个大中城市的第 3 位；万人拥有中等学校教师数为 42.46 人，居于 35 个大中城市的第 3 位；人均教育经费支出为 1415.62 元，居于 35 个大中城市的第 17 位，R&D 经费占 GDP 比例为 0.39%，居于 35 个大中城市的第 12 位。

二级指标贡献率饼图

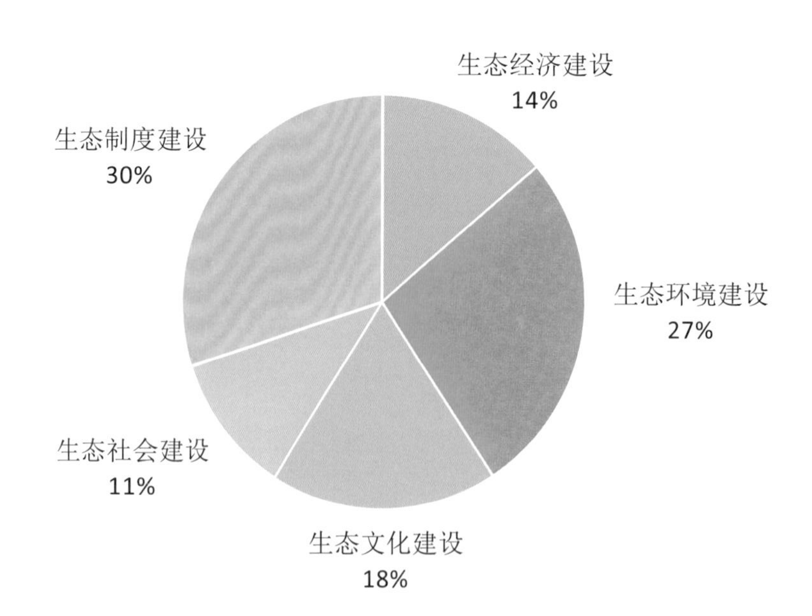

二级指标得分与最高、最低得分雷达图

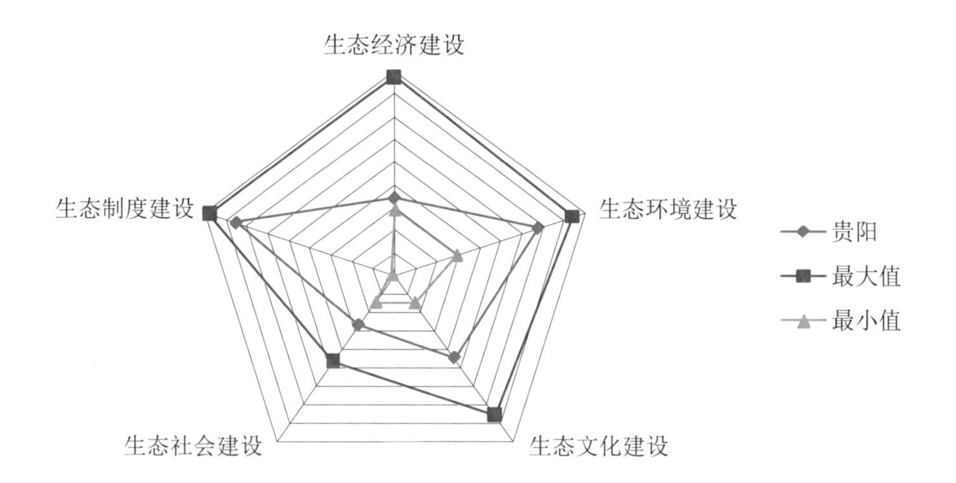

在生态社会建设方面，城乡居民收入比为 2.57，居于 35 个大中城市的第 24 位；万人拥有医生数为 26.73 人，居于 35 个大中城市的第 16 位。

在生态制度建设方面，财政收入占 GDP 比重为 14.19%，居于 35 个大中城市的第 5 位；在生态文明建设相关规划完成方面，贵阳于 2012 年 12 月发布了《贵阳建设全国生态文明示范城市规划》。

与 2007 年相比，贵阳的生态文明建设情况有较大进步，贵阳生态文明进步指数得分为 0.339，在 35 个大中城市中排名第 11 位。分方面看，5 个方面具有不同程度的提升，其中，生态经济和生态社会建设方面的进步较大，但由于贵阳原有的发展基础较薄弱，总体的提升水平有限。

贵阳生态文明进步指数分布表

分类	得分	排名
生态文明进步指数	0.339	11
生态经济建设	0.142	8
生态环境建设	0.043	13
生态文化建设	0.096	20
生态社会建设	0.040	6
生态制度建设	0.018	14

贵阳生态文明发展水平指数各级指标得分和排名表

指标	得分	排名
生态文明发展指数	0.498	8
1. 生态经济建设	0.068	33
人均 GDP	0.002	33
服务业增加值占 GDP 的比重	0.020	10
万元产值建设用地	0.017	30
人均建设用地面积	0.016	20
万元产值用电量	0.005	33
万元产值用水量	0.009	29
2. 生态环境建设	0.135	15
污染物排放强度	0.041	19
生活垃圾无害化处理率	0.055	18
建成区绿化覆盖率	0.038	8
人均公共绿地面积	0.002	32
3. 生态文化建设	0.091	5
教育经费支出占 GDP 比重	0.038	3
万人拥有中等学校教师数	0.014	3
人均教育经费	0.009	17
R&D 经费占 GDP 比例	0.013	12
居民文化娱乐消费支出占消费总支出的比重	0.016	16
4. 生态社会建设	0.055	19
城乡居民收入比	0.013	24
万人拥有医生数	0.006	16
养老保险覆盖面	0.013	16
人均用水量	0.023	17
5. 生态制度建设	0.150	3
财政收入占 GDP 比重	0.039	5
生态文明试点创建情况	0.061	4
生态文明建设规划完备情况	0.050	4

□ 昆明生态文明指数评价报告

2012 年，昆明市生态文明发展指数为 0.403，在 35 个大中城市中排名第 22 位。昆明生态文明建设的基本特点是，生态环境建设水平居于 35 个大中城市的上游水平，生态文化和生态社会建设水平居于 35 个大中城市的中上等水平，生态制度和生态经济建设水平相对较弱，处于 35 个大中城市的下游水平。

具体来看，在生态经济建设方面，万元产值建设用地为 16.56 平方米，居于 35 个大中城市的第 34 位；人均建设用地面积为 76.59 平方米，居于 35 个大中城市的第 6 位；万元产值用电量为 675.89 千瓦时，居于 35 个大中城市的第 30 位；万元产值用水量为 8.61 立方米，居于 35 个大中城市的第 17 位。

在生态环境建设方面，污染物排放强度为 8.17 吨／平方公里，居于 35 个大中城市的第 14 位；建成区绿化覆盖率达到 47.32%，居于 35 个大中城市的第 2 位；人均公共绿地面积为 30.71 平方米，居于 35 个大中城市的第 28 位。

在生态文化建设方面，教育经费支出占 GDP 比重为 3.04%，居于 35 个大中城市的第 6 位；人均教育经费支出为 1405.91 元，居于 35 个大中城市的第 18 位；R&D 经费占 GDP 比例为 0.32%，居于 35 个大中城市的第 15 位；居民文化娱乐消费支出占消费总支出的比重为 12.51%，居于 35 个大中城市的第 13 位。

二级指标贡献率饼图

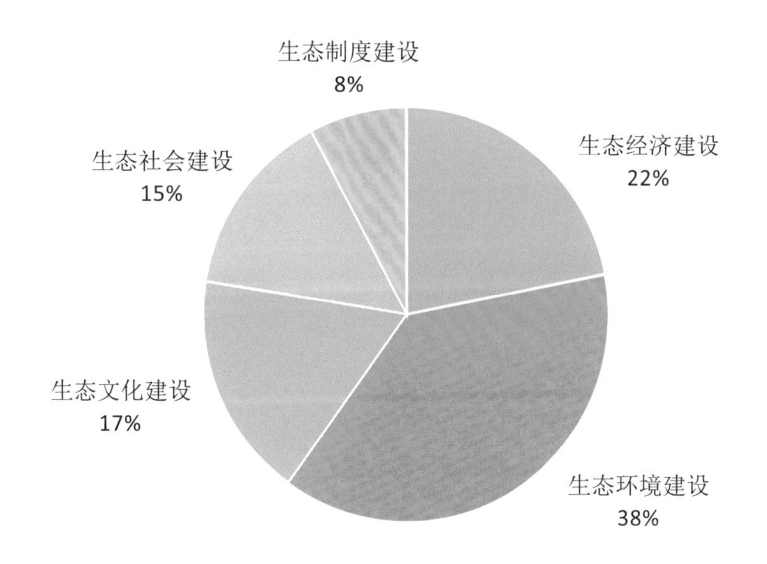

二级指标得分与最高、最低得分雷达图

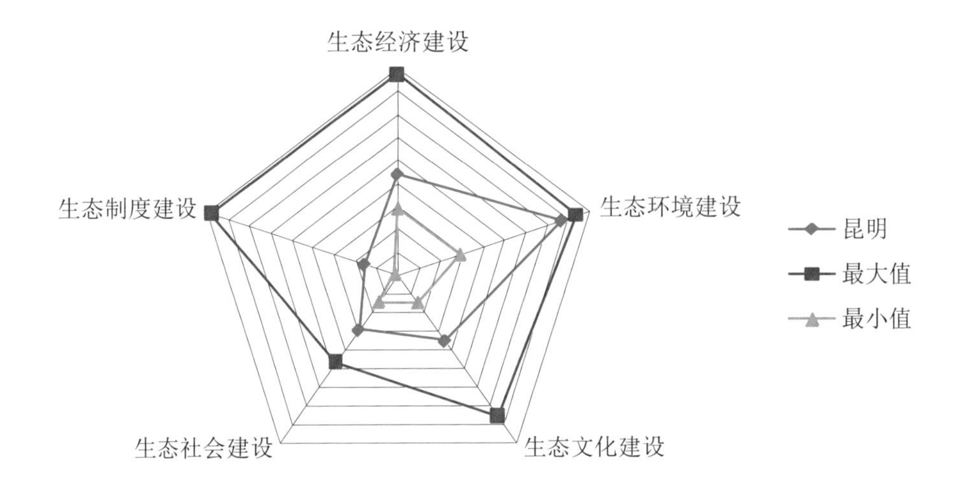

在生态社会建设方面，城乡居民收入比为 3.14，居于 35 个大中城市的第 34 位；万人拥有医生数为 58.46 人，居于 35 个大中城市的第 2 位；人均用水量为 39.83 立方米／人，居于 35 个大中城市的第 4 位。

在生态制度建设方面，财政收入占 GDP 比重为 12.57%，居于各大中城市的第 8 位。

与 2007 年相比，昆明的生态文明建设情况良好，整体建设水平进步很大，昆明生态文明进步指数得分为 0.391，在 35 个大中城市中排名第 5 位。分方面看，5 个方面均有较大程度的提升，相对而言，生态文化建设和生态社会建设提升幅度最大，进步指数都排在 35 个大中城市的前 5 名。

昆明生态文明进步指数分布表

分类	得分	排名
生态文明进步指数	0.391	5
生态经济建设	0.117	17
生态环境建设	0.015	20
生态文化建设	0.199	2
生态社会建设	0.041	5
生态制度建设	0.020	12

昆明生态文明发展水平指数各级指标得分和排名表

指标	得分	排名
生态文明发展指数	0.403	22
1. 生态经济建设	0.088	30
人均 GDP	0.006	27
服务业增加值占 GDP 的比重	0.014	19
万元产值建设用地	0.005	34
人均建设用地面积	0.033	6
万元产值用电量	0.014	30
万元产值用水量	0.017	17
2. 生态环境建设	0.153	5
污染物排放强度	0.043	14
生活垃圾无害化处理率	0.060	7
建成区绿化覆盖率	0.048	2
人均公共绿地面积	0.003	28
3. 生态文化建设	0.071	14
教育经费支出占 GDP 比重	0.027	6
万人拥有中等学校教师数	0.007	21
人均教育经费	0.009	18
R&D 经费占 GDP 比例	0.010	15
居民文化娱乐消费支出占消费总支出的比重	0.017	13
4. 生态社会建设	0.059	17
城乡居民收入比	0.003	34
万人拥有医生数	0.022	2
养老保险覆盖面	0.005	29
人均用水量	0.028	4
5. 生态制度建设	0.031	27
财政收入占 GDP 比重	0.031	8
生态文明试点创建情况	0.000	26
生态文明建设规划完备情况	0.000	28

□ 西安生态文明指数评价报告

2012 年，西安市生态文明发展指数为 0.483，在 35 个大中城市中排名第 12 位。西安生态文明建设的基本特点是，生态制度建设水平居于 35 个大中城市的上游水平，其余四项二级指标的水平都居于 35 个大中城市的中等水平，生态文明建设各项指标水平较均衡。

具体来看，在生态经济建设方面，服务业增加值占 GDP 的比重为 52.42%，居于 35 个大中城市的第 13 位；人均 GDP 达到 51166 元，居于 35 个大中城市的第 26 位；万元产值建设用地为 7.28 平方米，居于 35 个大中城市的第 15 位。

在生态环境建设方面，生活垃圾无害化处理率为 97.47%，居于 35 个大中城市的第 19 位；建成区绿化覆盖率达到 42.00%，居于 35 个大中城市的第 12 位；人均公共绿地面积为 38.45 平方米，居于 35 个大中城市的第 20 位。

在生态文化建设方面，教育经费支出占 GDP 比重为 2.47%，居于 35 个大中城市的第 14 位；居民文化娱乐消费支出占消费总支出的比重为 14.33%，居于 35 个大中城市的第 4 位。

在生态社会建设方面，城乡居民收入比为 2.62，居于 35 个大中城市的第 25 位；万人拥有医生数为 27.01 人，居于 35 个大中城市的第 15 位；养老保险覆盖面达到

二级指标贡献率饼图

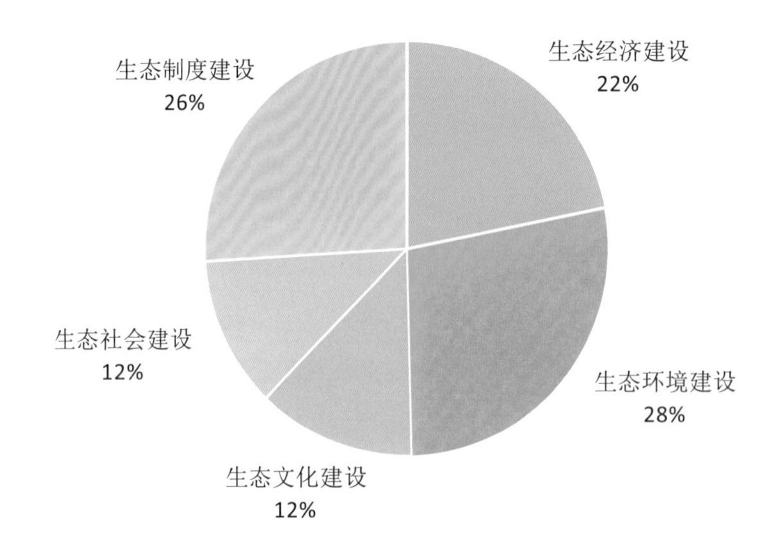

二级指标得分与最高、最低得分雷达图

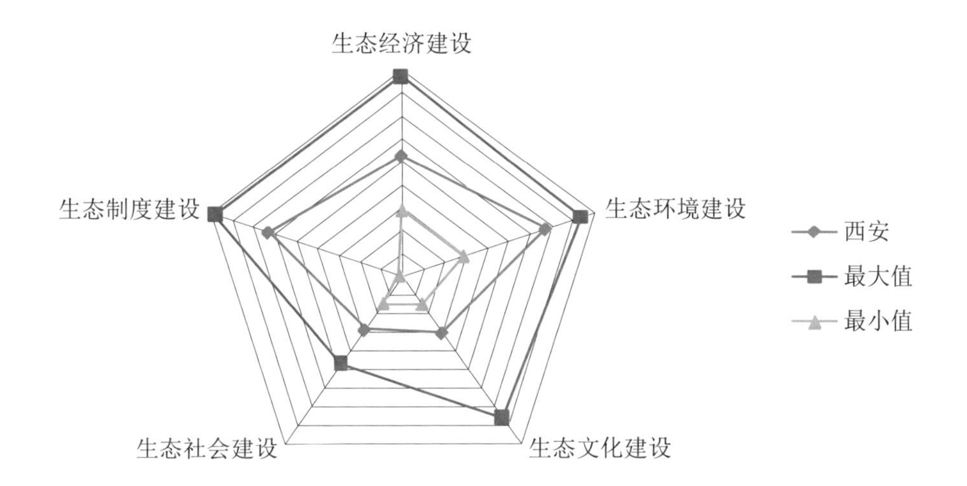

了 28.32%，居于 35 个大中城市的第 15 位；人均用水量为 51.39 立方米／人，居于 35 个大中城市的第 12 位。

在生态制度建设方面，财政收入占 GDP 比重为 9.09%，居于 35 个大中城市的第 23 位；在生态文明试点创建方面，西安被确立为第五批生态文明建设试点地区、第七批国家级生态示范区以及第六批全国生态示范区建设试点地区。

与 2007 年相比，西安的生态文明建设情况非常良好，整体建设水平进步很大，西安生态文明进步指数得分为 0.441，在 35 个大中城市中排名第 3 位。分方面看，5 个方面均有较大程度的提升，相对而言，生态经济建设和生态文化建设提升幅度最大，5 项生态文明建设二级指标水平的进步指数排名都在 35 个大中城市的前 10 名。

西安生态文明进步指数分布表

分类	得分	排名
生态文明进步指数	0.441	3
生态经济建设	0.160	5
生态环境建设	0.061	10
生态文化建设	0.165	5
生态社会建设	0.030	7
生态制度建设	0.025	7

西安生态文明发展水平指数各级指标得分和排名表

指标	得分	排名
生态文明发展指数	0.483	12
1. 生态经济建设	0.105	22
人均 GDP	0.009	26
服务业增加值占 GDP 的比重	0.018	13
万元产值建设用地	0.032	15
人均建设用地面积	0.010	29
万元产值用电量	0.022	16
万元产值用水量	0.015	21
2. 生态环境建设	0.134	16
污染物排放强度	0.041	18
生活垃圾无害化处理率	0.055	19
建成区绿化覆盖率	0.034	12
人均公共绿地面积	0.005	20
3. 生态文化建设	0.061	17
教育经费支出占 GDP 比重	0.018	14
万人拥有中等学校教师数	0.010	13
人均教育经费	0.006	25
R&D 经费占 GDP 比例	0.002	33
居民文化娱乐消费支出占消费总支出的比重	0.024	4
4. 生态社会建设	0.057	18
城乡居民收入比	0.012	25
万人拥有医生数	0.006	15
养老保险覆盖面	0.014	15
人均用水量	0.025	12
5. 生态制度建设	0.125	9
财政收入占 GDP 比重	0.015	23
生态文明试点创建情况	0.061	9
生态文明建设规划完备情况	0.050	7

□ 兰州生态文明指数评价报告

2012 年，兰州市生态文明发展指数为 0.252，在 35 个大中城市中排名第 35 位。兰州生态文明建设的基本特点是，兰州各项生态文明建设二级指标水平的排名在 35 个大中城市中均比较靠后，五项生态文明建设二级指标水平均处在 35 个大中城市的下游水平。

具体来看，在生态经济建设方面，服务业增加值占 GDP 的比重为 49.53%，居于 35 个大中城市的第 16 位；人均 GDP 达到 43175 元，居于 35 个大中城市的第 30 位；万元产值建设用地为 12.67 平方米，居于 35 个大中城市的第 31 位。

在生态环境建设方面，污染物排放强度为 7.93 吨 / 平方公里，居于 35 个大中城市的第 13 位；建成区绿化覆盖率达到 29.35%，居于 35 个大中城市的第 35 位；人均公共绿地面积为 26.79 平方米，居于 35 个大中城市的第 33 位。

在生态文化建设方面，教育经费支出占 GDP 比重为 2.58%，居于 35 个大中城市的第 11 位；万人拥有中等学校教师数为 37.96 人，居于 35 个大中城市的第 9 位；人均教育经费支出为 1114.88 元，居于 35 个大中城市的第 31 位；R&D 经费占 GDP 比例为 0.18%，居于 35 个大中城市的第 28 位；居民文化娱乐消费支出占消费总支出的比重为 10.48%，居于 35 个大中城市的第 31 位。

二级指标贡献率饼图

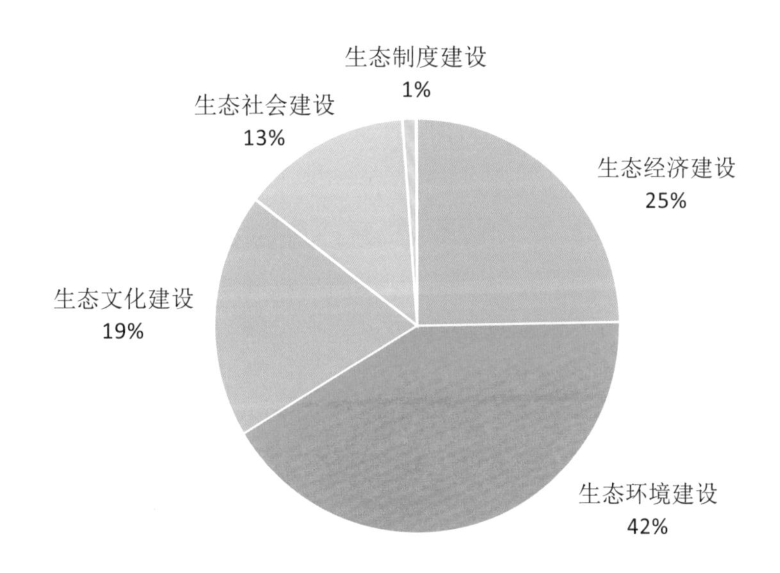

二级指标得分与最高、最低得分雷达图

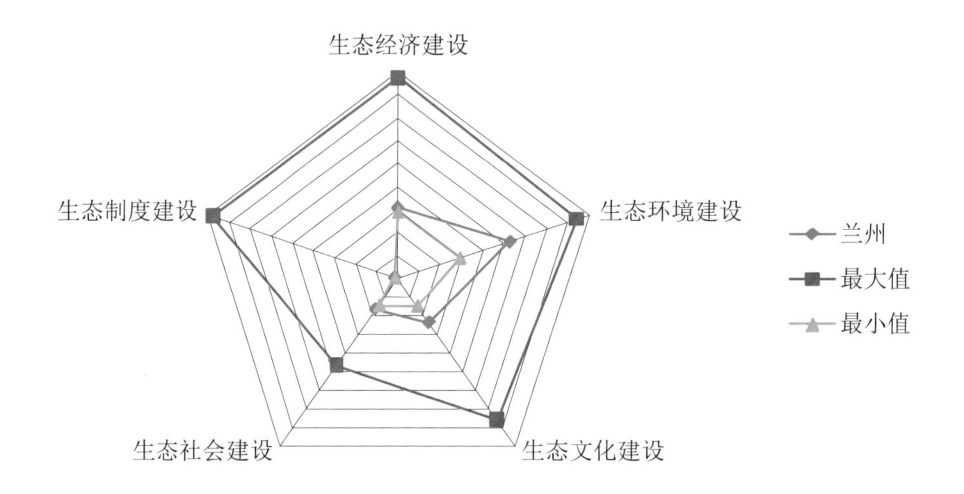

在生态社会建设方面，城乡居民收入比为2.96，居于35个大中城市的第32位；万人拥有医生数为30.78人，居于35个大中城市的第7位；养老保险覆盖面达到了10.21%，居于35个大中城市的第35位；人均用水量为74.07立方米／人，居于35个大中城市的第26位。

在生态制度建设方面，财政收入占GDP比重为6.63%，居于各大中城市的第33位。

与2007年相比，兰州的生态文明建设发展较缓慢，进步幅度较小，兰州生态文明进步指数得分为0.218，在35个大中城市中排名第30位。分方面看，除了生态社会建设水平稍微有所下降以外，其他4个方面均有不同程度的提升，其中，生态环境和生态经济建设方面的进步较大。

兰州生态文明进步指数分布表

分类	得分	排名
生态文明进步指数	0.218	30
生态经济建设	0.117	16
生态环境建设	0.065	9
生态文化建设	0.038	35
生态社会建设	−0.004	30
生态制度建设	0.003	31

兰州生态文明发展水平指数各级指标得分和排名表

指标	得分	排名
生态文明发展指数	0.252	35
1. 生态经济建设	0.062	34
人均 GDP	0.005	30
服务业增加值占 GDP 的比重	0.014	16
万元产值建设用地	0.016	31
人均建设用地面积	0.020	15
万元产值用电量	0.000	35
万元产值用水量	0.007	33
2. 生态环境建设	0.105	30
污染物排放强度	0.043	13
生活垃圾无害化处理率	0.060	6
建成区绿化覆盖率	0.000	35
人均公共绿地面积	0.001	33
3. 生态文化建设	0.048	26
教育经费支出占 GDP 比重	0.020	11
万人拥有中等学校教师数	0.011	9
人均教育经费	0.004	31
R&D 经费占 GDP 比例	0.004	28
居民文化娱乐消费支出占消费总支出的比重	0.010	31
4. 生态社会建设	0.034	34
城乡居民收入比	0.006	32
万人拥有医生数	0.008	7
养老保险覆盖面	0.000	35
人均用水量	0.020	26
5. 生态制度建设	0.003	35
财政收入占 GDP 比重	0.003	33
生态文明试点创建情况	0.000	34
生态文明建设规划完备情况	0.000	35

□ 西宁生态文明指数评价报告

2012 年，西宁市生态文明发展指数为 0.311，在 35 个大中城市中排名第 34 位。西宁生态文明建设的基本特点是，生态文化和生态社会建设水平居于 35 个大中城市的上游水平，但生态制度、生态环境和生态经济建设的水平都居于 35 个大中城市的下游水平，且生态经济和生态环境建设水平在 35 个大中城市中都排在最后的位置。

具体来看，在生态经济建设方面，服务业增加值占 GDP 的比重为 44.70%，居于 35 个大中城市的第 24 位；人均 GDP 达到 38034 元，居于 35 个大中城市的第 34 位；万元产值建设用地为 8.81 平方米，居于 35 个大中城市的第 22 位。

在生态环境建设方面，建成区绿化覆盖率达到 37.64%，居于 35 个大中城市的第 27 位；人均公共绿地面积为 23.91 平方米，居于 35 个大中城市的第 34 位。

在生态文化建设方面，教育经费支出占 GDP 比重为 5.04%，居于 35 个大中城市的第 1 位；万人拥有中等学校教师数为 50.83 人，居于 35 个大中城市的第 1 位；人均教育经费支出为 1917.17 元，居于 35 个大中城市的第 7 位；R&D 经费占 GDP 比例为 0.15%，居于 35 个大中城市的第 32 位。

在生态社会建设方面，城乡居民收入比为 2.26，居于 35 个大中城市的第 13 位；

二级指标贡献率饼图

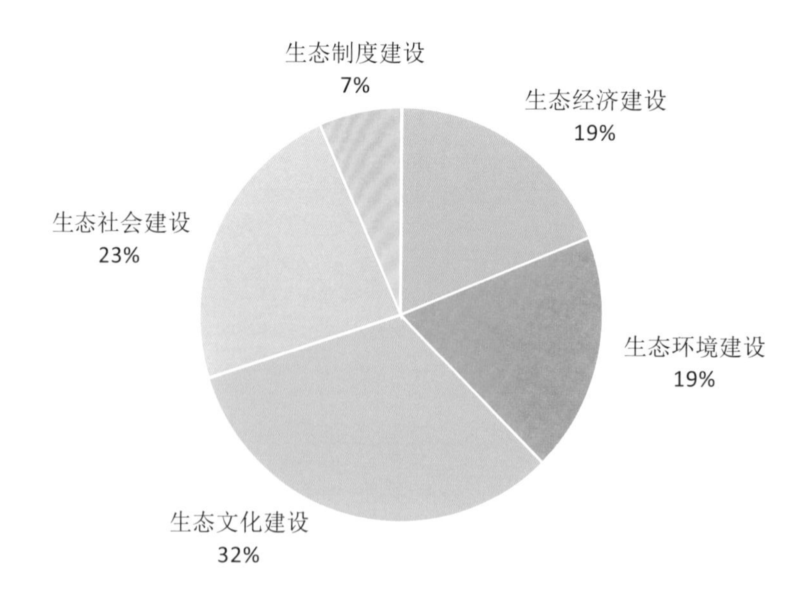

二级指标得分与最高、最低得分雷达图

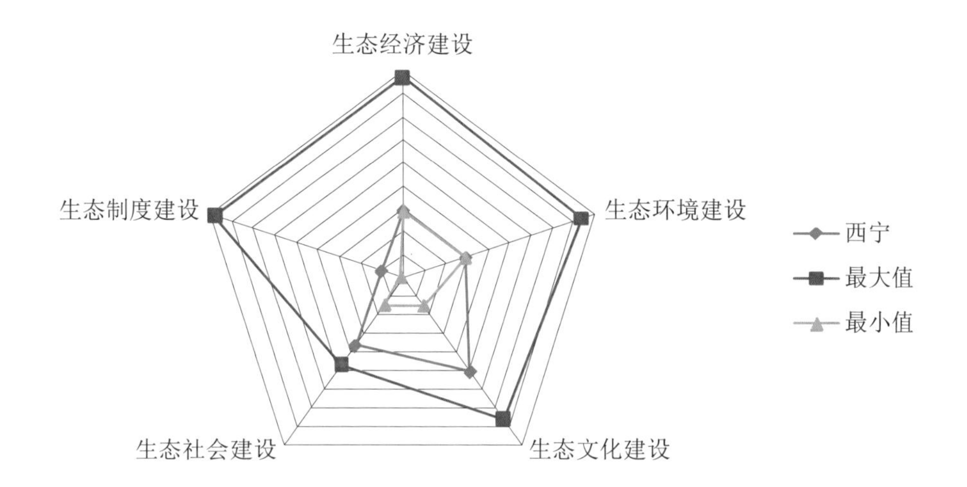

万人拥有医生数为 72.68 人，居于 35 个大中城市的第 1 位；养老保险覆盖面达到了 13.74%，居于 35 个大中城市的第 31 位；人均用水量为 65.39 立方米 / 人，居于 35 个大中城市的第 20 位。

在生态制度建设方面，财政收入占 GDP 比重为 6.44%，居于各大中城市的第 34 位；在生态文明试点创建方面，西宁被确立为第六批全国生态示范区建设试点地区。

西宁在 2007 年至 2012 年 5 月期间，生态文明建设情况发展非常好，整体进步幅度也很大，西宁生态文明进步指数得分为 0.571，在 35 个大中城市中排名第 1 位。分方面看，5 个方面发展情况不太均衡，其中，生态社会和生态经济建设方面的进步最大，进步指数在 35 个大中城市中居于第一，而生态环境建设水平却有所下降。

西宁生态文明进步指数分布表

分类	得分	排名
生态文明进步指数	0.571	1
生态经济建设	0.277	1
生态环境建设	−0.019	33
生态文化建设	0.188	3
生态社会建设	0.112	1
生态制度建设	0.012	21

西宁生态文明发展水平指数各级指标得分和排名表

指标	得分	排名
生态文明发展指数	0.311	34
1. 生态经济建设	0.059	35
人均 GDP	0.002	34
服务业增加值占 GDP 的比重	0.008	24
万元产值建设用地	0.027	22
人均建设用地面积	0.008	31
万元产值用电量	0.007	32
万元产值用水量	0.007	34
2. 生态环境建设	0.058	35
污染物排放强度	0.035	27
生活垃圾无害化处理率	0.000	35
建成区绿化覆盖率	0.022	27
人均公共绿地面积	0.001	34
3. 生态文化建设	0.101	3
教育经费支出占 GDP 比重	0.060	1
万人拥有中等学校教师数	0.020	1
人均教育经费	0.019	7
R&D 经费占 GDP 比例	0.002	32
居民文化娱乐消费支出占消费总支出的比重	0.000	35
4. 生态社会建设	0.073	5
城乡居民收入比	0.018	13
万人拥有医生数	0.030	1
养老保险覆盖面	0.003	31
人均用水量	0.022	20
5. 生态制度建设	0.021	28
财政收入占 GDP 比重	0.002	34
生态文明试点创建情况	0.019	24
生态文明建设规划完备情况	0.000	27

□ 银川生态文明指数评价报告

2012 年，银川市生态文明发展指数为 0.345，在 35 个大中城市中排名第 30 位。银川生态文明建设的基本特点是，生态环境、生态社会和生态经济建设均居于 35 个大中城市的中等水平，生态制度和生态文化建设居于 35 个大中城市的下游水平。

具体来看，在生态经济建设方面，服务业增加值占 GDP 的比重为 41.79%，居于 35 个大中城市的第 27 位；人均 GDP 达到 56528 元，居于 35 个大中城市的第 23 位；万元产值建设用地为 11.74 平方米，居于 35 个大中城市的第 28 位；人均建设用地面积为 66.36 平方米，居于 35 个大中城市的第 10 位。

在生态环境建设方面，污染物排放强度为 14.64 吨 / 平方公里，居于 35 个大中城市的第 26 位；建成区绿化覆盖率达到 41.72%，居于 35 个大中城市的第 16 位；人均公共绿地面积为 42.69 平方米，居于 35 个大中城市的第 14 位。

在生态文化建设方面，教育经费支出占 GDP 比重为 1.63%，居于 35 个大中城市的第 34 位；万人拥有中等学校教师数为 38.26 人，居于 35 个大中城市的第 8 位；人均教育经费支出为 918.64 元，居于 35 个大中城市的第 35 位；R&D 经费占 GDP 比例为 0.28%，居于 35 个大中城市的第 16 位；居民文化娱乐消费支出占消费总支出的比重为 11.67%，居于 35 个大中城市的第 21 位。

二级指标贡献率饼图

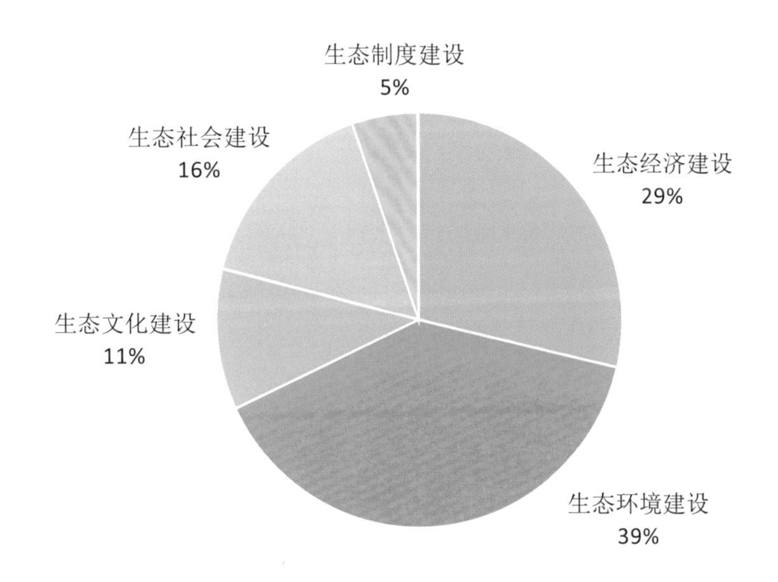

二级指标得分与最高、最低得分雷达图

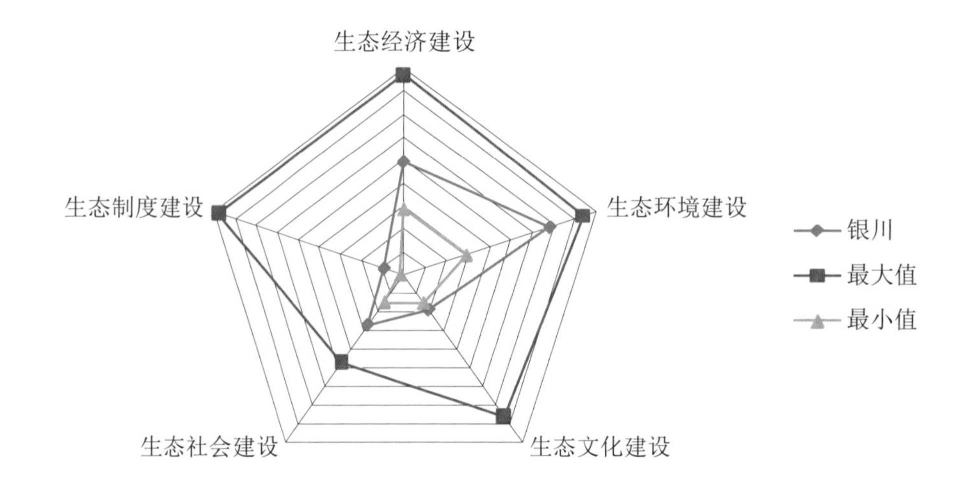

在生态社会建设方面，城乡居民收入比为2.68，居于35个大中城市的第26位；万人拥有医生数为28.63人，居于35个大中城市的第9位；养老保险覆盖面达到了26.27%，居于35个大中城市的第17位；人均用水量为56.32立方米／人，居于35个大中城市的第15位。

在生态制度建设方面，财政收入占GDP比重为9.83%，居于各大中城市的第17位。

与2007年相比，银川的生态文明建设水平发展缓慢，银川生态文明进步指数得分为0.217，在35个大中城市中排名第31位。分方面看，除了生态环境建设的水平有所下降之外，其余四项生态文明建设二级指标水平均有不同程度的提升，其中，生态制度和生态经济建设方面的进步较大。

银川生态文明进步指数分布表

分类	得分	排名
生态文明进步指数	0.217	31
生态经济建设	0.158	6
生态环境建设	−0.043	35
生态文化建设	0.063	31
生态社会建设	0.012	19
生态制度建设	0.027	5

银川生态文明发展水平指数各级指标得分和排名表

指标	得分	排名
生态文明发展指数	0.345	30
1. 生态经济建设	0.099	24
人均 GDP	0.012	23
服务业增加值占 GDP 的比重	0.004	27
万元产值建设用地	0.019	28
人均建设用地面积	0.027	10
万元产值用电量	0.022	17
万元产值用水量	0.015	20
2. 生态环境建设	0.135	14
污染物排放强度	0.037	26
生活垃圾无害化处理率	0.060	10
建成区绿化覆盖率	0.033	16
人均公共绿地面积	0.006	14
3. 生态文化建设	0.038	34
教育经费支出占 GDP 比重	0.004	34
万人拥有中等学校教师数	0.011	8
人均教育经费	0.000	35
R&D 经费占 GDP 比例	0.008	16
居民文化娱乐消费支出占消费总支出的比重	0.014	21
4. 生态社会建设	0.054	21
城乡居民收入比	0.011	26
万人拥有医生数	0.007	9
养老保险覆盖面	0.012	17
人均用水量	0.024	15
5. 生态制度建设	0.018	29
财政收入占 GDP 比重	0.018	17
生态文明试点创建情况	0.000	27
生态文明建设规划完备情况	0.000	29

□ 乌鲁木齐生态文明指数评价报告

2012年，乌鲁木齐市生态文明发展指数为0.417，在35个大中城市中排名第20位。乌鲁木齐生态文明建设的基本特点是，生态文明建设各项二级指标水平均居于35个大中城市的中等水平，其中生态社会建设水平相对较高，居于35个大中城市的中上等水平，生态环境建设水平相对较弱。

具体来看，在生态经济建设方面，服务业增加值占GDP的比重为57.39%，居于35个大中城市的第6位；人均GDP达到59645元，居于35个大中城市的第18位；万元产值用电量为793.20千瓦时，居于35个大中城市的第31位；万元产值用水量为15.15立方米，居于35个大中城市的第27位。

在生态环境建设方面，污染物排放强度为11.67吨/平方公里，居于35个大中城市的第22位；生活垃圾无害化处理率为91.43%，居于35个大中城市的第25位；人均公共绿地面积为78.22平方米，居于35个大中城市的第5位。

在生态文化建设方面，教育经费支出占GDP比重为2.48%，居于35个大中城市的第13位；万人拥有中等学校教师数为34.65人，居于35个大中城市的第17位；人均教育经费支出为1481.32元，居于35个大中城市的第15位。

在生态社会建设方面，城乡居民收入比为1.83，居于35个大中城市的第3位；

二级指标贡献率饼图

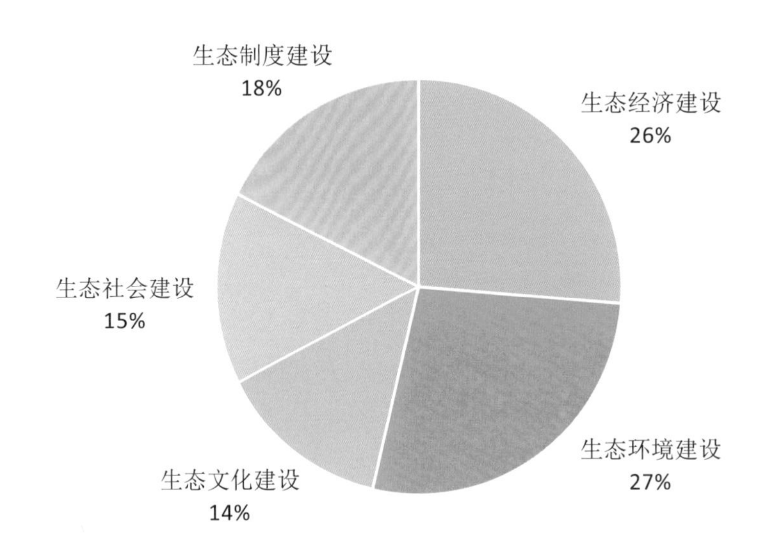

二级指标得分与最高、最低得分雷达图

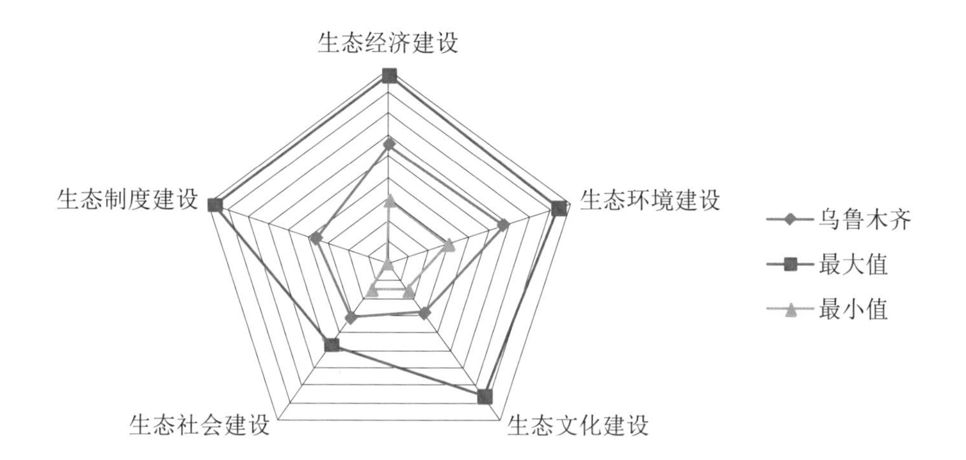

万人拥有医生数为 35.82 人，居于 35 个大中城市的第 5 位；养老保险覆盖面达到了 24.46%，居于 35 个大中城市的第 23 位。

在生态制度建设方面，财政收入占 GDP 比重为 12.58%，居于 35 个大中城市的第 7 位；在生态文明试点创建方面，乌鲁木齐被确立为第二批国家级生态示范区以及第二批全国生态示范区建设试点地区。

与 2007 年相比，乌鲁木齐的生态文明建设发展情况良好，有较大进步，乌鲁木齐生态文明进步指数得分为 0.434，在 35 个大中城市中排名第 4 位。分方面看，5 个方面具有不同程度的提升，其中，生态环境、生态文化和生态制度建设方面的进步较大，进步指数都排在 35 个大中城市的前 10 位。

乌鲁木齐生态文明进步指数分布表

分类	得分	排名
生态文明进步指数	0.434	4
生态经济建设	0.114	18
生态环境建设	0.118	3
生态文化建设	0.161	6
生态社会建设	0.016	15
生态制度建设	0.024	8

乌鲁木齐生态文明发展水平指数各级指标得分和排名表

指标	得分	排名
生态文明发展指数	0.417	20
1. 生态经济建设	0.110	19
人均 GDP	0.014	18
服务业增加值占 GDP 的比重	0.025	6
万元产值建设用地	0.000	35
人均建设用地面积	0.052	2
万元产值用电量	0.010	31
万元产值用水量	0.009	27
2. 生态环境建设	0.114	24
污染物排放强度	0.040	22
生活垃圾无害化处理率	0.042	25
建成区绿化覆盖率	0.016	31
人均公共绿地面积	0.016	5
3. 生态文化建设	0.057	18
教育经费支出占 GDP 比重	0.018	13
万人拥有中等学校教师数	0.009	17
人均教育经费	0.010	15
R&D 经费占 GDP 比例	0.006	24
居民文化娱乐消费支出占消费总支出的比重	0.014	22
4. 生态社会建设	0.063	14
城乡居民收入比	0.026	3
万人拥有医生数	0.011	5
养老保险覆盖面	0.011	23
人均用水量	0.016	29
5. 生态制度建设	0.073	18
财政收入占 GDP 比重	0.031	7
生态文明试点创建情况	0.042	15
生态文明建设规划完备情况	0.000	21

Part

5

Development patterns for cities of ecological civilization with Chinese characteristics and relevant policy recommendations

中国特色生态文明城市发展模式及其政策建议 >

China faces two major challenges in development of ecological civilization

中国推进生态文明建设面临两大挑战

中国未来30年的发展，需要从工业文明走向生态文明，这将面临两个方面的挑战，即：生态门槛和福利门槛。

□ 生态门槛：自然资本成为制约经济增长的决定因素

生态门槛是指自然资本已经成为制约经济增长的决定因素。当前，制约经济增长的限制性因素已经从人造资本转移到了自然资本，因此有效地配置自然资本已经成为经济发展的重要内容。这里的自然资本，不仅包括传统的自然资源供给能力，还包括地球对于污染的吸收和降解能力，以及生态愉悦等生态系统为人类提供的服务（诸大建，2010）。

20 世纪 80 年代以来在国际学术界迅速崛起的生态经济学认为，生态文明的理论基础是自然资本论。传统工业革命的经济增长模式严重地依赖于人造资本（表现为机器、厂房、设施等运用自然资本制造而来的人造物品）的增长，并以严重地损害自然资本为结果。而新的自然资本论则认为，经过将近 200 年的工业革命，人类社会的资源稀缺图形已经发生了重大变化，因此人类在走向 21 世纪的进程中，必须停止经济增长对于自然资本的持续不断的“战争”，建立起以自然资本稀缺为出发点的新的生态文明，实现保护地球环境和改进增长质量的双赢发展。

自然资本成为制约经济增长的决定因素，得到了越来越多的科学支持。1996 年加拿大生态经济学家威克纳格和他的同事提出生态足迹的概念，强调经济增长出现了生态门槛。生态足迹是为经济增长提供资源（粮食、饲料、树木、鱼类和城市建设用地）和吸收污染物（二氧化碳、生活垃圾等）所需要的地球土地面积。他们测定了从 1960 年以来地球每年提供给人类生产和消费的资源及吸收排放物所需要的生态足迹情况，发现人类经济增长的生态足迹与我们的地球能提供的生态供给相比，从 1980 年左右开始超出了地球的能力，到现在已经超过了 25% 左右。这就是说，地球的自然资本从盈余变成了亏损，今天我们已经需要用 1.25 个地球来支持我们的经济增长。这样的发现，为 2008 年以来解决金融危机和气候危机双重挑战而提出的“全球绿色新政（Global Green New Deal）”思想提供了有力的科学基础和理论基础。

中国未来 30 年的经济增长，必然面临生态门槛。

□ 福利门槛：人类社会的真实福利并没有随着经济增长而提高

如果生态门槛表明了在自然资本约束下经济增长的规模不可能无限扩张，那么我们还面临着经济增长是否能够持续导致社会福利或生活质量改进的福利门槛。传统经济学家一直认为以 GDP 为代表的经济增长是社会福利增加的充分必要条件。但是从 20 世纪 70 年代出现《增长的极限》一书开始，人们对经济增长是否导致福利增加提出了许多质疑，以致经济学家不得不对此作出答复。1972 年，耶鲁大学的经济学家认为，实证研究发现 1925—1965 年间的世界数据表明经济福利与经济增长还是正相关的：GNP 每增加 6 个单位，经济福利就增加 4 个单位。但是 20 年后，生态经济学的主要倡导者戴利提出了可持续经济福利指标（ISEW）的概念。因为经济增

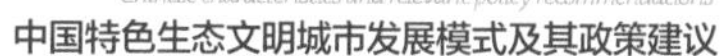

长的社会代价和环境代价，人类社会的真实福利并没有随着经济增长而提高，也就是说所创造的物质财富并没有全部转化为人类福利。在此基础上，生态经济学家麦克斯 · 尼夫提出了著名的“门槛假说”（Threshold hypothe-sis），认为“经济增长只是在一定的范围内导致生活质量的改进，超过这个范围如果有更多的经济增长，生活质量也许开始退化”。后来有许多研究者做出了支持这个假说的研究。

经济增长的福利门槛假说，对传统经济学家坚信不疑的经济增长必然带来福利增长的信念提出了挑战，提出了经济持续增长是否具有合理性的问题。这是生态文明概念得以建立的另外一个基石（诸大建，2010）。

快速的经济增长与生活质量提升之间的脱节，是中国未来 30 年发展不得不面对的挑战。

Basic conclusions for index analysis of ecological civilization development in China

中国生态文明发展指数分析基本结论

□ 生态环境和生态经济领域对提升指数的贡献率最大

当我们对中国未来30年发展将面临“生态门槛和福利门槛”两大挑战有一个清醒认识的时候，中国生态文明发展指数所描绘的现状与问题就更具有了现实性意义。我们将31个省区市和35个大中城市生态文明发展指数的二级指标平均贡献率作比较，可以看到，5个二级指标中，31个省区市和35个大中城市后3个指标的平均贡献率得分和排序各有不同。但前两位指标保持一致，都是生态环境建设居首位，指标平均贡献率均超过25%；生态经济建设的指标平均贡献率得分紧随其后。

这一数据结果表明，生态环境建设和生态经济建设仍然是当前加强生态文明建设的核心环节。

当前，对生态文明的理解存在着两种不同的版本。一种是将生态文明简单地等

31 个省区市二级指标平均贡献率

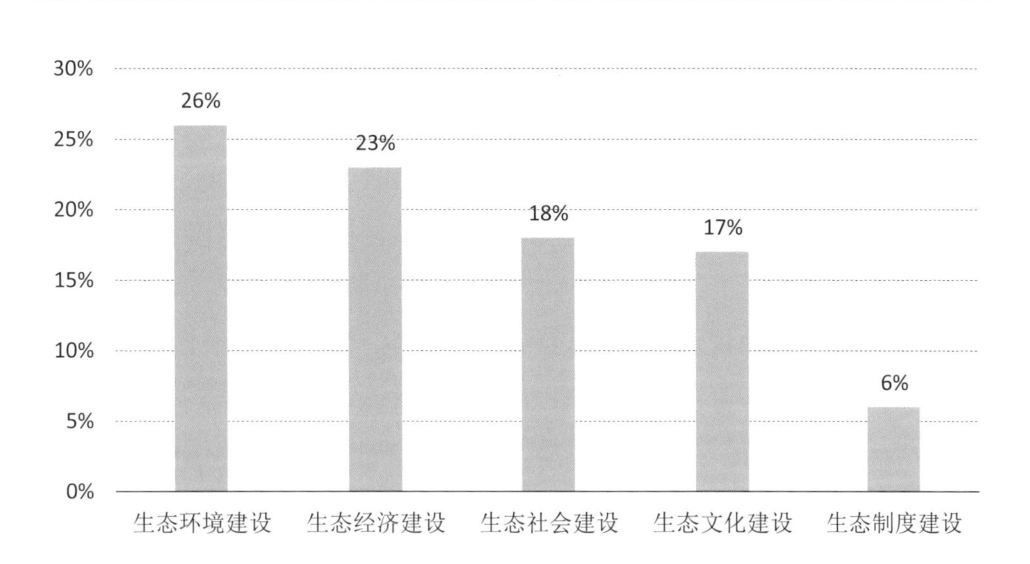

35 个大中城市二级指标平均贡献率

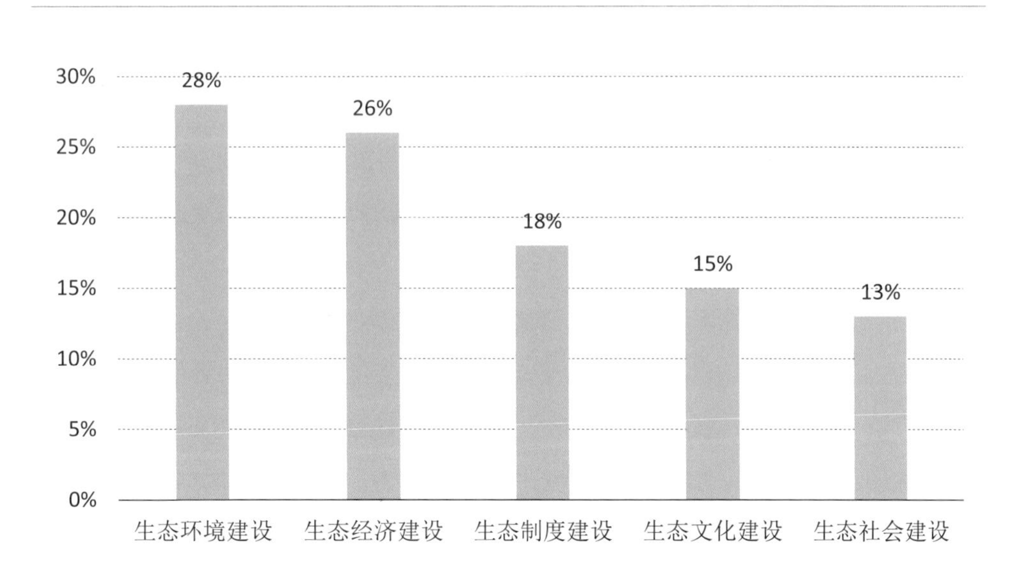

同于资源节约、环境友好、生态保护等活动，而较少涉及经济社会过程本身的改革和转型。另一种是从文明更替的角度认识生态文明，认为生态文明的关键是通过经济社会模式变革，从根子上消除资源环境问题的发生。

事实上，对于传统工业文明的经济增长模式造成的资源环境问题，可以有两种不同的调整方式。一种是在不改变工业文明的经济模式情况下修补式、应对式的反思和调整，例如在污染造成以后进行治理。从理论形态上，在传统的新古典经济学基础上发展起来的处理资源环境的学说，如关注微观效率的资源经济学和环境经济学等，属于这样一类具有补充型改进的理论，它们本质上是以服从和支持经济增长范式为前提的。另一种则是要求对传统工业文明的经济模式进行革命的变革式、预防式的反思和调整，例如通过变革生产模式和生活模式，使得污染较少产生甚至不再产生。从理论形态上，是 1972 年的《增长的极限》一书和后来崛起的生态经济学或稳态经济学，开始对工业文明的经济增长范式进行了系统性的反思。

我们认为，这两种不同的理论形态背后在下述三个方面存在着重要差异：（1）在驱动机制上，前者较多地关注资源环境问题的描述和渲染它们的严重影响；而后者则重在探讨资源环境问题产生的经济社会原因。（2）在问题状态上，前者常常游走在经济增长与环境退化的两极对立之间，甚至演变成为反发展的消极意识；而后者则要弘扬可持续发展的积极态度，并努力寻找环境与发展如何实现双赢的路径。（3）在对策反应上，前者较多地从技术层面讨论问题，并聚焦在针对问题症状的治标性的控制对策上；而后者则更多地提出针对问题本原的预防性解决方法，强调从技术到体制和文化的全方位透视和多学科研究。

总而言之，前者的反思是就环境论环境，较少研究工业文明的经济增长模式有什么根本性的问题，结果是对传统工业文明的修补与改良；后者的反思则洞察到资源环境问题的根因在于工业文明的发展模式之中，要求从发展机制上防止资源环境问题的发生，因此它更崇尚工业文明的创新与变革。

中国未来岁月的发展，既不是沿袭传统的工业文明，也不是提前进入后工业化的生态文明，而是要走出自己特色的生态化的工业文明道路来。中国的生态文明需要落实到工业化、城市化以及现代化三个方面。正是这些大规模的物质层面的建设，为中国提供了走生态文明道路的有利条件。这是因为，工业化的发达国家经过 200 多年慢慢创建起来的、成熟但是传统的物质设施（包括城市、工厂、道路等），其实并不适合进行全方位的脱胎换骨的生态变革，而且在工业文明基础上建造起来的城市、公路、街道、工厂、住宅区和公共设施越多，生态导向的改造和变革就会越困难。中国虽然经历了 30 多年的改革开放，但是与庞大的人口和空间分布相比，中国总体上的物质基础建设仍然是不够的，因此物质层面的发展中状态为发展生态文明提供了主要的机会和空间。

□ 生态文明发展水平的总体趋势变缓、区域差距缩小

我们在31个省区市和35个大中城市的发展指数和进步指数的组合分析图中分别添加趋势线，发现两者的趋势线均为倾斜向下，这可以得出两个结论：第一，代表地区生态文明发展水平的发展指数和代表近年变化情况的进步指数之间，存在负相关关系，即地区间的生态文明发展差距在缩小；第二，由于处于较高生态文明发展水平地区的增长速度减缓，同时由于这些地区的区位权重较大，使得地区总体的变化趋势变缓。

这两个结论勾勒出的情形接近于中国环境保护现实中经常会面临的一个悖论：中国的环境投入每年在增多，但是环境治理的状况却不理想。业内人的说法是，局部有所改善，总体却在恶化。在研究中我们也发现，当前传统的惯性思维还占有不小的比例，缺少统筹协调，部门利益至上仍然是改革的最大阻力。由于现在的体制机制在目标和手段上存在严重冲突，生态文明特别需要政府管理从碎片化转向整合化。一是目标的相互增强，有不同目标的部门，需要在生态与文明之间找到阶段性平衡点；二是手段的相互增强，管理手段包含规制、市场、公众参与等，不同手段

31个省区市生态文明发展指数和进步指数相关关系显示图

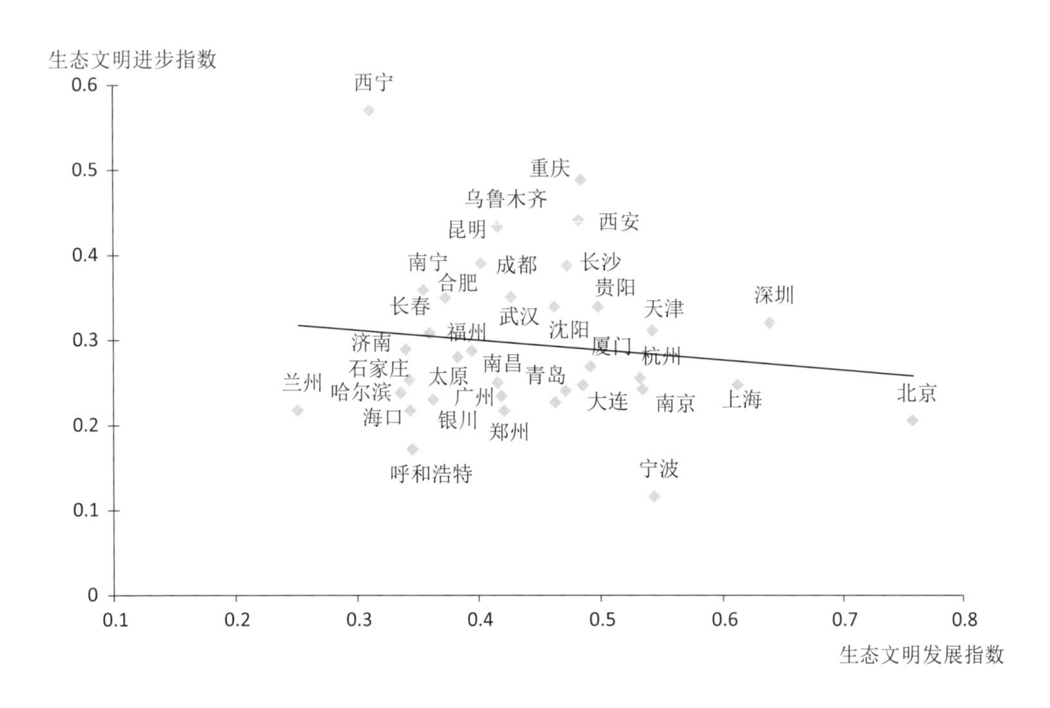

35 个大中城市生态文明发展指数和进步指数相关关系显示图

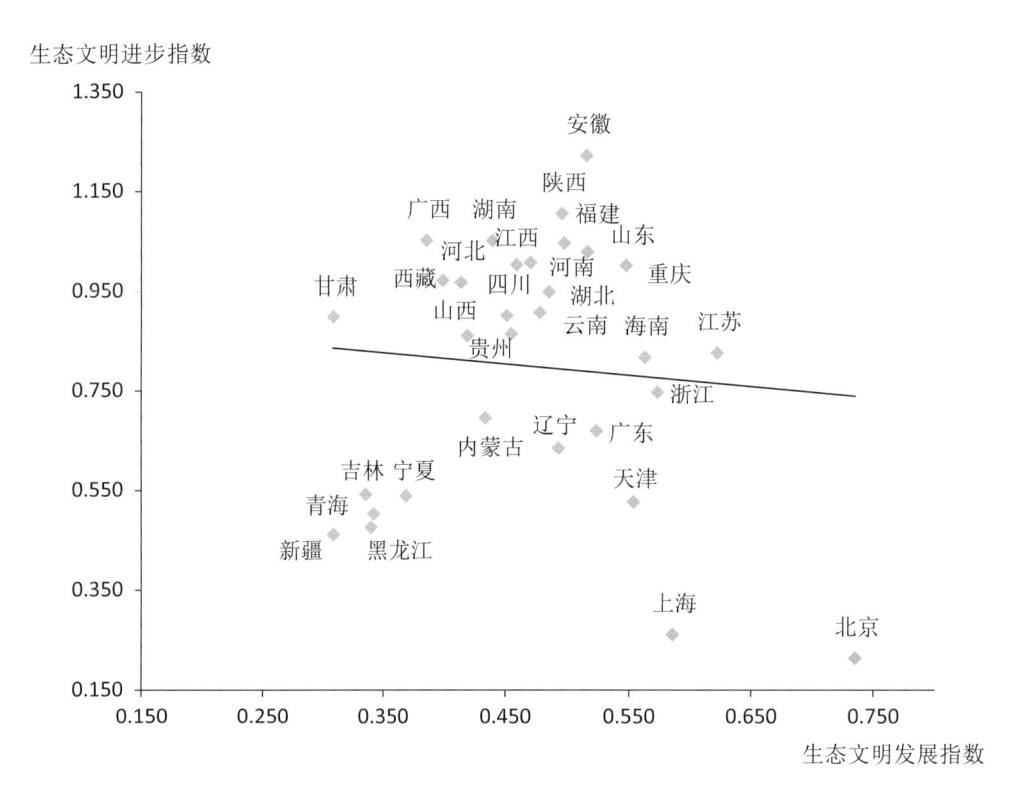

之间应该相互支撑。

因此，生态文明建设对政府内部和政府与企业、社会间的合作，要求有三个向度的重大改革。一是在纵向关系上，强调生态文明责任和权力的上移和下移，宏观上中央政府应该强化绿色发展的顶层设计，微观上地方政府需要摆脱 GDP 唯一论推进绿色发展；二是在横向关系上，强调生态文明建设的环节合并与平台建设，要在政府各个部门之间做好生态文明的协同管理，而不是出现九龙治水、各自为政的状况；三是在内外关系上，接受企业组织和社会组织的利益相关者角色和外部压力，强调生态文明建设需要公私之间的外部参与和合作。

Setting development patterns for cities of ecological civilization with Chinese characteristics

构建中国特色生态文明城市发展模式

对于中国而言，生态文明城市建设本质上是解决好转变发展方式、不断提高工业化和城市化质量的问题，是在正视和尊重发展的资源环境约束前提下完成工业化和城市化进程、最大限度地提高人民生活质量和城市竞争力的过程，是在城市发展模式上由工业文明向生态文明转变的过程，是人与自然在城市尺度上寻求和谐统一的过程，是在生态文明框架下实现城市价值最大化的过程。建设生态文明城市要把生态文明建设与提高市民生活质量和城市竞争力结合起来，坚持生态战略、生态规划、生态产业、生态文化和生态管理“五位一体”，系统推进、探索生态文明框架下城市价值最大化的实现模式。

□ 以生态战略明确城市发展方向

坚持科学发展观，选择一条既符合中国城镇化与经济社会发展趋势，又能够在城市发展中有效地逐步降低资源消耗和减少碳排放、使城市发展最大限度地满足维系良好人居环境的可持续发展城镇化道路，是中国城市化发展必须面对的课题。而以生态战略明确城市发展方向，按照生态文明的理念确定生态文明城市发展模式，是解决这一课题的重要切入点。

分层推进生态文明发展战略

在国家战略层面，要从生态环境基底条件和容量出发，确定主体功能区，分类制定区域和城市的基本发展原则，进一步明确主体功能区规划下的城市发展导向，科学谋划空间开发格局，严格按照主体功能定位发展，合理控制开发强度，调整优化空间结构，构建科学合理的城镇化格局、农业发展格局、生态安全格局，将生态文明理念融入城镇化的各方面和全过程。

在区域战略层面，进一步明确主体功能区规划下的城市发展导向。重点开发区，应该在优化产业结构、提高效益、降低物耗能耗、保护生态环境的基础上推动经济快速发展。优化开发区，改变依靠大量占用耕地、消耗资源和排放污染的发展模式，提高经济质量，加快产业结构升级，提升参与全球分工与竞争的层次，继续成为带动全国经济社会发展的龙头和参与经济全球化的主体区域。限制开发区，坚持环保优先、适度开发、点状开发、因地制宜发展资源环境可承载的特色产业，加快生态修复和环境保护、引导超载人口逐步有序转移，使限制开发区逐步成为重要生态功能区。

在城市战略层面，要以城市密集地区和大中城市为核心，系统推进基于生态理念的城市规划、产业发展、交通系统、建筑节能等核心领域的技术经济政策制定与落实，努力探索并积极推广在城市发展中可以有效节能减排的循环经济、清洁生产、绿色建筑等技术手段。

在社区和个体层面，应大力倡导生产和消费的可持续转型，逐步开展生态发展项目的试点与推广。

系统制定生态文明发展战略

生态文明城市建设内容涵盖了环境污染防治、生态保护与建设、生态产业的发展（包括生态工业、生态农业、生态旅游）、人居环境建设、生态文化等方面，这正是可持续发展战略的要求。因此可以从以下五个方面制定生态文明城市发展战略。

第一，环境污染防治发展战略。根据环境要素的不同，环境污染防治发展战略可以从以下四个方面加以规划和控制：一是水环境，通过清淤、截污、引水、治污、绿化等综合治理工程，改善河道水质及沿线环境质量；集中布局工业用地，利于污水的集中处理；加快污水管网系统和污水处理厂的建设步伐，提高污水处理率；积极推广清洁生产工艺，实现污水资源化。二是大气环境，全面推广低硫煤、洁净煤和其他清洁燃料，严格控制工业用煤的含硫量，减低二氧化硫排放量和酸雨的发生频率；对大气污染物排放大户进行重点治理，对产业结构和能源结构进行调整；推广使用清洁燃料，提高油品质量，加强对机动车尾气污染的治理；对重点区域大气污染物的排放应实行总量控制，保证大气环境质量。三是声环境，强化城市噪声控制管理工作，健全有关法规，严格执法；控制社会、生产经营活动和建筑施工噪声，减轻噪声扰民现象；通过合理规划城市用地布局，解决工业用地与居住用地的混杂现象，把工业噪声污染降低到最低限度；对区域环境进行综合治理，扩大噪声达标区的范围；加强噪声污染的综合治理强度。四是固体废物，推广清洁生产技术，降低工业固体废弃物，对工业固体废物特别是粉煤灰、炉渣等进行综合利用，提高资源利用率；对危险废物、医疗垃圾进行安全处置；建立完善的生活垃圾收集、清运和垃圾处理体系，避免不同环节对环境造成二次污染；加快垃圾处理场建设，实现固体废物的无害化、减容化和资源化。

第二，生态保护与建设发展战略。一是制定生态环境保护发展战略，逐步改善城市主要控制区域如居住区、风景区、饮用水水源保护地的环境质量，全面控制重点行业的污染，对省、市重点污染源进行限期治理，削减污染物排放量，关停并转迁或限产一些重污染企业。二是制定生态园区发展战略，打造以生态为主题、山水为特色、地域文化为内涵的，集生态教育、旅游休闲、绿色人居为一体的大型综合生态园区。

第三，生态产业发展战略。一是调整产业结构，促进产业转型升级，大力发展生态产业，从劳动密集型产业向资本密集型产业、从传统产业向高新技术产业发展；

在现有的传统产业范围内，从低技术向高技术、从低加工度和低附加值向高加工度和高附加值发展。二是加强生态工业园建设，促进生态产业发展，在固定地域上建立由制造企业和服务企业形成的企业社区，实现工业废弃物循环利用，建构起网络化的工业生态链。

第四，人居环境建设发展战略。人居环境建设是生态城市建设的重要组成部分，人居环境建设从个人居住环境的范围延伸到社区、邻里、交通、就业等方方面面，是一个复杂的巨大系统。一是城市住房建设规划，进一步完善住房保障体系，稳定房地产业的供应预期以及消费预期，培育完善的住房供应体系，改善城市低收入家庭的住房环境。二是城市综合交通规划，建设区域综合交通枢纽城市、多种交通方式组合协调发展，机动化适应都市区一体化，轨道交通促进中心城市土地利用集约化等交通发展战略，逐步建立与经济社会发展协调、运输组织合理、设施网络完善、高效便捷和可持续发展的综合交通体系。

第五，生态文化旅游发展战略。保护和改善生态环境是全人类面临的共同挑战，是当今世界各国日益重视的重大问题。建设生态文明城市，不仅要依靠政府的力量，也要发动人民群众的自主意识，保护环境。一是政府主导，编制生态文化旅游规划，对生态文化旅游项目审批、市场营销、市场整顿、行业管理进一步规范；二是集团管理，加大对生态文化旅游资源开发整合力度，组建生态文化旅游集团，实行政企分开，强化企业管理，实行强强联合；三是企业开发，深化改革，实现生态文化旅游产业的多元投入和市场运作机制；四是全民参与，以生态文化建设为重点，营造全民建设生态旅游的浓厚氛围。

□ 以生态规划引导城市发展功能

生态规划就是要通过生态辨识和系统规划，运用生态学原理、方法和系统科学的手段去辨识、模拟、设计生态系统，人工复合生态系统内部各种生态关系，探讨改善系统生态功能，确定资源开发利用与保护的生态适宜度，促进人与环境持续协调发展的可行的调控政策，其本质是一种系统认识和重新安排人与环境关系的复合生态系统规划。城市规划是政府及其他有关组织对城市发展与城市建设进行管制的政策工具，是一项预设目标并制导过程的公共管理行为。生态文明城市发展战略、生态文明城市发展目标，需要有生态规划来落实。生态文明建设涉及政府的各方面，通过制定生态规划，可以将决策者的可持续发展理念贯彻其中，把散落在不同管理部门的专业规划有机统筹在生态文明建设的大平台之上，构建符合科学发展、有机联动的规划体系，这样有助于实现经济社会的良好发展和环境保护的统筹协调。编制生态文明城市发展规划重点要在以下几个方面体现生态理念。

坚持精明增长

精明增长是一种在提高土地利用效率的基础上控制城市扩张、保护生态环境、服务于经济发展、促进城乡协调发展和提高人们生活质量的发展模式。

精明增长的要点：一是合理配置空间资源，采用紧凑的城市空间结构，在土地利用上实现适当的功能混合，减少交通距离和交通量。二是用足城市存量空间，加强对现有社区的重建，重新开发废弃、污染工业用地，减少盲目扩张，以节约基础设施和公共服务成本。三是城市建设相对集中，密集组团，生活和就业单元尽量拉近距离，减少基础设施、房屋建设和使用成本。

实现城市精明增长有三条基本途径：充分利用价格手段的引导作用；发挥政府的财政税收政策的指向作用和综合利用土地利用法规的控制作用。精明增长的基本假设是通过科学的规划可以平衡资源保护与开发之间的关系，而城市的一切发展均以土地为载体，城市增长的“精明”最终落实在土地利用的精明上，因此，编制科学的土地利用规划是实现城市精明增长的关键。

构建公交优先的综合交通体系

一是合理布局各种交通设施，发挥多种运输方式整体优势，提高交通运输系统组合效率，形成布局合理、衔接顺畅、转换高效、运行安全、环保舒适的综合交通体系，促进城乡交通一体化、区域交通综合化、交通系统信息化。

二是坚持公交优先，优先发展以轨道交通为骨干、道路交通为主体的公共交通系统，并提供完备的自行车交通系统以及人性化的步行空间，以减少交通过程中对能源的消耗。

三是优化路网空间布局和等级结构，全面提升路网通行能力和服务水平。加快中心城对外多通道路网、旅游公路网、重点镇过境公路、农村公路、渡改桥及乡镇车站等建设，实现“网络化、结构优，快速化、性能优，城市化、服务优”。实现普通国道和高速公路的协调发展，明确普通国道侧重体现基本公共服务，高速公路侧重体现高效服务，加强两个网络在功能和布局上的衔接协调。

四是提高交通系统信息化水平，依托现代化的信息管理和控制系统，推动基于互联网的交通地理信息系统及数字交通系统的发展，加快现代交通技术和装备的规模化应用，逐步实现交通系统信息化。一是以电子政务为主体的交通运输行政管理和服务系统，加强顶层设计和总体规划，推进数据共享开发利用。二是以物联网技术应用为引领的出行服务系统，运用新一代通信、射频识别、卫星定位、云计算等先进技术，在智能交通、基础设施状态感知和安全运营、集装箱多式联运、甩挂运输等领域开展物联网应用示范工程，提高公路、水路出行的公众信息服务水平。三是以传感和相关信息技术为支撑的交通运输监管、应急保障系统。基本建立部省联动的市场信用体系、应急保障、经济运行分析等信息平台，建成全国高速公路光纤通信信息网络。

加强生态功能保护

如同城市的市政基础设施保障居民获得的社会经济服务一样，城市的生态基础设施保障城市居民能持续获得生态服务。要运用“反规划”途径，首先进行不建设区域的规划，以保障大地生命系统的安全和健康；应用景观安全格局理论和方法，建立生态基础设施，满足生态防洪、生物保护、乡土文化遗产保护和游憩等综合功能需要；结合城市开敞空间系统的布局、规划大量绿色空间和水面等，在调节城市小气候的同时增强城市自身的碳汇能力（V．Yli–Pelkonen，etal，2006）。

水源涵养生态功能区生态保护主要方向：一是对重要水源涵养区建立生态功能保护区，加强对水源涵养区的保护与管理，严格保护具有重要水源涵养功能的自然植被，限制或禁止各种不利于保护生态系统水源涵养功能的经济社会活动和生产方式，如过度放牧、无序采矿、毁林开荒、开垦草地等。二是继续加强生态恢复与生态建设，治理土壤侵蚀，恢复与重建水源涵养区森林、草原、湿地等生态系统，提高生态系统的水源涵养功能。三是控制水污染，减轻水污染负荷，禁止导致水体污染的产业发展。四是严格控制载畜量，改良畜种，鼓励围栏和舍饲，开展生态产业示范，培育替代产业，减轻区内居民生产对水源和生态系统的压力。

专栏

美丽郑州七年规划：从天蓝水清地绿到宜业宜居宜游

“天蓝、水清、地绿”，是市民心中美好的愿景。为实现这一愿景，2014年2月7日，郑州市出台《美丽郑州建设规划（2014—2020）》，绘制了郑州美丽的蓝图：美丽郑州建设规划总面积7446.2平方公里，未来7年，郑州将以改善大气环境质量、提高水系水体水质、构建绿色屏障为主要抓手，努力构建“天蓝、水清、地绿”的生产和生活环境，最终实现宜业、宜居、宜游的美丽郑州建设目标。同日，郑州市还出台《2014年郑州市城市园林绿化工作实施方案》《郑州市2014年全民义务植树及造林绿化工作方案》《郑州市蓝天工程行动计划实施方案》《郑州市林业生态建设工作实施方案》四个文件助力美丽郑州。

美丽郑州建设控制性指标体系

名称	单位	2016年	2018年	2020年
主要污染物排放强度 化学需氧量（COD） 二氧化硫（SO_2） 氨氮 氮氧化物	千克/万元（GDP）	按国家和省下达的目标确定		
万元生产总值CO_2排放量	吨	按国家和省下达的目标确定		
PM2.5	微克/立方米	95	85	75
水环境功能区达标率	%	75	80	95
饮用水水源地水质达标率	%	100	100	100
污水集中处理率	%	80	85	95
中水回用率	%	35	37.5	40
万元生产总值能耗	吨标准煤	0.557	0.535	0.497
单位工业增加值能耗	吨标准煤/万元	0.961	0.896	0.835
绿色建筑在新建建筑中占比	%	25	35	40
森林覆盖率	%	33.4	34	35
城市建成区绿化覆盖率	%	41	42	42
城市生活垃圾无害化处理率	%	100	100	100
产业结构调整比率	%	2.2：54.8：43	2：51：47	2：48：50

资料来源：《郑州晚报》2014年2月8日

土壤保持生态功能区生态保护主要方向：一是调整产业结构，加速城镇化和社会主义新农村建设的进程，加快农业人口转移，降低人口对土地的压力。二是全面实施保护天然林、退耕还林、退牧还草，严禁陡坡垦殖和超载放牧。三是开展沙漠化区域和小流域综合治理，协调农村经济发展与生态保护的关系，恢复和重建退化植被。四是严格资源开发和建设项目的生态监管，控制新的人为土壤侵蚀。五是发展农村新能源，保护自然植被。

防风固沙生态功能区生态保护主要方向：一是在沙化极敏感区和高度敏感区建立生态功能保护区，严格控制放牧和草原生物资源的利用，禁止开垦草原，加强植被恢复和保护。二是调整传统的畜牧业生产方式，大力发展草业，加快规模化圈养牧业的发展，控制放养对草地生态系统的损害。三是调整产业结构，退耕还草、退牧还草，恢复草地植被。四是加强西部内陆河流域规划和综合管理，禁止在干旱和半干旱区发展高耗水产业；在出现江河断流的流域禁止新建引水和蓄水工程，合理利用水资源，保障生态用水，保护沙区湿地。

倡导绿色建筑

绿色建筑是指在建筑的全寿命周期内，最大限度地节约资源（节能、节地、节水、节材），保护环境和减少污染，为人们提供健康、适用和高效的使用空间，与自然和谐共生的建筑。城市规划贯彻绿色建筑的设计建造理念，有三个重点内容：

一是节约能源。通过对建筑物的材料、隔热保温性能、能源自给自足等方面的关注，采用适应当地气候条件的平面形式及总体布局，减少采暖和空调的使用，达到节能减排的目的。绿色建筑涉及执行节能标准、分户计量收费、可再生能源利用，以及建筑朝向、灯具选择、空调系统等诸多因素，因此应在规划、设计、建设、验收、销售、保修等的全过程闭合管理中注重节约能源。

二是节约资源。在建筑设计、建造和建筑材料的选择中，注重建筑节材管理，均衡考虑资源的合理使用和处置，减少资源的使用，力求使资源可再生利用。在选址、场地原生态保护、旧建筑利用和地下空间利用等方面注重节地管理；通过减少用水量、提高水的有效使用效率、防止泄漏等措施实现建筑节水管理。

三是回归自然。绿色建筑环境要求实现安全、健康、舒适、高效和适宜五大目标。因此绿色建筑要强调与周边环境相融合，和谐一致、动静互补，做到保护自然生态环境；要在保障居住环境健康安全的基础上，健全居住区污染物减排措施，不断提高、优化居住区环境质量。

着力提高能源使用效率

城市总体规划要从决策源头上保证生态经济发展的原则，城市详细规划和小区规划设计要从具体操作层面上切实降低能源消耗。

在产业发展规划方面，加快经济结构调整，加大污染工艺、设备和企业的退出力度，提高各类企业的能源使用效率和排放标准，提高钢铁、有色、建材、化工和电力等行业的规划准入条件。

在能源基础设施规划中，要把眼光重点瞄准绿色能源和清洁技术，积极采用太阳能、风能、潮汐能、生物能、地热、垃圾焚烧以及核能等替代能源作为城市能源供给的来源，注重在能源的生产及其消费过程中，选用对生态环境低污染或无污染的能源，如天然气、清洁煤（将煤通过化学反应转变成煤气或“煤”油，通过高新技术严密控制的燃烧转变成电力）和核能等，采用地区供暖、供冷等技术手段，在鼓励企业采用生态的先进技术方面提供有力的规划保障，优化能源结构，提高能源效率。

完善生态市政基础设施

生态文明理念下的生态型市政基础设施规划建设是建设生态文明城市的重要支撑条件。生态型基础设施体系规划的重点是能源、水和固体废弃物处理三大系统。

能源系统规划建设要贯彻“开发与节约并举，把节约放在首位”的方针，积极探索可再生能源的开发利用，形成常规能源利用和新型可再生能源利用、集中式能源利用和分布式能源利用相互衔接、相互补充的能源利用模式，促进能源与环境协调发展。

给排水系统规划坚持开源与节流并重的原则，优化水资源配置，通过大力开发包括再生水、海水和雨水的非传统水源，减少城市新鲜水的取用量；通过建筑内安装节水器具和节水装置实现水资源节约；实施梯级水价，以调动居民的节水积极性；通过推广节水概念和方法，加强居民的节水意识；通过提高城市供水的管理及监测水平，供水管网采用优质管材，减少供水管网漏失水量。

高标准推进固体废弃物“减量化、资源化、无害化”处置，积极推行分类收集、净菜进城、绿色消费和绿色包装等减量化措施，并采取一定的政策、经济措施，鼓励源头减量。建立完善的垃圾资源回收利用和资源化处理系统，全面推动垃圾分类收集、分类运输、分类处理工作，建立“源头削减、分类收集、分类运输、综合处理”的现代化固体废弃物处理系统。

□ 以生态产业转变城市发展方式

优化产业结构是实现经济生态化的有效途径，但处于不同发展阶段城市的产业结构是不同的，笼统地倡导产业结构升级并不利于实现“发展”与“生态”的双赢。建设生态文明城市，关键是走生态导向的新型工业化之路，通过构建生态产业平台、培育生态市场和发展生态技术，以符合“两型社会”和生态文明建设要求的经济发展模式，引导和带动区域的生态发展，实现城市的生态领导力。

构筑生态产业体系

构筑生态产业体系，大力发展新兴产业。生态产业是按生态经济原理和知识经济规律组织起来的基于生态系统承载能力，具有高效的生态过程及和谐的生态功能的集团型产业，通过自然生态系统形成物流和能量的转化，形成自然生态系统、人工生态系统、产业生态系统之间共生的网络。不同于传统产业的是生态产业将生产、流通、消费、回收、环境保护及能力建设纵向结合，将不同行业的生产工艺横向耦合，将生产基地与周边环境纳入整个生态系统统一管理，谋求资源的高效利用和有害废弃物向系统外的零排放。

生态产业体系是包含生态工业、生态农业、生态第三产业以及生态住宅等生态环境和生存状况的一个有机系统。生态工业是指根据生态学与生态经济学原理，应用现代科学技术所建立和发展起来的一种多层次、多结构、多功能、变工业排泄物为原料、实现循环生产、集约经营管理的综合工业生产体系。生态农业是指从农业的持续与协调出发，充分吸收现代石油农业强调农产品数量、效益、规模，以及注重应用科学技术和现代化管理技术的特点，同时吸收西方生态农业在保护农业自然资源和环境，减少污染，降低化学能使用等优点的农业生产体系。生态第三产业就是要推行适度消费，厉行勤俭节约，反对过度消费和超前消费。生态住宅是指符合生态要求，不污染环境，不危害人体健康的住宅，是生态学与建筑学相结合的产物。

打造生态产业平台

对于中国的绝大部分城市而言，将发展战略性新兴产业与传统产业的生态化创新结合起来，打造生态产业平台是实现生态发展的现实途径。

一是按照循环经济的要求，打造生态产业平台，建立循环经济产业体系。产业链中资源的开采、产品的生产、产品的使用和废弃物的处置等各个环节的企业要在空间上相对集中布局，组建成上下游紧密连接的产业集群，把经济活动组织成一个“资源－产品－再生资源”的反馈式流程，实现全过程的清洁生产，最大限度地提高资源和能源的利用率，最大限度地减少消耗和污染物的产生。

二是打造生态发展的战略合作平台。一个产业的聚集，要求它的信息交流、人才交流成本应该最低。要以政府为主导，以企业为主体，将上下游产业链组织起来，形成一个产业链合作框架的机制安排，构建生态产业联盟，实现信息、技术和人才的共享，最大限度地降低生态产业生产成本，并加速企业间知识外溢效应和技术创新步伐。

三是打造生态发展的技术支持平台。包括构建推动生态技术研发创新和生态产品推广的研发中心、认证中心和交易中心，培育以生态技术产业为主体的产业集群。通过创新和完善技术支持平台运行机制，围绕循环型生态产业的发展，集聚和优化配置技术创新资源，加强集成创新转化，为国家可持续发展先进示范区的建设提供科技动力，为区域可持续发展发挥引领、示范作用。

培育生态市场

一是培育生态商品市场。生态商品市场是生态技术和生态产业发展的基础。生态产品特点在于节约能源、无公害、可再生，既包括维系生态安全、保障生态调节功能、提供良好人居环境的自然要素，如清新的空气、清洁的水源和宜人的气候等无形生态产品，也包括绿色产品、低碳产品、环保产品等有形生态产品。目前，企业生产有形生态商品的成本及其销售价格普遍偏高，有的还存在性能不稳定、使用不便利的问题，加之在零售过程中消费者识别和选购生态商品比较困难，这些生产和销售方面的问题共同导致生态商品市场呈现需求不足、供给不足、买卖不畅等现状。政府应采取措施便利生态商品的识别，鼓励生态商品的消费，促进生态商品的生产，推动生态商品市场繁荣。美国、英国等10多个国家已出台“碳标签”标示政策，要求今后上市的产品上需要标明产品在生产、包装和销售过程中产生的二氧化碳排放量。美国的沃尔玛、英国的TESCO、瑞典的宜家等世界知名零售企业均已要求各自的供应商完成碳足迹验证，在产品包装上贴上不同颜色的碳标签。

二是培育生态交易市场。发展生态经济离不开金融的支持，生态金融要通过机构的创新、业务的创新，开发出与生态交易有关的金融服务，并随之发展生态基金、生态证券、生态信托等金融工具。中心城市应积极推进各类企业和金融机构在生态交易、生态金融工具开发应用和生态资产管理等方面进行先期探索和试点，培育生态交易市场体系，逐步承担区域的、国家的、甚至全球重要的生态资产管理中心、生态交易中心、生态金融信息中心和生态金融创新中心等职能，支持生态经济发展。

发展生态技术

发展生态技术，提升生态研发和创新能力。技术进步能够从不同角度推动生态化的进程，包括能源效率、生态技术发展水平（如生态捕获技术等）、管理效率、能源结构等。一般所说的生态技术是指既可满足人们的需要，节约资源和能源，又能保护环境的一切手段和方法，与环保技术、清洁生产技术概念比较，更具有广泛性和普遍性。

目前，主要的生态技术有：一是替代技术，就是开发新资源、新材料、新工艺、新产品，替代原来所用的资源、材料、工艺和产品，提高资源利用效率，减轻生产过程中环境压力的技术；二是减量技术，就是在生产源头节约资源和减少污染的技术，如低碳技术；三是再利用技术，就是延长原料或产品使用周期，通过反复使用来减少资源消耗的技术；四是资源化技术，就是将在生产过程中产生的废弃物变为有用的资源或产品的技术。

由于生态技术市场发展滞后，国外的先进技术难以引进，国内现有的技术也难以充分流动。因此，需要大力培育生态技术市场，扶持国内生态交易平台的发展，鼓励与国际生态技术市场对接，既有利于盘活国内现有的生态技术以发挥其节能减排的作用，也有利于吸收国外先进技术，同时激励国内企业进行技术创新。

□ 以生态文化凝聚城市发展动力

文化既表现在对社会发展的导向作用上，又表现在对社会的规范、调控作用上，还表现在对社会的凝聚作用和对社会经济发展的驱动作用上。生态文化建设的关键是构建生态价值体系。就人与自然的关系而言，过去奉行的是“人类中心主义”工具主义价值观，人类处于价值链的最高层次，自然是作为人类利用的工具存在的，讲究的是征服自然。在这种价值观指导下，无论向自然界排放多少 CO_2 都被认为是合理和无关紧要的；生态主义把世界看成是“人—自然—社会”的复杂生态系统，整个世界万事万物是一个生命整体，相互依赖、相互依存、相互联系，强调系统综合、交互关系与多元平等对话，人的生存与其他生态物种的生存状态休戚与共，人的生存质量是整体世界中的生存质量，人类必须树立生态平衡的基本价值理念，树立符合自然生态原则的价值需求、价值规范和价值目标，在尊重自然、维护生态系统平衡的前提下，规范人在自然界中的行为，维护自然良好的生存状态。

凝聚社会生态共识

强化生态意识。生态文明建设要靠生态文化的引领和支撑，必须树立绿色、低碳、环保、节能的生态观念，推动生态文化与生态建设融为一体、相互促进，不断提升生态文化品位，形成生态文明建设的文化自信和生态自觉，增强赶超跨越的软实力。广泛开展生态意识、生态法律法规和政策知识教育宣传普及，引导人们树立正确的生态文明意识，从点滴做起，从自我做起，在日常生产生活中养成保水、护绿、节能、减废的行为习惯，使重环保、节资源、建生态成为全社会共同的价值取向。

凝聚社会生态共识，把生态文化融入生产方式和生活方式的根本性转型的实践中。把生态文化建设与贯彻科学发展观、发展方式转型、生态文明建设及社会主义核心价值体系建设结合起来，把生态价值体系建设融入国民教育、精神文明建设全过程，贯穿于城市建设、管理各领域，体现到精神文化产品创作、生产、传播各方面，坚持把生态教育作为全民教育、全程教育和终生教育的重要内容，把生态意识上升为全民意识，倡导生态良心、生态正义、生态义务、生态伦理和生态行为，提倡生态善美观，努力增进生态生活、生态生产、生态发展的社会共识，为生态文明城市建设提供坚实的思想基础。

重塑生态道德体系

重塑生态道德体系，倡导全民参与，践行生态责任。文化创造的主体是人民，只有人民具有生态道德和生态行为，只有全社会的公众参与，建设生态文明城市才不会是一句空话。生态道德强调人对自然的道德义务，强调人的自觉和自律，要坚持用生态价值体系引领社会思潮，把生态意识的提高、生态生活习惯的培养与弘扬中华传统美德，推进公民道德建设工程，加强社会公德、职业道德、家庭美德、个人品德教育等结合起来，将人与自然的平等、协调的关系上升为一种道德原则和社会规范，通过评选表彰生态模范、学习宣传先进典型等形式，引导人民增强生态生活的道德判断力和道德荣誉感，自觉履行道德义务和社会责任，让人们能够自觉地关心自然，从而使人和社会与自然生态环境的协调性得到真正的提高。

把生态道德教育与理想信念教育、法制教育等有机结合起来，规范人与自然的交往行为，引导人们树立生态道德善恶感、良知感、正义感和义务感，把保护生态环境看作是行善积德、有利于自身和人类身心健康长寿的道德行为，当成自己应尽的责任和义务。

创新生态教育

创新生态教育，构建家庭、学校、社会三位一体的教育体系，实现对传统价值观的全面更新。

一是要注重继承和发展中国传统的生态文化。中国传统的“天人合一”理论构成了一个消除对立、差别与矛盾的系统，包含着人对自然的敬畏和依顺，与生态文明理念相一致，与国人的文化心理相契合，极易为人所理解和接受。

二是要注重教育体系建设。将生态教育纳入国民教育系统，借鉴美国、德国等发达国家的做法，通过设立基金、立法等手段将生态文化教育纳入从幼儿园到大学及再教育的社会教育系统，通过学校教育普及生态哲学、生态科学和生态保护等方面的知识，促进受教育对象从小就具有较高的环境意识和良好的环保习惯，实现对传统价值观念的转型。

三是注重载体建设。通过每年的世界水日、世界气象日、世界环境日、世界人口日、地球日等纪念活动日，对公众进行宣传和教育，让公众切实了解中国环境污染的现状，培养公众的生态文化观念和生态伦理意识，加深公民对环境保护的广泛关心和理解，激发他们积极参与环境保护活动的热情。

□ 以生态管理创新城市治理模式

生态管理是指运用生态学、经济学和社会学等跨学科的原理和现代科学技术来管理人类行动对生态环境的影响，力图平衡发展和生态环境保护之间的冲突，最终实现经济、社会和生态环境的协调可持续发展。生态管理是管理史上的一次深刻革命，虽然它还不成熟，但是仍存在一些共性的认识。一是强调经济与生态的平衡可持续发展。二是意味着一种管理方式的转变，即从传统的“线性、理解性”管理转向一种“循环的渐进式”管理（又叫适应性管理），即根据试验结果和可靠的新信息来改变管理方案，原因在于人类对生态系统的复杂结构和功能、反应特性以及它未来的演化趋势的了解还不够深入，所以只能以预防优先为原则，以免造成不可逆的损失。三是生态管理非常强调整体性和系统性，要求认知到所有生命之间的相互依存，个体和社会都是自然界的组成部分，及生态系统内各组成部分彼此间的复杂影响，要用整体论和系统的思想来指导经济和政治事务，谋求社会经济系统和自然生态系统协调、稳定和持续的发展。四是生态管理强调更多公众和利益相关者的更广泛的参与，它是一种民主的而非保守的管理方式。

构建生态社会管理体系

生态文明城市治理包括生态生产、生态生活、生态消费和生态管理等不同层面的治理领域，是一个政府推动、企业实施、社会参与，从生产、生活到消费的合作治理过程，必须有社会各界的广泛参与。

一是发育各种环保、绿色、生态教育、生态研究等社会组织，支持各种社会公益性的志愿者开展活动，鼓励全民参与节电、节油、节气等生态实践生活，让更多社会主体都行动起来，提升全社会的生态自治能力。

二是建立生态发展的社会监督体系。落实公民的知情权、参与权和监督权，创新监督载体，鼓励各种媒体公众参与监督，积极提倡并引导市民从点滴做起，主动参与生态行动，形成政府与企业、企业与企业、企业与公众、公众与公众之间相互监督、相互影响、相互促进的生态建设氛围，提升全民的生态意识。

三是创新生态生活的社会管理平台。积极倡导生态生活方式，鼓励机关、企事业单位、城乡居民广泛使用节能型家电、节水型设备等生态产品，限制一次性用品的使用，倡导绿色生态出行，优先发展公共交通，将生态文明渗透到社会生活的各个方面。建设生态社区、生态学校、生态医院、生态机关、生态企业、生态家庭、生态工地和生态交通等各种形式的生态生活发展载体。充分发挥图书馆、博物馆、文化中心、科普画廊等在传播生态文化方面的作用，使其成为创新生态生活的重要阵地。

专栏

山东大气改善首成考核“指挥棒”

山东省委、省政府2014年4月下发《关于改进完善17市科学发展综合考核工作的意见》，考核导向由注重比经济总量、增长速度，转变为注重比发展质量、发展方式、发展后劲。

在指标权重分配上，突出转型发展和质量效益。资源消耗、环境保护、生态效益、科技创新、安全生产等指标的权重明显加大了。

“GDP考核”权重被减轻。“地区生产总值增长目标实现程度”指标，权重由以前的60分降低为25分。

更加注重差异考核。既设置目标差异指标，鼓励各市努力完成目标任务。又设置地方提升指标，引导各市立足本地优势，走特色化发展路子，着力解决薄弱环节和突出矛盾。

由山东首创的“群众满意度”也进行微调。扩大了访问群众样本的数量，将民意调查由一年一次，总数3万人，调整为一年两次，总数10万人。访问固定电话和手机的比例也由原来的5∶5调整为4∶6，并引入“纵向系数”概念，使群众满意度的运用更加科学合理。

资料来源：《领导决策信息》2014年5月5日，第17期

构建生态行政管理体系

政府的作为对于生态文明城市建设至关重要，承担着政策制定以及构建生态发展框架的重要职能，因此生态发展要提高政府的管理能力，政府要综合运用必要的法律、行政和经济手段，制定指导长远战略，利用各种制度和政策工具，弥补市场、企业与社会的缺陷和不足，规范和推动生态文明建设的发展。

一是要提高组织协调能力。加大行政管理体制改革力度，理顺管理体制，着力解决行业分割、部门分割、职能交叉、政出多门、行政成本高等弊端，通过机构调整、资源整合，实施管理机构、规划编制、设施建设、运行管理的相对集中，形成决策、执行、管理和监督相协调的运行机制。

二是提高规划决策能力。政府要把大力发展生态经济作为建设资源节约型、环境友好型社会，增强可持续发展能力的重要举措，把发展生态经济战略纳入国民经济发展总体规划，部署生态经济的发展思路，为生态经济的发展提供政策、制度、资金和组织保障。

三是提高政策调控能力。要制定和完善有利于生态经济发展的法律法规，健全节能环保和应对气候变化的法律法规；推广节能减排市场化机制，扩大主要污染物排放权有偿使用和交易试点，逐步推动生态交易市场建设，推行污染治理设施建设运行特许经营；加快节能环保标准体系建设，建立“领跑者”标准制度，促进用能产品能效水平快速提升；探索建立生态产品标识和认证制度；抓紧制定支持发展生态经济、循环经济、可再生能源的相关法规和国家监测考核管理标准，财税、价格等金融政策措施，运用法律手段推进生态经济的发展。

Policy recommendations for development of cities of ecological civilization with Chinese characteristics

中国特色生态文明城市发展政策建议

生态文明建设是一项系统工程，涉及政治、经济、社会、文化各个领域，必须通过创新体制机制，构建起系统完整的生态文明制度政策体系，才能真正将生态文明建设融入中国特色社会主义事业发展的全过程。

□ 建立资源管理政策体系

落实主体功能区制度

树立新的开发理念，调整开发内容，创新开发方式，规范开发秩序，提高开发效率，构建高效、协调、可持续的国土空间开发格局，促进城乡之间、区域之间、人与自然之间和谐发展。建立国土空间开发保护制度，严格按照主体功能区定位推动发展。落实最严格的资源环境管理制度，牢固树立生态红线观念，划定并严守生态红线，扩大森林、湖泊、湿地等绿色生态空间，增强水源涵养能力和环境容量，让生态系统休养生息。在水资源严重短缺、生态脆弱、生态系统重要、环境容量小、自然灾害危险性大的地区，要严格控制工业化城市化开发，适度控制其他开发活动，缓解开发活动对自然生态的压力。遵循人口、经济与资源环境相协调的原则，集聚人口和经济的规模不能超出资源环境承载能力，避免过度开发。

健全自然资源资产产权制度和用途管制制度

对水流、森林、山岭、草原、荒地、滩涂等自然生态空间进行统一确权登记，形成归属清晰、权责明确、监管有效的自然资源资产产权制度。建立空间规划体系，划定生产、生活、生态空间开发管制界限，落实用途管制。健全能源、水、土地节约集约使用制度。健全国家自然资源资产管理体制，统一行使全民所有自然资源所有者职责。完善自然资源监管体制，统一行使所有国土空间用途管制职责。

建立资源环境承载能力监测预警机制

一是建立系统完整规范的资源环境承载力综合评价指标体系。采用综合评价的方法，结合主体功能区划分类对资源环境承载力进行测算。测算结果应该是确定合理的人口规模、产业规模、建设用地供应量、资源开采量、能源消费总量，污染物排放总量等的重要依据。二是努力建立资源环境承载力统计监测工作体系。布局建设覆盖区域范围内所有敏感区、敏感点的主要污染物监测网络，完善资源环境的信息采集工作体系，建立资源环境承载力动态数据库和计量、仿真分析以及预警系统，加强资源环境承载力监测评价的规范化与标准化工作。三是努力建立资源环境承载力预警响应机制。开展定期监控，设立资源环境承载力综合指数，设置预警控制线和响应线。建立资源环境承载力公示制度。做好与关联的资源环境制度政策的配套和衔接。充分发挥资源环境承载力的指标作用，以承载力为依据，合理确定产业规模，对国土规划目标、任务和主要内容进行适当调整。做好预警应对工作，及时落实好限产、限排等污染防控措施。大力加强环境执法监管，严格问责，在环境污染重点区域，有效开展污染联防联控工作，逐步建立协作长效机制。

加快自然资源及其产品价格改革

一是发挥市场在决定自然资源及资源性产品价格中的决定性作用。充分发挥各市场主体作用，在开发、生产、经营各领域充分引入竞争机制，并通过市场交换实现在不同主体间自然资源的合理配置和补偿。同时，发挥政府对自然资源及资源性产品真实价格的监管作用，解决自然资源及其产品价格形成中的“市场失灵”问题。二是建立健全自然资源产权市场体系，充分体现所有者权益。按照现代产权制度要求，在自然资源领域建立一整套包括产权界定、产权配置、产权流转、产权保护的资产产权制度；不断发展产权交易市场，完善产权市场交易制度和体系，确保国家获得与其责权相匹配的所有权收益。四是运用差别化价格手段，建立反应灵敏、分类调控的价格体系。正确处理完全市场价格和政府指导价格的关系，在公共事业和公益性服务行业探索建立差别价格制度。理顺各种资源之间的比价关系，合理制定水、电、天然气、成品油等资源性产品的价格，形成自然资源价格关系的机制。根据资源性产品供需关系的空间布局和区域差别，确定不同的价格定位区间。

□ 严格环境保护政策体系

严格污染物排放政策

统一监管所有污染物排放，实行企业污染物排放总量控制制度，推进行业性和区域性特征污染物总量控制，使污染减排与行业优化调整、区域环境质量改善紧密衔接。完善环境标准体系，实施更加严格的排放标准和环境质量标准。着力推进重点流域水污染治理和重点区域大气污染治理，鼓励有条件的地区采取更加严格的措施，使这些地区环境质量率先改善。

严格环境评价制度

环境影响评价是促进经济发展方式转变、从源头上保护生态环境的关键举措，是参与综合决策的重要手段。需要依法依规强化环境影响评价，开展政策环评、战

专栏

全国首个生态文明先行示范区落户福建

3 月 10 日，国务院正式印发《关于支持福建省深入实施生态省战略加快生态文明先行示范区建设的若干意见》，福建成为全国第一个生态文明先行示范区。

福建生态文明先行示范区目标

指标	2015 年目标	2020 年目标
单位 GDP 能源消耗和二氧化碳排放	均比全国平均水平低 20% 以上	能源资源利用效率、污染防治能力、生态环境质量显著提升，系统完整的生态文明制度体系基本建成，绿色生活方式和消费模式得到大力推行，形成人与自然和谐发展的现代化建设新格局
非化石能源占一次能源消费比重	比全国平均水平高 6%	
城市空气质量	全部达到或优于二级标准	
主要水系Ⅰ－Ⅲ类水质比例	90% 以上	
近岸海域达到或优于Ⅱ类水质标准的面积	65%	
单位地区生产总值用地面积	比 2010 年下降 30%	
万元工业增加值用水量	比 2010 年下降 35%	
森林覆盖率	65.95% 以上	

资料来源：《领导决策信息》2014 年 4 月 14 日，第 14 期

略环评、规划环评，建立健全规划环境影响评价和建设项目环境影响评价的联动机制，对海洋工程、海岸工程、水土保持等领域环境污染和生态影响的环评进行管理，避免多头负责、重复审批。

完善环境质量标准体系

科学确定符合我国国情的环境基准，环境保护行政主管部门应当使环境标准与环境保护目标相衔接，制定国家环境质量标准。根据经济社会发展和环境保护要求的变化，建立环境质量标准复审制度，定期修订各项环境质量标准。环境监测规范标准制修订过程中，通过制订大批标准，尽快形成标准的“储备库”，同时加大采

用先进技术方案的力度，提高标准的技术水平，提高监测工作效率，保障工作质量。形成定期修改环境质量标准制度以及多元主体参与制定标准制度。

改进环境信息公开制度

清晰界定属于国家机密和商业秘密的范围，扩大环境信息特别是公共环境信息的发布范围。对现有的环境方面涉及国家机密的法律、法规和规定进行清理，建立国家环境机密目录，凡未列入其中的，就应该公开。此外，对于商业秘密，建议要求企业申报环境信息时，同时明确哪些内容是该企业的商业秘密，并提出充分理由和证据，由相关政府部门统一进行评估并确定。建立面向公众的环境信息公开数，参照在发达国家普遍实施的污染物排放与转移登记制度（Pollutants Release and Transfer Registration，PRTR），发展具有中国特色的污染排放登记制度，达到一定规模的企业，应该就其各个工业设施所使用的各种化学物质向环境的排放和转移做出报告，定期将统一结构化的数据输入计算器数库，并主动向公众披露。完善环境信息依法申请公开制度，积极应对公众环境意识提高态势，建立健全环境舆论预警机制和环境事件应急处理机制。

□ 完善生态财税政策体系

实行生态补偿制度

按照谁受益谁补偿原则，建立开发与保护地区之间、上下游地区之间、生态受益与生态保护地区之间的横向生态补偿机制，研究设立国家生态补偿专项资金，实行资源有偿使用制度和生态补偿制度。明确生态补偿责任和生态主体义务，为生态补偿机制的规范运作提供法律依据，不断推进生态补偿的制度化和法制化。在建立科学的生态价值评价体系前提下，完善分类及测算方法，分别制定生态补偿标准，加快建立生态补偿标准体系。抓紧建立生态补偿效益评估机制，制定和完善监测评估指标体系，及时提供动态监测评估信息，逐步建立生态补偿统计信息发布制度。完善经济社会发展考核评价体系，把资源消耗、环境损害、生态效益纳入经济社会

发展评价体系，使之成为建立生态补偿制度、推进生态文明建设的重要导向。

建立多元化生态投入保障机制

鼓励不同经济成分和各类投资主体，以独资、合资、承包、租赁、拍卖、股份制、股份合作制、BOT 等不同形式参与生态省建设。治理开发成果，按照“谁投资，谁经营，谁受益”的原则，允许取得合理回报和依法继承、转让，切实保障投资建设者的合法权益。国家征用时，应对治理开发投入和收益给予等额补偿。坚持“谁开发谁保护，谁破坏谁恢复”制度，严禁破坏国土资源的一切行为，对买而不治、不建或破坏资源乱开滥伐者，收回经营使用权并依合同约定追究责任。

建立健全生态建设财政投入长效机制

设立生态文明建设专项资金，加强财政资金对生态文明建设的奖励、补助，建立和完善稳定的生态文明建设资金筹措机制；科学管理生态文明建设资金，加大对生态财政资金的监督力度，开展并不断完善绩效评价方法，提高资金的使用效率。调整公共财政支出结构，把生态环保事业作为公共支出的重点，重点安排生态文明建设项目，保证年年有项目带动、有资金保障生态文明建设；加大财政资金投入力度，建立生态文明建设财政资金稳定增长机制。开征生态税，征收生态环境补偿费，实施废物加收押金制度（绿税），实施环境资源核算、污染责任保障，引入税收减免、生态基金或给予生态活动以财政支持等财税政策。

□ 创新生态金融政策体系

创新绿色金融产品体系

推进金融机构进行体制创新、模式创新、产品创新和服务创新。根据绿色产业的特点和实际需求，制定新的融资政策、设计新的融资模式、开发新的金融产品。深入研究在节能技改直接融资、节能服务商融资、减排设备制造商增产融资、设备供应商买方信贷、公共事业服务商融资、排污权抵押融资等领域的创新业务模式，大力发展绿色贸易融资、融资租赁和咨询顾问服务，开展 CDM 项目融资等碳金融业务，参与碳排放交易体系，设立绿色产业投资基金，改善中国绿色金融产品和服务水平，构建包括绿色信贷、绿色债券、绿色基金、绿色保险、绿色证券等在内的多层次金融服务体系。

加快建立绿色金融风险管理体系

针对绿色产业下不同行业特点制定相应的授信政策，实施对重点行业和客户的风险预警机制，积极研究防范和化解行业风险、信贷风险的政策、措施和办法。针对项目贷款应借鉴国际经验，结合中国现行的环境信贷法律政策与银行业务经营的实际情况，编制具体的绿色信贷业务指南、行业投向指引、操作流程和风险管理指引，对项目的环境与社会风险进行全面分类和管理。针对企业贷款应更多地考虑中国实际情况，全面评价企业现有的环保程度、环境治理绩效水平，通过自行开发适合操作的科学合理的企业环境风险评级系统，评判贷款企业环境风险。同时，在贷前调查、贷中审查、贷后检查、资金流监控、担保等方面要继续探索切实可行的风险防范和贷款管理方式，采用多种方式分散和缓释风险，有效控制信贷风险，保证贷款质量，实现中国绿色信贷业务的全面协调可持续发展。

积极参与国际金融交流合作

加强金融机构与国际金融组织以及跨国银行在国际银团贷款、金融咨询和服务等领域开展双边、多边合作，并积极推动绿色金融理念普及、环境管理体系建设和实践经验交流。一方面，努力引进国际金融机构的优惠资金及先进的管理理念和技术，积极争取国际金融组织的绿色信贷支持；另一方面，尝试采取与国际金融机构联合融资、风险共担的融资模式，加大与其在碳交易、碳金融等绿色金融创新领域的交流，吸收其在绿色金融产品和服务方面的先进经验，搭建绿色金融国际交流合作平台。

丰富生态产业政策体系

大力推进环境服务业发展

不断提高污染治理设施运营的社会化和专业化水平，开展设计建设运营一体化和合同环境服务等新型服务模式的试点工作。重点发展环境技术服务、环境咨询服务、污染治理设施运营服务、废旧资源回收处置、环境贸易与金融服务等环境服务业。大力推进环境保护设施的专业化、社会化、运营服务，在具备相对垄断性、社会资源投入较大，环境安全敏感的行业，试点实施设计建设运营一体化模式。大力发展环境咨询服务业，逐步推进环境监测服务社会化，鼓励社会监测机构提供面向政府、企业及个人的环境监测与检测服务。加强国家级环保认证体系建设，积极会同相关部门加大财政、税收等政策支持力度。建立环境服务业统计、信息、技术标准等体系，实施环境信息公开制度，推动环境基本公共服务均等化，引导和支持环境服务业的发展。发展环保市场，推行节能量、碳排放权、排污权、水权交易制度，建立吸引社会资本投入生态环境保护的市场化机制，推行环境污染第三方治理。

全面推动清洁生产和可持续消费

如按照生态经济要求制定地区产业指导目录，推进清洁发展机制（CDM）项目建设，大力发展清洁能源，制定鼓励发展生态工业的优惠政策。加快建立完善清洁生产评价指标体系，加强清洁生产的技术指导，促进环境污染的全过程控制，对能耗大的企业进行重点监控，成立专门部门建立严格的节能减排指标体系和监测体系。建立可持续消费节能减排绩效评价指标体系，积极开展评估试点工作。完善环境标志认证认可体系，强化对环境标志产品生产、销售、使用环节的监督检查，继续深化绿色信贷、绿色贸易政策，全面推行企业环境行为评级制度，加强行政执法与司法部门衔接，推动环境公益诉讼，严厉打击环境违法行为。在高环境风险行业全面推行环境污染强制责任保险。进一步扩大政府绿色采购范围，加大政府在服务领域的绿色采购力度。积极推动新闻出版、教育、医疗、零售业等重点领域的可持续消费，鼓励使用环境标志、环保认证和绿色印刷产品，大力倡导可持续消费理念，提升公众可持续消费意识。

实施环保产业示范工程

要加快完善培育环保产业的政策、法规、标准和制度，建立完善环保产业调查统计体系。鼓励多渠道建立环保产业发展基金，拓宽环保产业发展融资渠道。实施重大环保技术装备及产品产业化示范工程，开展新技术新工艺推广示范。制定环保系统推进产学研联盟管理办法，组建战略性新兴环保产业联盟。建立各类科研院所与环保企业技术研发的长效合作机制，形成一批集技术研发、产品生产、工程建设和运营服务等功能为一体的环保产业集聚示范区和试点基地。

□ 优化生态科技政策体系

进一步加大环保科技投入力度

各级环保部门要整合所掌握的环保科技投入，提高政府资金使用效率。在环保科研基地布局、人才队伍建设、科技计划设立、科研条件建设等方面，优化资源配置，使环保科技投入效益最大化。要完善多元化、多渠道的环保科技投入体系，鼓励地方政府设立有区域特色的环保科研专项，激励企业大幅增加科技投入，促进全社会资金更多投向环保科技创新。加大保护知识产权力度，维护市场公平竞争，保护企业自主开发环境技术和产品的积极性。各级环保部门要加强与相关部门的科技合作，积极争取国家财政和相关部委在科学研究、技术开发、示范推广等方面的资金支持。设立环保科技专项基金，建立集替代技术、减量技术和再利用技术和资源技术“四位一体”的技术支撑体系。

创新环保科研体制机制

各级环保部门要稳定支持创新能力较强的科研院所从事环境科学研究，对主要从事环评、设计、咨询业务的环境科研机构要逐步向企业化转制。营造有利于环保科技创新的人文环境，提升全民环保科学素质。进一步强化培育和构建环保科技人才平台，建设一支数量充足、素质优良、结构优化、布局合理的环保科技人才队伍，建立国家环境保护优秀科技人才奖励制度。建立和完善科技信用制度和科技成果奖励制度。建设全国环境科技协作和资源信息共享平台，实行资源整合、优势互补、强强联手、形成合力、为我所用，形成全社会科技资源为环保事业服务的良好局面。加快环保科技成果推广，积极推进国家环保科普基地的建设与管理，继续完善国家环保科普基地定期绩效评价监督机制，开展省级环保科普基地的建设工作。

加强环境科研基础能力

加强环境科研机构学科能力建设，大力推进环境科技创新基地和平台建设，建成一批国家环境保护重点实验室、工程技术中心、野外观测研究站和重点流域环境科研机构等大型科技基础项目，为科学研究、技术创新和野外实验提供物质基础。省级环保部门要强化所属院所科研能力建设，建立省级环境科研重点实验室和工程技术中心，积极争取建设国家重点实验室和工程技术中心。

大幅提高环保科技国际化程度

要广泛开展国际合作，积极引进国外先进技术和管理经验。重点开展生态保护、气候变化、持久性有机污染物控制等全球性问题的国际合作研究。支持国外高水平科学家来华开展合作研究，支持国内优秀科研人员到国外开展合作研究与接受培训。建立环境科技国际合作平台，吸引全球环境科技资源，为我国环保事业服务，不断提升我国环境科技的整体水平。

□ 坚持生态优先政策体系

加强生态发展基础设施体系建设

一是把交通基础设施建设作为实现区域各生态系统有机联系和协调统一的重要枢纽，充分考虑生态要素，构建区域内部及周边区域的循环网络，使内外部生态系统实现充分的物质、能量和信息交换。二是把环保基础设施建设作为提升区域环境承载力的重要支撑，完善城乡污水处理、垃圾无害化处理功能，延伸城镇供水、供热、供气网络，推进城乡一体化发展。三是把信息基础设施建设作为提升区域核心竞争力的重要领域，构建便捷高效的信息网络，深入开展与政府工作、企业运行、群众生活密切相关的信息化应用，发展通信、娱乐和数字家庭产业链体系，打造无线城市。

大力发展绿色交通体系

扎实落实公交优先战略，推进城市公交、自行车加步行的城市交通模式。建立公交优先系统，实现公共交通的观念优先、设施优先、效率优先、管理优先和安全优先，配合城市的长期发展以及土地使用与财政能力进行公共交通的综合规划。以换乘为主研究公交布局，设立高效的公交专用道；发展公共交通、轻轨交通，提高公交出行比例，完善地铁、主干道公交和自行车间的“零换乘”设施，提高小汽车出行成本。规划建设与城市发展相适应、与公共交通一体化、无缝衔接的安全、舒适、方便、高效、低成本的慢行交通系统。

□ 培育生态文化政策体系

培育崇尚自然的文化

摒弃人类破坏自然、征服自然、主宰自然的理念和行动，构建人与自然平等、和谐共生的关系，将树立热爱自然、尊重自然、顺应自然、保护自然的生态文明理念贯穿在制定经济杠杆和金融政策、投资政策、政府采购政策等生态文明相关政策的编制过程中，明确支持什么、反对什么，鼓励什么、限制什么，促进社会生产领域转变经济增长方式，节能减排，保护环境；在社会生活领域大力倡导健康、向上、文明的生活方式、行为准则和消费方式。

培育全社会生态文明道德

加强组织领导，把环境宣传教育工作放在重要位置，纳入工作全局研究部署、检查落实。加强部门协作，发挥环保、宣传、教育、文明办等部门以及工会、共青团、妇联等社会团体联动作用，尽快形成政府主导、各方配合、运转顺畅、充满活力、富有成效的工作格局。切实加强投入，把环境宣传教育经费纳入年度财政预算予以保障；积极拓宽资金投入渠道，充分调动社会力量，多渠道增加社会融资。运用各种新闻媒体和宣传工具，通过大众和社会喜闻乐见的专栏、专题报道以及文学、戏剧、电影等形式，大力弘扬生态文化，唱响社会发展的主旋律，正面引导，潜移默化，介绍博大精深的生态文化，传递珍爱自然、保护生态、珍惜资源、保护环境等各种信息，发挥新闻舆论和社会舆论的导向和监督作用。建立完整的环境宣教行政网络，加强人才队伍建设。树立生态伦理理念，把人们行为对环境和生态的影响纳入道德规范，加快推进生态文明建设。生态文明教育是一项基本国策，培育生态道德，弘扬生态文化，要从小事抓起，从娃娃抓起，必须常抓不懈，要编写生态文明建设的普及性读物，尤其要在中小学教材中加强有关生态环境保护的内容，通过一点一滴的熏陶和积累，让人们从小养成良好的生态道德和习惯。

丰富生态文化载体

制定引导政策，建设一批生态文化博物馆、科技馆、标本馆，大力发展森林公园、湿地公园、自然保护区，开展森林城镇创建活动，推进美丽乡村、城市绿道建设，完善基础设施，创建传播平台，创新传播形式。在建设过程中，制定扶持政策，积极引入民间资本，形成公办、私办、公私合办相结合的生态文化场馆，繁荣生态文化载体。结合社会主义核心价值体系建设，广泛普及生态知识，使人与自然和谐的理念，构建起生态文化体系，使其成为社会主义核心价值体系的重要组成部分，成为全社会的主流道德观。

□ 健全生态社会政策体系

加快培育环保社会组织

以民间环保组织为代表的社会中间层，是政府与民众之间沟通的重要桥梁，是社会矛盾的缓冲地带，对构建和谐社会意义重大。政府应积极制定环保社会组织培育相关政策，大力培育环保社会组织，坚持政社分开、管办分离，进一步转变部门职能，把能够由社会组织做的事情，通过委托、公助民办、购买服务等方式，交给社会组织，提高社会资源利用效率和公共服务质量。制定培育扶持环保社会组织的发展规划，推动环保社会组织健康发展，拓展环保社会组织的参与渠道，建立环保部门与环保社会组织之间定期的沟通、协调与合作机制；各级环保部门在制定政策时，应听取环保社会组织的意见与建议，自觉接受咨询和监督。鼓励环保社会组织积极开展相关活动，努力为环保社会组织的公益活动提供力所能及的支持，促进环保社会组织依据国家法律开展国际交流与合作。制定和完善对社会组织服务管理的法规政策和奖惩机制，确保其既发展得好又管理得好，通过举办“优秀环保社会组织”推选活动等形式，对运作规范、成绩突出的环保社会组织给予适当鼓励和资金支持。制定环保社会组织服务政策，加强环保社会组织的人才队伍建设，开展多方面、多层次的业务培训，提高环保社会组织的政策、业务水平和参与环境保护事业的能力。

建立生态文明社会参与机制

加强环境治理和生态建设，需要全社会共同努力。因此，拓宽生态文明建设的社会参与机制，充分调动社会各界参与生态文明建设的积极性显得很有必要。建立社会公众参与生态文明建设的有效机制，扩大和保护社会公众享有的生态环境权益，促使公众成为生态文明建设的重要力量。强化社会监督机制，公开环境质量、环境管理、企业环境行为等信息，维护公众的生态环境知情权、参与权和监督权，对涉及公众环境权益的发展规划和建设项目，要通过听证会、论证会或社会公示等形式，听取公众意见，接受舆论监督。探索建立多元化的生态投入保障机制，积极鼓励和引导社会资金投资生态建设，保障生态文明建设的持续推进。建立生态文明教育机制，强化从家庭到学校再到社会的全方位生态教育体系，创新生态文明教育方式，疏通多元化生态文明教育渠道，动员全社会共同参与学习，促进全民生态文明观、道德观、价值观的形成，指导人们正确对待自然和社会的关系。

建立生态文明权益保障机制

全面推进涉及民生、社会关注度高的环境保护信息公开，加强重特大突发环境事件信息公开，及时公布处理情况等信息，注重强化权力运行的信息公开，明确政府公开环境质量信息的内容和范围，确定公布的期限、频率、内容、标准、等级、安全性等；积极探索建立环境信息公开的有效方式，比如在各地发行量大的报纸上，在电视天气预报中增加环境信息，利用微博微信等自媒体发布环境信息，扎实推进依法申请公开工作。完善环境宣教法律法规，全面推进依法行政，将《环境保护法》、《环境影响评价法》等法律法规中关于公众参与的条款落到实处；创建明确且统一的公众举报环境违法奖励制度；根据我国的实际情况，适时引入公民环境公益诉讼制度，在相关法律中明确公众环境权；适时在《宪法》和《环境保护法》修订中明确公民的环境权，同时在环境保护单行法中具体规定环境权的性质、内容和主体，使公众参与有完善的法律依据。

强化生态评估政策体系

完善生态文明决策制度

生态文明建设是一项系统工程，需要从全局高度通盘考虑，搞好顶层设计和整体部署。要针对生态文明建设的重大问题和突出问题，加强顶层设计和整体部署，统筹各方力量形成合力，协调解决跨部门跨地区的重大事项，把生态文明建设要求全面贯穿和深刻融入经济建设、政治建设、文化建设、社会建设各方面和全过程。要改革党政干部考核评价任用制度，加大对各级党政领导者生态文明建设的问责力度，特别是把生态文明建设实绩作为任用干部的依据。引入多元决策制度，将群众评议、专家评审等机制引入决策全过程，加强决策前、决策中、执行中、执行后等各环节的多元参与机制，增加各级人民代表大会和政治协商对生态文明建设的立法监督问责职能。

完善生态文明评价制度

把资源消耗、环境损害、生态效益纳入经济社会发展评价体系，建立体现生态文明要求的目标体系。把经济发展方式转变、资源节约利用、生态环境保护、生态文明制度、生态文化、生态人居等内容作为重点纳入到目标体系中，探索建立有利于促进绿色低碳循环发展的国民经济核算体系，探索建立体现自然资源生态环境价值的资源环境统计制度，探索编制自然资源资产负债表。

完善生态文明考核制度

摒弃单纯追求 GDP 的传统观念，将反映生态文明建设水平和环境保护成效的指标纳入地方领导干部政绩考核评价体系，大幅提高生态环境指标考核权重。在限制开发区域和禁止开发区域，主要考核生态环保指标。严格领导干部责任追究，对领导干部实行自然资源资产离任审计。建立生态环境损害责任终身追究制。对造成生态环境损害的责任者严格实行赔偿制度，依法追究刑事责任。

References 参考文献

[1] 张清宇，秦玉才，田伟利 . 西部地区生态文明指标体系研究 [M]. 浙江：浙江大学出版社，2011.

[2] 中国科学院可持续发展战略研究组 .2013 中国可持续发展战略报告——未来 10 年的生态文明之路 [M]. 北京：科学出版社，2013.

[3] 中国科学院可持续发展战略研究组 .2014 中国可持续发展战略报告——创建生态文明的制度体系 [M]. 北京：科学出版社，2014.

[4] 诸大建，何芳，霍佳震 .（2011—2012）中国城市可持续发展绿皮书——中国 35 个大中城市和长三角 16 个城市可持续发展评估 [M]. 上海：同济大学出版社，2013.

[5] 罗伯特 · 杰维斯（Jervis，R）. 系统效应：政治与社会生活中的复杂性 [M]. 李少军 , 杨少华 , 官志雄 , 译 . 上海：上海人民出版社，2008：159-206.

[6] 安东尼 · 吉登斯（Anthony Giddens）. 气候变化的政治（the Politics of Climate Change）[M]. 曹荣湘 , 译 . 北京：社会科学文献出版社，2009：251-294.

[7] 毕军 . 后危机时代中国低碳城市的建设路径 [J]. 南京社会科学，2009,（11）：12-16.

[8] 陈桂生 . 低碳城市的公共治理系统及其路径 [J]. 云南社会科学，2011,（5）：15-19.

[9] 仇保兴 . 我国城市发展模式转型趋势——低碳生态城市 [J]. 城市发展研究，

2009，（8）：1-6.

[10] 付允，刘怡君，等 . 低碳城市的评价方法与支撑体系研究 [J]. 中国人口·资源与环境，2010，（8）：44-47.

[11] 胡鞍钢 . 中国如何应对全球气候变暖的挑战 [Z]. 国情报告，2007，（29）：1-5.

[12] 姜春云 . 跨入生态文明新时代——关于生态文明建设若干问题的探讨 [J]. 求是，2008，（21）：19-24.

[13] 连玉明 . 低碳城市的战略选择与模式探索 [J]. 城市观察，2010，（2）：5-18.

[14] 连玉明 . 中国城市品牌价值报告 No.1[M]. 北京：中国时代经济出版社，2007：124-160.

[15] 连玉明 . 中国城市生活质量报告 No.1[M]. 北京：中国时代经济出版社，2006：300-363.

[16] 梁本凡，朱守先 . 中国 100 城市低碳发展排位研究 [J]. 经济，2010，（10）：22-27.

[17] 梁浩，龙惟定，刘芳 . 广西北部湾经济区构建低碳城市的思考与建议 [J]. 资源与环境，2010，（3）：398-401.

[18] 刘文玲，王灿 . 低碳城市发展实践与发展模式 [J]. 中国人口·资源与环境，2010，（4）：17-22.

[19] 倪外、曾刚 . 低碳经济视角下的城市发展新路径研究——以上海为例 [J]. 经济问题探索，2010，（5）：38-42.

[20] 秦耀辰，张丽君，鲁丰先，等 . 国外低碳城市研究进展 [J]. 地理科学进展，2010，（12）：1459-1469.

[21] 王家庭 . 基于低碳经济视角的中国城市发展模式研究 [J]. 江西社会科学，2010，（3）：85-89.

[22] 王可达 . 建设低碳城市路径研究 [J]. 开放导报，2010，（2）：33-36.

[23] 夏堃堡 . 发展低碳经济 . 实现城市可持续发展 [J]. 环境保护，2008，（2A）：33-35.

[24] 辛章平，张银太 . 低碳经济与低碳城市 [J]. 城市发展研究，2008，（4）：98-102.

[25] 袁晓玲，仲云云 . 中国低碳城市的实践与体系构建 [J]. 城市发展研究，

2010，（5）：42-47+58.

[26] 张坤民. 低碳世界中的中国：地位、挑战与战略 [J]. 中国人口·资源与环境，2008，（18）：1-7.

[27] 张莉侠，孟令杰. 经济增长与环境质量：关于环境库兹涅茨曲线的经验分析 [J]. 复旦大学学报（社会科学版），2004，（2）：87-94.

[28] 赵继龙，李冬. 零碳城市理念及设计策略分析 [J]. 商场现代化，2009，（6 上旬刊）：99-100.

[29] 中国能源和碳排放研究课题组. 2050 中国能源和碳排放报告 [A]. 北京：科学出版社，2009：1-47.

[30] 庄贵阳. 低碳经济引领世界经济发展方向 [J]. 世界环境，2008，（2）：34-36.

[31] 丹尼斯 · 米都斯等. 增长的极限 [M]. 李宝恒，译. 长春：吉林人民出版社 ,1997.

[32] 赫尔曼 · E. 戴利，肯尼思 · N. 汤森. 珍惜地球 [M]. 马杰，钟斌，朱又红，译. 北京：商务印书馆，2001.

[33] 蕾切尔 · 卡逊. 寂静的春天 [M]. 吕瑞兰，李长生，译. 长春：吉林人民出版社，1997.

[34] 陈学明. 生态文明论 [M]. 重庆：重庆出版社，2008.

[35] 联合国 .21 世纪议程 [D]. 巴西：里约热内卢，1992.

[36] 姬振海. 生态文明论 [M]. 北京：人民出版社，2007.

[37] 迟福林. 第二次改革——中国未来 30 年的强国之路 [M]. 北京：中国经济出版社，2010.

[38] 关琰珠，郑建华，庄世坚. 生态文明指标体系研究 [J]. 中国发展，2007，（2）.

[39] 江泽慧. 中国现代林业 [M]. 北京：中国林业出版社，2008.

[40] 廖福霖. 生态文明建设理论与实践 [M]. 北京：中国林业出版社，2001.

[41] 刘湘溶. 生态文明论 [M]. 长沙：湖南教育出版社，1999.

[42] 卢风. 从现代文明到生态文明 [M]. 北京：中央编译出版社，2009.

[43] 潘岳. 论社会主义生态文明 [J]. 绿叶，2006（10）.

[44] 沈国明 .21 世纪生态文明：环境保护 [M]. 上海：上海人民出版社，2005.

[45] 王玉梅 . 可持续发展评价 [M]. 北京：中国标准出版社，2008.

[46] 吴凤章 . 生态文明构建——理论与实践 [M]. 北京：中央编译出版社，2008.

[47] 许启贤 . 生态文明论研究 [M]. 济南：山东人民出版社，2001.

[48] 薛晓源，李惠斌 . 生态文明研究前沿报告 [M]. 上海：华东师范大学出版社，2007.

[49] 叶裕民 . 中国城市化与可持续发展 [M]. 北京：科学出版社，2007.

[50] 章友德 . 城市现代化指标体系研究 [M]. 北京：高等教育出版社，2006.

[51] 周林海 . 可持续发展原理 [M]. 北京：商务印书馆，2004.

[52] 诸大建 . 生态文明与绿色发展 [M]. 上海：上海人民出版社，2008.

[53] 庄锡昌等 . 多维视角中的文化理论 [M]. 杭州：浙江人民出版社，1987.

[54]E. 库拉 . 环境经济学思想史 [M]. 上海：上海人民出版社，2007.

[55]H.G. 弗雷德里克森 . 公共行政的精神 [M]. 北京：中国人民大学出版社，2003.

[56]M. 罗斯金等 . 政治科学 [M]. 北京：华夏出版社，2001.

[57]M. 韦伯 . 经济与社会 [M]. 北京：商务印书馆，1997.

[58] 阿特金森等 . 公共经济学 [M]. 上海：上海三联书店，1994.

[59] 陈德敏 . 区域经济增长与可持续发展 [M]. 重庆：重庆大学出版社，2000.

[60] 陈英旭 . 环境学 [M]. 北京：中国环境科学出版社，2001.

[61] 程声通 . 环境系统分析 [M]. 北京：高等教育出版社，1990.

[62] 洪银兴 . 可持续发展经济学 [M]. 北京：商务印书馆，2000.

[63] 李建平等 . 十一五期间中国省域经济综合竞争力发展报告 [M]. 北京：社会科学文献出版社，2012.

[64] 刘培哲 . 可持续发展理论与中国 21 世纪议程 [M]. 北京：气象出版社，2001.

[65] 欧文 .E. 休斯 . 公共管理理论 [M]. 北京：中国人民大学出版社，2001.

[66] 钱新 . 瑞士环保理念值得我国借鉴 [J]. 环境研究与检测，2012（1）.

[67] 秦大河，张坤民，牛文元 . 中国人口资源与可持续发展 [M]. 北京：新华出版社，2002.